核化學 第三版
Nuclear Chemistry

◆ 魏明通 著

再版序

　　核化學第一版自二○○○年發行以來，受到各大學校院的師生及各界人士廣泛支持及歡迎，至感榮幸。近數年來，使用放射性同位素爲示蹤劑，研究追蹤安定同位素在理、工、醫、農等各領域於物質及生命過程中的舉動，在國內外各大學校院逐漸盛行，本書可提供使用放射性同位素的基本及基礎知能，以幫助研究的進展。

　　本書第二版保留第一版的深入淺出，承前啓後的內容外，將第一版校對不全、用詞不妥處做徹底修正並增補了一些核化學最近進展的內容，例如中子新巧數的發現、原子序110新元素之命名及中東戰爭使用的耗乏鈾彈等，期能使本書保持新穎，激發學習興趣。

　　本書第二版仍難免有疏漏及不妥之處，歡迎各位先進隨時批評指正。

趙明遵 謹識

於國立台灣師範大學化學系

二○○五年

目　錄

Chapter 1

緒　論

1-1 一般化學與核化學

化學是研究物質的科學，即研究各種物質的存在、組成、結構、性質及其反應的科學。通過化學的研究，科學家能夠把地球上產量多、便宜而用途較簡單的自然物質轉變為性能優異、用途較廣而美麗耐用的物質，以提高人類的生活品質及貢獻於社會、國家的經濟發展。

1-1.1 一般化學

物質是由極微小的原子組成的觀念，遠在兩千年前的<u>希臘</u>時代就傳說在世人中。現代科學家已闡明原子是由原子核和環繞在原子核周圍做高速運動的電子所構成（圖 1-1）。質子帶正電、中子不帶電而電子是帶負電的。原子的直徑約為 10^{-10} 公尺，而原子核的直徑更小，其直

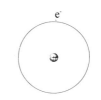

圖 1-1　原子與原子核

徑僅約 $10^{-14} \sim 10^{-15}$ 公尺而已，但整個原子的質量都集中於原子核。一般化學如普通化學、有機化學和無機化學等，都提到物質的化學性質決定於組成原子的核外電子。金屬元素的原子，易失去電子而成陽離子；非金屬元素的原子，易獲得電子而成陰離子，陽離子與陰離子結合成離子晶體。離子晶體可溶於水等極性溶劑，不溶於苯等非極性溶劑。諸如此

類，元素的活性、物質的氧化還原、共價鍵結及配價鍵結等普通化學現象，都與原子的核外電子有關。因此有人稱一般化學爲研究電子作爲的化學。

1-1.2 核化學

　　構成原子最重要的部分是原子核而不是核外電子。雖然原子核小到直徑約 $10^{-14} \sim 10^{-15}$ 公尺，但是原子大部分的質量都集中於原子核。科學家已測得一個質子的質量爲一個電子質量的 1837 倍，一個中子的質量爲一個電子質量的 1838 倍之多。核化學(nuclear chemistry)爲著眼於原子核，研究原子核的穩定性、核衰變及核蛻變、核反應及所生成新核的特性、核能及放射性同位素的應用等的科學。

　　近代化學萌芽於十七世紀，惟核化學的歷史只有一百年。過去的化學家只留意原子的核外電子的作爲而忽略原子核的反應，其理由可能是：

⑴化學反應

　根據碰撞學說參加反應的原子必須靠近而碰撞，才有發生化學反應的機會，核反應亦相同，原子核與原子核必須相碰。原子（直徑約 10^{-10} 公尺）與原子碰撞的機會較大，較易起化學反應。原子核太微小（直徑只 $10^{-14} \sim ^{-15}$ 公尺），兩個原子的原子核間的距離較原子核直徑相差太大，碰撞的機會極小，因此核反應較化學反應的機會小的很多，不易被觀察。

(2)原子是電中性的

因此易碰撞。原子核帶正電,當一原子核靠近另一原子核時,因兩者的庫侖排斥力極強,產生所謂的庫侖障壁(coulomb barrier),使核反應不易產生。

這些問題一直到廿世紀的中葉,原子爐及荷電加速器的開發及應用,可打破庫侖障壁而揭開核化學的大門。

1-1.3 放射化學及放射線化學

核化學為研究原子核的化學,跟核化學很接近的化學有放射化學(radiochemistry)及放射線化學(radiation chemistry)。

(1)放射化學

放射化學著眼於放射性現象的特性,研究放射性元素的化學性質、檢測方法、定量、追蹤放射性同位素的行為及應用等的化學。放射化學研究的對象為放射性物質。

(2)放射線化學

放射線化學又稱輻射化學,是研究游離性放射線(如 α 射線、β 射線、γ 射線及 X 射線等)通過物質所引起的化學效應(如化合、分解、氧化還原、異構化及聚合等)及其應用的科學。放射線化學研究對象為非放射性物質。

本書討論的範圍,以核化學為基礎,包括一些放射化學及放射線化學的理論與實際,使讀者更能了解原子能的和平用途。

1-2 放射現象的發現過程

十九世紀末葉，科學界一連串的偶然事件結果，發現物質的放射現象。

1-2.1 貝克勒的發現

西元 1880 年，法國化學家貝克勒(Henry Becquerel)製造硫酸鈾醯鉀晶體，$K_2UO_2(SO_4)_2 \cdot 2H_2O$，並報告紫外線照射此一晶體時晶體被激發而發出螢光。1895 年德國科學家侖琴(W. K. Roentgen)發現 X 射線並觀測 X 射線管的玻璃壁及被其照射到的一些物質都能夠產生螢光，並能使包在黑紙裡面的照相軟片（或玻璃板）感光。1895 到 1896 年間許多科學家研究 X 射線與螢光間的關係，並尋找從螢光物質所放出的穿透性放射線的本性。1896 年 2 月貝克勒發表他的第一篇報告：曝露於陽光的硫酸鈾醯鉀晶體，能夠放出一種射線使包在黑紙裡面的照相軟片（或玻璃片）感光。其後貝克勒發現硫酸鈾醯鉀晶體在無陽光的室內或黑暗房，都能放出同樣強度的放射線使包在黑紙裡面的照相軟片感光。此穿透性放射線不但在硫酸鈾醯鉀晶體，其他的鈾醯鹽、四價的鈾鹽或鈾鹽溶液中亦產生，而其感光的強度與這些化合物含鈾量成正比。貝克勒從螢光體的研究開始，偶然發現與螢光無關的放射現象。1898 年居里夫婦(Pierre Curie, Marie S. Curie)歸納這些鈾化合物所放射的射線爲鈾元素之原子固有的現象，而與其物理或化學狀態無關，並將此放射現象命名爲放射性(radioactivity)。

1-2.2 居里夫婦的貢獻

1898 年居里夫人與史米特(G. C. Schmidt)各自獨立的探查其他元素，發現釷化合物亦與鈾化合物一樣放出放射線。此時期他們所做極重要的實驗發現一些天然產出的鈾礦放出比純粹的鈾較強的放射線。以化學方法分解這些鈾礦並分離放射性較強的部分的工作爲最初所做的放射化學實驗。由此實驗導致放射性較強的放射性元素釙與鐳的發現。居里夫婦及其共同研究者從暗黑色瀝青鈾礦（pitchblende，含 U_3O_8 約 75 ％），化學分離所得的鋇部分中發現鐳的存在。將其氯化物反覆分部結晶時，鐳鹽留在母液中與鋇分離。鐳具有很強的放射性並由分光學確認爲新元素。1902 年居里夫人報告分離得 100 毫克分光學上純粹不含鋇的氯化鐳，並訂此新元素的原子量約 225。其後居里夫人再測得鐳的原子量爲 226.5（與現在準確原子量誤差只 0.2 ％），並從電解熔化的鐳鹽製得金屬鐳。

同一時期，貝克勒從其實驗結果表示，鈾在黑暗環境中，雖不用已知的任何方法供應能量，乃能繼續數年間放出一定強度的放射線。拉塞福(E. Rutherford)概略估計此一放射線的能量，但完全不知此能量的來源。居里夫婦使用濃縮的鐳測量鐳的熱效應，表示每克鐳每小時放出約 100 卡熱量。如此大的能量貯藏於鐳的實驗證據，不但引起當時科學界的爭論，並幫助大眾關心於鐳及放射現象。1903 年美國聖路以士(St. Louis)郵快遞報(Post-Dispatch)推測此難令人相信的新力量，用於戰爭時可成為毀滅全世界的工具。今日，原子能雖然有原子彈及氫彈等毀滅性武器的存在，但核能在發電、核能引擎及原子爐所製造的放射性同位素在醫學、農業及工業上的有效應用，使人類進入核能和平用途時代。

Chapter 2

原 子 核

2-1 原子結構

2-1.1 早期的觀點

在發現放射現象時期的科學家們，都認為化學元素是不會改變的，即元素在任何化學或物理過程中均保持同一性質不會改變。可是此一觀點由於認識經放射性衰變一元素可轉變為另一元素的事實而推翻。1897 年湯木生(J. J. Thomson)發現電子的結果，明瞭構成物質的極微小而不可分的原子，必具有一些結構。湯木生等從 X 射線的散射及物質的電子實驗，獲得每原子的電子數約等於其原子量的結論(註)。由此結論與湯木生測定電子的質量為氫原子質量約二千分之一的結果，產生大部分的原子質量必存在於帶正電荷的部分之假設。下一個要解決的問題是，在原子中，正與負電荷的部分怎樣分布？1910 年湯木生提出原子的葡萄干布丁模型（圖 2-1）。電子如葡萄干一樣分布於雲狀的帶正電的球狀布丁中。在

圖 2-1　原子葡萄干-布丁模型

此模型中正電荷均勻分布於整個原子，電子即安定分布在較重的正電荷球狀雲裡。

（註）實際上由於 1911 年巴克拉(C. G. Barkla)測定為近於二分之一。

2-1.2 原子的核模型

湯木生的原子模型推出後不久，由於拉塞福及其共同研究者所做，α射線在金箔的散射實驗而被推反。

拉塞福等以鉛容器盛鐳。鐳能夠放射高速（約 2×10^7 公尺／秒）的 α 粒子。將金箔放在鐳的前方並以塗硫化鋅的螢光板來追蹤 α 粒子的軌跡。每一個 α 粒子碰撞硫化鋅可發出小小的閃光，因此可計測每一定面積的硫化鋅每分鐘達到的 α 粒子數目。從實驗拉塞福等發現射入金箔的 α 粒子，大部分都能穿透金箔，惟有一部分的 α 粒子則以較大角度偏析，另有一小部分的 α 粒子則被金箔彈回到入射的鐳一邊（圖 2-2）。

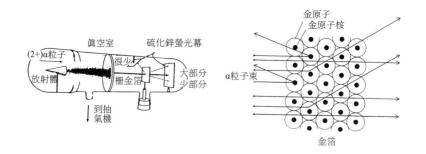

圖 2-2　拉塞福的散射實驗

從實驗結果，拉塞福導出驚人的結論。α粒子的散射仍因 α 粒子與金箔中金原子的帶正電部分碰撞而起，金原子與 α 粒子的作用力為純粹的靜電力。因多數 α 粒子都能穿透金箔，因此金原子大部分為空間，中間部分有微小帶正電部分的原子核(nucleus)，電子分布在整個原子的空間。

　　1911 年<u>拉塞福</u>發表，原子的質量之大部分及正電荷都集中在不到 10^{-14} 公尺的原子核，與正電荷平衡帶負電荷的電子則分布於原子（ 10^{-10} 公尺）全域的原子之核模型。他所發表原子核半徑只有原子半徑的一萬分之一的數值，使當時科學家都很驚訝。

2-1.3　原子核的組成

　　十九世紀的化學家已由化合物的分析或合成，定出各元素的原子量。廿世紀初的科學家以一個電子相同單位來測定核電荷時，發現核電荷數約等於原子量的一半。例如：金元素的原子核帶 $79 \times 4.80286 \times 10^{-10}$ 靜電單位的正電荷，金元素電子帶 $79 \times 4.80286 \times 10^{-10}$ 靜電單位的負電荷。核電荷數恰等於原子序，因為整個原子為電中性的，因此金原子必含有與原子序相同數的電子。氦的原子序為 2，氦原子具有 $2 \times 4.80286 \times 10^{-10} = 9.60572 \times 10^{-10}$ 靜電單位正電荷的原子核和離開原子核相當遠的電子兩個。氦原子的質量 6.6456×10^{-24} 克，兩個電子質量只有氦原子質量的 1/3600，即 1.82166×10^{-27} 克，原子的質量都集中於原子核。

(1)質子與中子

　　最輕的原子核為氫原子核，它又稱為質子(proton)。這帶一正電的質子，質量約等於 1 原子質量單位（atomic mass unit 簡寫 amu）。如果原子核完全由帶正電的質子來構成時，與當時原子序及原子量的觀念不符。當時已知鈉的原子序爲 11 而原子量爲 23。因<u>拉塞福</u>的核模型爲原子的質量大部分集中於原子核而原子核只由質子構成時，必須有 23 個質子，其電荷應爲＋23 而不是原子序的 11。因此科學家相信原子核中應有不帶電而質量較大的粒子存在。

此一問題到 1932 年獲得解決。<u>查兌克</u>(J. Chadwick)以 α 粒子衝擊鈹 ^9_4Be 時，發現一種穿透力極強的粒子產生。此粒子的質量與質子幾乎相同，但不帶電因此取名爲中子(neutron)。

α 粒子衝擊鈹產生中子的核反應式爲：

$$^4_2He \; + \; ^9_4Be \; \longrightarrow \; ^{12}_6C \; + \; ^1_0n$$

確認中子存在後，科學家能夠以質子、中子構成原子核，以質子、中子、電子來組成一原子。原子核中的質子數等於該原子的原子序(Z)，亦等於該原子核外電子數。原子核中質子數(Z)與中子數(N)之和等於質量數(A)。以 M 代表任何元素的符號，並以關係式表示如下：

原子序(Z)＝質子數＝電子數

$$^A_Z M$$

質量數(A)＝質子數(Z)＋中子數(N)

中子數(N)＝質量數(A)－質子數(Z)

上述原子序(11)質量數(23)的鈉原子($^{23}_{11}Na$)，應有 11 個電子，11 個質子和 12 個中子。萬物均由三種粒子——電子、質子、中子——組成的單純性，揭開探究萬物的奧秘。

⑵同位素

質譜儀(mass spectrometer)為測量各元素原子質量的裝置。湯木生使用質譜儀測量各元素原子質量時，發現元素的同位素(isotope)。原子序相同而質量數不同的原子稱為同位素。圖 2-3 為質譜儀示意圖。如將鉀蒸氣導入游離室，因熾熱燈絲之作用鉀原子游離成鉀離子，經電場的加速及磁場的偏析到聚集器，離子在聚集器聚集的量，可從電流計的電流強度或照相軟片的感光度測得。圖 2-4 為鉀元素在質譜儀所得的三條質譜線，每一質譜線所代表各原子的質量及百分率為：

^{39}K 38.9637amu   93.2518 ％

^{40}K 39.9640amu   0.0117 ％

^{41}K 40.8618amu   6.7302 ％

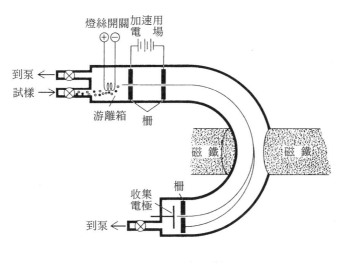

圖 2-3　質譜儀

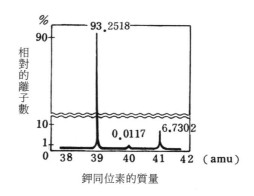

圖 2-4　鉀元素的質譜

由質譜可知鉀元素有 ^{39}K 、 ^{40}K 及 ^{41}K 三種同位素，並可計算鉀的原子量。

$$鉀的原子量 = 38.9637 \times \frac{93.2518}{100} + 39.9640 \times$$
$$\frac{0.0117}{100} + 40.8618 \times \frac{6.7302}{100}$$
$$= 39.0983 \text{ (amu)}$$

表 2-1　常見的同位素及其原子組成

元素	同位素	自然界存在率（％）	質量數	質子數＝電子數＝原子序	中子數
碳	^{12}C	98.89	12	6	6
	^{13}C	1.11	13	6	7
氧	^{16}O	99.76	16	8	8
	^{17}O	0.04	17	8	9
	^{18}O	0.20	18	8	10
氯	^{35}Cl	75.77	35	17	18
	^{37}Cl	24.23	37	17	20
鉀	^{39}K	93.2518	39	19	20
	^{40}K	0.0117	40	19	21
	^{41}K	6.7302	41	19	22

(3)原子核種

　　以一定數目的質子及中子來表示一原子核的稱爲原子核
種，簡稱核種(nuclide)。例如：$^{12}_{6}C$，$^{16}_{8}O$，$^{23}_{11}Na$ 等。雖然有
的原子核在不同的能階，質子數和中子數相同的原子，都
屬於同一核種。核種有穩定的核種及不穩定即放射性核種
(radionuclide)。

2-2　原子核的穩定性

2-2.1　原子核中質子的排斥力

　　原子核由質子與中子構成，質子帶正電，雖然中子不帶
電，但在直徑約 10^{-15} 公尺的原子核，很明顯的帶正電的質
子與質子間，必有庫侖排斥力的存在。因此除了氫原子核外
原子核的本性是不穩定的。表 2-2 已知原子核種數可知大多
數的原子核都不穩定。

表 2-2　已知核種數

種　　類	數
穩定核種	273
天然放射性核種	53
人造放射性核種	～1800

　　原子核中質子的庫侖排斥力，以氫分子間兩個質子的排
斥力與氦原子核間兩個質子的排斥力做簡單的比較。

氫分子中，兩個質子的距離為 10^{-10} 公尺，庫侖排斥力
為：

$$\frac{(+\,e)(+\,e)}{d^2} = \frac{e^2}{(10^{-10})^2} = 10^{20}e^2$$

氦原子核中，兩個質子的距離為 10^{-15} 公尺，庫侖排斥力為：

$$\frac{(+\,e)(+\,e)}{d^2} = \frac{e^2}{(10^{-15})^2} = 10^{30}e^2$$

由此簡單計算結果表示，原子核中兩質子的排斥力為，氫分
子中兩質子排斥力之 10^{10} 即 100 億倍之多。因此所有的原子
核應極不穩定的。可是，在自然界中仍有 273 穩定核種存
在，而且不穩定的放射性核種並不是在一瞬間因庫侖排斥力
而崩毀並能在一定時間存在，因此科學家相信原子核裡一定
有另一種吸引力，使質子與質子、質子與中子、中子與中子
結合在一起，這吸引力稱為核力(nuclear force)。到目前為
止，科學家認為這核力乃由介子場(meson field)的作用而來，
如同兩電荷的電磁力乃由電磁場的作用一樣。

2-2.2 原子核的結合能

科學家發現由質子與中子構成一原子核時，質量會減少
一些，此減少的質量稱為質量虧損(mass defect)。根據愛因斯
坦(A. Einstein)的質能互換公式 $E = mc^2$，質量虧損將轉變為
原子核的結合能(binding energy)。計算原子核結合能以前先
介紹一些有關的量。

$$1\,amu = \frac{1g}{6.023 \times 10^{23}} = 1.66053 \times 10^{-24}g$$

光速 $c = 2.997925 \times 10^{10}$ cm/sec

$E = mc^2 = (1.66053 \times 10^{-24})(2.997925 \times 10^{10})^2$

$\qquad = 1.492 \times 10^3$ (erg)

核物理或核化學通常使用百萬電子伏特（million electron volt 簡寫 MeV）爲能量的單位。

$1eV = 4.8 \times 10^{-10}esu \times \dfrac{1}{300}esu = 1.6022 \times 10^{-12}erg$

$1MeV = 10^6 eV = 1.6022 \times 10^{-6}erg$

$\therefore$ 1amu 質量轉變爲 $\dfrac{1.492 \times 10^3 erg}{1.6022 \times 10^{-6}erg/MeV}$

$\qquad = 931.5MeV$ 的能量。

Ex.1

試計算 ^4_2He 的結合能。

Sol：

質子的質量爲 1.00813amu

中子的質量爲 1.00896amu

氦原子核的質量爲 4.00398amu

氦原子核 ^4_2He 是由兩個質子及兩個中子構成，因此質量虧損。

$\triangle M = 2M_{^1_1H} + 2M_{^1_0n} - M_{^4_2He}$

$\qquad = 2 \times 1.00813 + 2 \times 1.00896 - 4.00398$

$\qquad = 0.03030amu$

因 1amu 轉變爲 931.5MeV 能量

$\therefore$ 氦核的結合能爲 $0.03030 \times 931.5 = 28.22MeV$

原子核中的質子和中子總稱為核子(nucleon)。原子核的結
合能隨核子數（等於質量數）的增加而增加，因此通常以
每核子的平均結合能(binding energy per nucleon)來比較原子
核的穩定性。${}^4_2$He 有 4 個核子，每一核子平均結合能為：

$$\frac{28.22}{4} = 7.1 \text{ MeV}$$

圖 2-5 為原子核的質量數與每一核子平均結合能的相關
曲線。由圖可知質量數 40 到 100 的原子核，每一核子的平
均結合能較大因此較穩定。質量大於 230 的原子核，每一核
子平均結合能反而小，具有起核分裂(fission)的趨勢，而能分
裂成每一核子平均結合能較大而質量數中等的原子核。另一

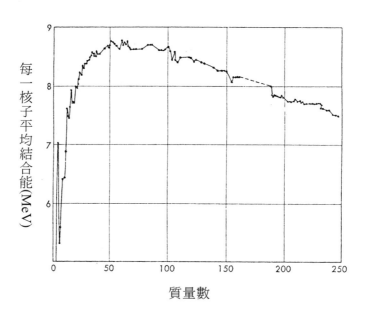

圖 2-5　質量數與每核子平均結合能

方面，質量數小的原子核，每一核子平均結合能亦小。這些原子核具有起核熔合(fusion)的趨勢。由小的原子核熔合成質量數較大而每一核子平均結合能大的原子核。

2-2.3 質子中子數與核穩定性

原則上，一個原子核能夠由任何中子與質子數來組合，可是，從自然界存在及人造的核種可知一些組合較有可能。圖 2-6 為不穩定核之海(sea of nuclear instability)。橫軸表示核中的中子數(N)，縱軸表示核中的質子數(Z)。高度愈高的表示這些數目的質子與中子結合的愈緊而組成較穩定的原子核，水平面以下的核即較不穩定的組合。

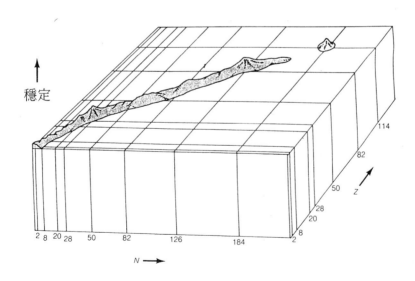

圖 2-6　不穩定原子核之海

圖 2-6 表示將最穩定核的峰連在一起構成一半島，在 Z
較小時 Z＝N，即中子數與質子數相等之核最穩定，惟隨 Z
增加，N 增加的更多。一原子核的質子數增加時，由於質子
間的庫侖排斥力以電荷平方方式增加，爲了勝過庫侖排斥
力，必增加中子數以增加核力使原子核穩定。惟此穩定核的
半島在原子序大到 80 多時沈入海平面下。此點表示重元素
原子核的核電荷太大，以至核力無法勝過庫侖排斥力使核子
結合在一起。科學家相信，超重元素的穩定核能夠在原子序
114，中子數 184 附近出現成爲所謂的穩定島嶼(island of sta-
bility)。1999 年 7 月自然(nature)期刊報導由 ^{48}Ca 撞擊 ^{242}Pu靶
核製得原子序 114 的超重元素。

2-2.4 原子核的角動量

　　原子核內的質子與中子均從事自旋運動並各具有自旋角
動量 $\frac{1}{2}$h。表 2-3 爲現有 273 穩定核種的質子數與中子數的
奇偶數來分類的。

表 2-3　穩定核種的質子中子數關係

質子數	中子數	名　稱	數　目	例
偶數	偶數	偶偶核種	164	$^{12}_{6}C, ^{16}_{8}O, ^{24}_{12}Mg, ^{32}_{16}S$
奇數	奇數	奇奇核種	4	$^{6}_{3}Li, ^{2}_{1}H, ^{10}_{5}B, ^{14}_{7}N$
奇數	偶數	奇偶核種	50	$^{31}_{15}P, ^{35}_{17}Cl, ^{39}_{19}K, ^{55}_{25}Mn$
偶數	奇數	偶奇核種	55	$^{9}_{4}Be, ^{13}_{6}C, ^{17}_{8}O, ^{21}_{10}Ne$

　　無論是質子、中子數都是偶數的偶偶核種占全體的約 60 ％

表示，原子核中的質子或中子互相成對而互相抵消角動量的組合爲穩定核的條件之一。奇奇核種只有 4 個並限制於質量數在 14 以內。例如 $^{14}_{7}N$ 原子核有 7 個質子及 7 個中子。7 個質子中的 6 個互相成對只剩 1 個質子，7 個中子中的 6 個中子亦互相成對，在較小的原子核裡，剩下的 1 個中子與 1 個質子互相成對而抵消角動量以組成穩定核。惟質量數較大的原子核裡，質子與中子因離開較遠，角動量不能抵消。奇偶核種及偶奇核種均具 1 個未成對的質子或中子，因此其結合力較偶偶核種爲低。質量數大於 14 的奇奇核種因具 2 個未成對的核子，因此穩定度最低。奇奇核種易起 β^+ 或 β^- 衰變而轉變爲穩定度較大的偶偶核種。

2-2.5 原子核的殼模型

原子核外的電子以 K、L、M……殼排列運動一樣，科學家認爲核內的質子與中子亦以殼方式組成原子核。如惰性氣體的氦、氖、氬、氪、氙、氡的核外電子以八隅體排列爲最穩定組態一樣，科學家發現原子核中的質子與中子具有特別穩定的排列——稱爲巧數(magic number)的趨勢。對於質子與中子，這些穩定的密閉殼組態即巧數爲：

Z = 2, 8, 20, 28, 50 及 82

N = 2, 8, 20, 28, 50, 82 及 126

例如：兩個質子與兩個中子組成的氦原子核（α 粒子）特別的穩定。8 個質子與 8 個中子組成的 $^{16}_{8}O$，20 個質子與 20 個

中子組成的 $^{40}_{20}$Ca，一直到 82 個質子與 126 個中子組成的 $^{208}_{82}$Pb 都是密閉核組態的穩定核。超過 $^{208}_{82}$Pb 以後如圖 2-6 所示，不穩定原子核海的穩定核半島逐漸沈入海平面下，一直到質子數 114，中子數 184 的穩定島嶼出現。

穩定原子核的條件可歸納為：

⑴在較輕原子核 Z 約等於 N，對較重原子核 N 必大於 Z。

⑵無論是核反應或放射衰變，能達到近於 $^{56}_{26}$Fe 的。

⑶達到密閉殼組態的。

表 2-4　符合於巧數的原子核

巧　　數	2	8	20	28	50	82	126
中 子	^{4}He	^{15}N ^{16}O	^{36}S ^{37}Cl ^{38}Ar ^{39}K ^{40}Ca	^{48}Ca ^{50}Ti ^{51}V ^{52}Cr ^{54}Fe	^{86}Kr ^{87}Rb ^{88}Sr ^{89}Y ^{90}Zr ^{92}Mo	^{136}Xe ^{138}Ba ^{139}La ^{140}Ce ^{141}Pr ^{142}Nd ^{144}Sm	^{208}Pb ^{209}Bi
質 子	^{4}He	^{16}O ^{17}O ^{18}O	^{40}Ca ^{42}Ca ^{43}Ca ^{44}Ca ^{46}Ca ^{48}Ca	^{58}Ni ^{60}Ni ^{61}Ni ^{62}Ni ^{64}Ni	^{112}Sn ^{119}Sn ^{114}Sn ^{120}Sn ^{115}Sn ^{122}Sn ^{116}Sn ^{124}Sn ^{117}Sn ^{118}Sn	^{204}Pb ^{206}Pb ^{207}Pb ^{208}Pb	

中子的新巧數

日本理化學研究所的谷畑勇夫等人，研究中子比質子多的奇特原子核(exotic nuclei)，發現中子特別多的原子核為安定的原子核，提出中子的新巧數為 6，16，30，32。谷畑等在 2003 年確認超重氫(super heavy hydrogen)原子核 ^{7}H（1 個質子及 6 個中子所組成的氫原子核）的存在。

Chapter 3

 放 射 衰 變

3-1 放射衰變的特性

　　不穩定的原子核，不受外來因素能自發發射放射線而轉變爲另一原子核的過程，稱爲放射性衰變或放射衰變(radio-active decay)。放射衰變的速率與該元素的化學或物理狀態無關，這一點放射衰變與化學反應完全不同。化學反應速率通常受溫度、壓力或反應物濃度等因素的影響。因爲放射衰變爲原子核轉變的過程，故不受外來因素的影響，決定於存在的原子核種類及其數目。例如無論是元素狀態或任何化合型態存在，只要含有 1 克的 ^{238}U，每秒都能放射 12,300 個的阿伐粒子(α-particle)，2 克的 ^{238}U，每秒能放射 2×12,300，即 24,600 個阿伐粒子。

　　放射衰變結果所放射的放射線，對周圍的物質有下列三種效應。

(1)游離效應

　　物質受放射線後放出電子而成離子對(ion pair)。

　　例如： $A \xrightarrow{\sim\sim} A^+ + e^-$

(2)螢光效應

　　放射線遇到螢光物質（如硫化鋅、硫化鎘等）能產生螢光。

(3)感光效應

　　放射線能穿透黑紙使包在裡面的照相軟片感光。

3-2 放射衰變的型式

　　穩定核的質子數(Z)與中子數(N)的相關曲線表示於圖
3-1。此相關曲線仍是圖 2-6 不穩定原子核海中穩定核半島的
鳥瞰圖。圖中黑點連在一起的帶稱為原子核的穩定帶(stability
belt)。從圖 3-1 可了解放射衰變的各種型式。

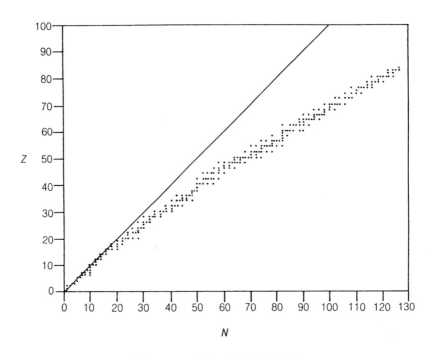

圖 3-1　原子核的穩定帶

3-2.1 阿伐衰變

　　原子序大於 83 的原子核，因為質子間的庫侖排斥力甚

強，雖然增加很多中子以增加核力，但仍不穩定而放出帶兩個正電荷的氦原子核（即 α 粒子），轉變爲較穩定的原子核，這衰變過程稱爲阿伐衰變(alpha decay)簡寫爲 α 衰變。一母原子核(parent nuclide)放射一個 α 粒子，生成原子序減 2，質量數減 4 的子原子核(daughter nuclide)。以通式表示：

$$_{Z}^{A}X \longrightarrow {}_{Z-2}^{A-4}Y + {}_{2}^{4}He （ α 粒子 ）$$

例如：　　$_{92}^{238}U \longrightarrow {}_{90}^{234}Th + {}_{2}^{4}He$

$$_{88}^{226}Ra \longrightarrow {}_{86}^{222}Rn + {}_{2}^{4}He$$

放射 α 粒子的原子核通常爲天然放射性元素。地球由太陽系生成時，這些鈾、釷等元素已存在，惟其壽命相當長到現在爲止鈾、釷等連其子子孫孫核種仍存在於自然界。旣然這些原子序大於 83 的重元素，庫侖排斥力又極強，爲何不一瞬間內衰變完，仍有 10^9 年的長壽命存在呢？從力學觀點來探討此一問題。圖 3-2 爲重原子核，此地以 ^{238}U 爲例的位井(potential well)圖。位井中的水平線爲質子與中子的能階。位井中的 2 個質子與 2 個中子組成 α 粒子而從位井逸出時，必須超過庫侖障壁(coulomb barrier)。 ^{238}U 的 α 粒子能量約 4MeV 而庫侖障壁卻有 20MeV，因此 α 粒子被庫侖障壁封閉於原子核的位井內，不斷的碰撞障壁。古典力學無法說明 4MeV 的 α 粒子能夠超越 20MeV 的庫侖障壁，惟在量子力學則表示 α 粒子能量雖然不到 20MeV，但與障壁千百萬次碰撞中有機會穿透庫侖障壁而出現於核外。 α 粒子不是超越庫侖障壁而穿過庫侖障壁隧道的，此一過程稱爲隧道效應(tunnel effect)。圖 3-3 為 α 衰變示意圖。

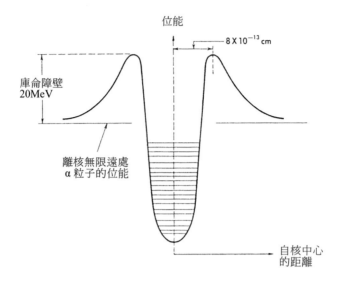

位能

8 X 10^{-13} cm

庫侖障壁
20MeV

離核無限遠處
α 粒子的位能

自核中心
的距離

圖 3-2 ^{238}U 核的位井及庫侖障壁

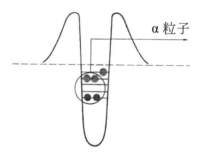

α 粒子

圖 3-3 α 衰變示意圖

從放射性元素所放射的一群 α 粒子束稱爲 α 射線(alpha ray)。α 粒子因帶兩單位正電荷，在物質中之游離效應很大。通常 α 粒子在 1 公分距離的空氣中通過時，使空氣分子游離，生成約 10^5 個離子對。α 粒子質量較大，因此在物質中的穿透力較弱，雖然可穿透金箔，但普通紙就可擋住 α 射線。放出 α 射線的放射性物質，在人體外幾乎對人體不會有任何影響，惟不小心攝取而進入體內時，因游離效應大，使人體各成分的化學鍵破裂而產生極大傷害。

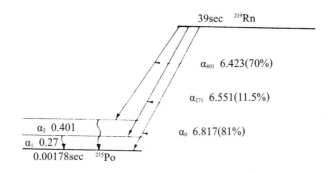

圖 3-4　　^{219}Rn 衰變程序圖

　　科學家以衰變程序圖(decay scheme)表示放射衰變。圖 3-4 爲氡 219 的衰變程序圖。

3-2.2 貝他衰變

　　在圖 3-1 原子核穩定帶左右的原子核，因其中子數比穩定核的中子質子比(n/p)較多或較少，故以貝他衰變（beta decay 簡寫爲 β^- 衰變）方式轉變成較穩定的原子核。貝他衰

變可再細分爲 β^- 衰變、β^+ 衰變及電子捕獲（electron capture 簡寫爲 EC）衰變。

⑴ β^- 衰變

較原子核穩定帶內原子核的 n/p，中子較多的原子核，往往將其過剩的中子轉變爲質子與帶負電的電子（稱爲 β^- 粒子）方式衰變爲較穩定的原子核，此一過程稱爲 β^- 衰變。

$$_0^1n \longrightarrow \ _{+1}^1p \ + \ _{-1}^0e$$

例如：穩定的鈉，$_{11}^{23}Na$ 的 $n/p = \dfrac{23-11}{11} = 1.09$，但在原子爐中以中子照射 $_{11}^{23}Na$ 時，因中子不帶電，能夠進入 $_{11}^{23}Na$ 核中生成 $_{11}^{24}Na$ 並放射 γ 射線。

$$_0^1n \ + \ _{11}^{23}Na \longrightarrow \ _{11}^{24}Na \ + \ _0^0\gamma$$
$$\quad\quad\quad\quad 質子\ 11 \quad\quad\quad 質子\ 11$$
$$\quad\quad\quad\quad 中子\ 12 \quad\quad\quad 中子\ 13$$

$_{11}^{24}Na$ 的 n/p = 13/11 = 1.18，較穩定核的n/p(1.09)大，因此 $_{11}^{24}Na$ 爲放射性核種，能自發放出 β^- 粒子而轉變爲穩定的 $_{12}^{24}Mg$。

$$_{11}^{24}Na \longrightarrow \ _{11}^{24}Mg \ + \ _{-1}^0e \ （\beta^- 粒子）$$
$$\quad 質子\ 11 \quad\quad 質子\ 12$$
$$\quad 中子\ 13 \quad\quad 中子\ 12$$

$$通式：_Z^AX \longrightarrow \ _{Z+1}^AY \ + \ _{-1}^0e$$

原子爐爲核燃料的鈾起核分裂而產生大量中子的裝置。β^- 衰變通常是在原子爐中，以人工方式製造的放射性核種衰變的方式。

放射性核種所放出一群高速的 β^- 粒子稱爲負貝他射線（negative beta ray 簡寫爲 β^- 射線）。β^- 射線在電場內偏向正極，因其只帶一單位負電荷，在物質中的游離效應較 α 射線低。β^- 粒子較 α 粒子小、輕，因此在同一物質裡的穿透力較 α 粒子強的很多。一般放射性核種所放出的 β^- 射線，在空氣中的射程約數公分到數公尺。因 β^- 射線的射程及游離效應都不大，無論在人體內外都較安全，可做示蹤劑(tracer)來追蹤某元素在物理、化學、生物或工程的舉

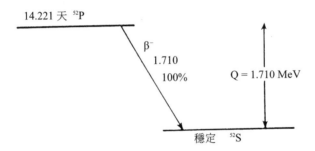

圖 3-5　　^{32}P　衰變程序圖

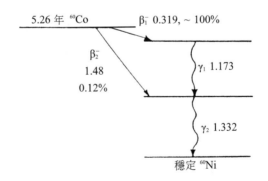

圖 3-6　　^{60}Co　衰變程序圖

動。

現在以質能方面探討 β^- 衰變能夠進行的條件。設 $M_{Z,N}$ 表示母原子核的質量，其中 Z 及 N 各代表核中的質子數及中子數。β^- 衰變時，一個中子轉變為質子，因此子原子核的質量可用 $M_{Z+1,N-1}$ 表示。β^- 衰變能夠進行時，母原子核質量必較子原子核及放出的電子質量大，否則 β^- 粒子不能以一定的能量從母原子核放出。

$$M_{Z,N} > M_{Z+1,N-1} + me \qquad (3\text{-}1)$$

此地 me 為一個電子的質量。惟在質譜儀所測得的質量 (amu)，是原子的質量而不是原子核的質量。母原子質量為母原子核質量加核外電子質量；如以 $M'_{Z,N}$ 表示母原子質量時，

$$M'_{Z,N} = M_{Z,N} + Zme$$

同樣，子原子質量為：

$$M'_{Z+1,N-1} = M_{Z+1,N-1} + (Z+1)me$$

以原子質量表示 β^- 衰變的必要條件為：

$$M'_{Z,N} - Zme > M'_{Z,N} - (Z+1)me + me$$

$$M'_{Z,N} > M'_{Z+1,N-1} \text{ 或 } M'_{Z,N} - M'_{Z+1,N-1} > 0 \quad (3\text{-}2)$$

因此只要母原子質量大於子原子質量時，β^- 衰變可進行。

⑵ β^+ 衰變

較原子核穩定帶內原子核的 n/p，中子較少的原子核，往往將質子轉變為中子與帶正電的電子即正電子（positron 即 β^+ 粒子）方式衰變為較穩定的原子核，此一過程稱為 β^+

衰變。

$$_{+1}^{1}p \longrightarrow {}_{0}^{1}n + {}_{+1}^{0}e$$

氮的穩定同位素為 $_{7}^{14}N$，可是在荷電加速器(charge accelerator)，以 α 粒子衝擊 $_{5}^{10}B$ 所生成的 $_{7}^{13}N$ 原子核，中子數較穩定核的 $_{7}^{14}N$ 少一個，因此 $_{7}^{13}N$ 能起 β⁺ 衰變而變成 $_{6}^{13}C$ 回到穩定帶裡。

$$_{2}^{4}He + {}_{5}^{10}B \longrightarrow {}_{7}^{13}N + {}_{0}^{1}n$$

$$_{7}^{13}N \longrightarrow {}_{6}^{13}C + {}_{+1}^{0}e$$

質子 7　　　質子 6

中子 6　　　中子 7

通式：$_{Z}^{A}X \longrightarrow {}_{Z-1}^{A}Y + {}_{+1}^{0}e$

或許對於 β⁻ 衰變的中子能轉變為質子，β⁺ 衰變的質子能轉變為中子會覺得奇怪。惟從 β⁺ 衰變能進行的條件來考慮時可了解。負電子與正電子電荷相反但質量相等都可用 me 表示。

母核能夠進行 β⁺ 衰變的條件為：

$$M_{Z,N} > M_{Z-1,N+1} + me$$

以 M′ 代表原子質量時

$$M'_{Z,N} - Zme > M'_{Z-1,N+1} - (Z-1)me + me$$

$$M'_{Z,N} - M'_{Z-1,N+1} > 2me \qquad (3\text{-}3)$$

母原子質量減子原子質量大於 2 個電子質量時，母原子才能夠進行 β⁺ 衰變，這一點與 β⁻ 衰變不同。圖 3-7 表示 $_{}^{13}N$ 的衰變程序圖。

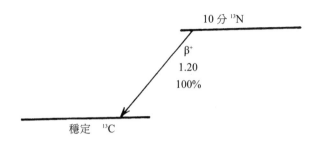

圖 3-7　　^{13}N 的衰變程序圖

$\boxed{\textbf{3-2.3}}$ 電子捕獲衰變

在原子核穩定帶左側，但原子序較大的原子核即以電子捕獲（electron capture 簡寫 EC）方式衰變爲穩定的原子核。例如以荷電加速器加速質子而衝擊 $^{55}_{25}$Mn 核時，生成 $^{55}_{26}$Fe 及中子。

$$^{1}_{+1}p \; + \; ^{55}_{25}Mn \; \longrightarrow \; ^{55}_{26}Fe \; + \; ^{1}_{0}n$$

鐵的穩定核爲 $^{56}_{26}$Fe，生成的 $^{55}_{26}$Fe 較穩定核少一個中子（請注意中子絕對數多於質子數）。$^{55}_{26}$Fe 核能夠吸引核外電子進入核內與質子結合成爲中子。原子中 K 殼電子最接近原子核，因此 K 殼電子易被捕獲並在 K 殼軌道產生電子空位，較高能階的電子立刻遞補 K 殼電子空位而放出 X 射線。

$$^{55}_{26}Fe \; + \; ^{0}_{-1}e\,（K-殼）\rightarrow \; ^{55}_{25}Mn \; + \; X\ 射線$$

$$^{1}_{+1}p \; + \; ^{0}_{-1}e\,（K-殼）\rightarrow \; ^{1}_{0}n \; + \; X\ 射線$$

通式：$^{A}_{Z}X \; + \; ^{0}_{-1}e\,（K-殼）\rightarrow \; ^{A}_{Z-1}Y \; + \; X\ 射線$

圖 3-8 為 ^{55}Fe 經電子捕獲衰變的程序圖。電子捕獲衰變的必要條件與 β$^-$ 衰變相同，只要母原子質量大於子原子質量就能夠進行。

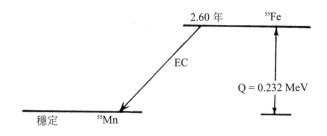

圖 3-8　　^{55}Fe 衰變程序圖

3-2.4　伽馬衰變

⑴ γ 射線

　　原子核起放射衰變或與高速粒子碰撞，產生激發態(excited state)時，立刻以電磁波方式放出能量而恢復到基態(ground state)的過程稱為伽馬衰變（gamma decay 簡寫 γ 衰變）。所放出的電磁波稱為伽馬射線（gamma ray 簡寫 γ 射線）。γ 衰變不是單獨所起的過程而往往隨 α 、 β或 EC 衰變而起，如圖 3-6 ^{60}Co 的衰變程序圖所示 ^{60}Co 放出 β$^-$ 射線後再放出 γ 射線。圖 3-9 為 ^{22}Na 的衰變程序圖， ^{22}Na 不但起 β$^+$

衰變，一部分起 EC 衰變並放出 γ 射線。 γ 射線的本性與 X 射線相同，惟 γ 射線為原子核內核子遷移的過程，X 射線為核外電子遷移的過程所放出的電磁波。兩者都以光速運動，在物質中的穿透力極大，通常需用鉛做屏蔽物 (shielding material)以防護人體受其直接照射。

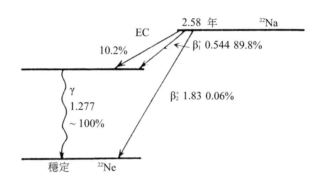

圖 3-9 ^{22}Na **衰變程序圖**

(2)內轉換

原子核的去激發(de-excitation)所放射的 γ 射線能夠引起其他過程，即放出內轉換電子(internal-conversion electron)。內轉換(internal conversion)是 γ 射線與核外電子碰撞而將其放出的過程，所放出的電子具有 γ 射線能量減去電子與核的結合能的能量。當去激發的能量超過 1.02MeV 時，另一去激發的過程可能產生。1.02MeV 的能量相當於 2 個電子質量，因此可能產生具有從全激發能減去 1.02MeV 動能的正電子與負電子放出，惟此一過程不常見。

3-2.5 核異構躍遷衰變

　　γ衰變通常在無法直接測量的極短時間（約 10^{-12} 秒）內進行，惟最近的電子技術已能夠測出 10^{-9} 到 10^{-10} 秒程度衰變的γ射線。具有相同原子序 Z 及相同質量數 A 的兩個原子核稱爲異構核(nuclear isomer)。在高能階的異構核能夠以可測量時間範圍內存在的稱爲暫穩核（metastable nucleus 有時稱介穩核）其質量數後面加 m 表示，如 ^{60m}Co ，^{80m}Br 等。在較低能階的異構核即質量數後不加任何符號。從暫穩核放出電磁波轉變爲較穩定異構核的過程稱爲核異構躍遷衰變（isomeric transition decay，簡寫 IT 衰變）。

　　在原子爐以中子照射鈷時生成 ^{60m}Co 。圖 3-10 爲 ^{60m}Co 的 IT 衰變程序圖。 ^{60m}Co 以 10.6 分的半生期衰變爲 ^{60}Co 。

　　各種方式的衰變歸納於表 3-1，圖 3-11 爲各放射線在電場的偏折情形。

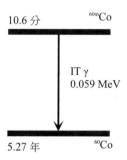

圖 3-10　　^{60m}Co 的核異構躍遷衰變

表 3-1　各種放射衰變的型式

衰變型式	符號	放射線種類	衰變過程	備註
α 衰變	α	He^{2+} 原子核	$^A_Z X \rightarrow ^{A-4}_{Z-2} Y + ^4_2 He$	Z > 83
β 衰變	β$^-$	負電子 $^0_{-1}e$	$^A_Z X \rightarrow ^A_{Z+1} Y + ^0_{-1}e$	較穩定帶的 n/p 中子較多的
	β$^+$	正電子 $^0_{+1}e$	$^A_Z X \rightarrow ^A_{Z-1} Y + ^0_{+1}e$	較穩定帶的 n/p 中子較少的
電子捕獲	EC	子核的 x 線	$^A_Z X + ^0_{-1}e \rightarrow ^A_{Z-1} Y + x$	Z 較大而中子比穩定帶的 n/p 少的
γ 衰變	γ	電磁輻射線	$^A_Z X \rightarrow ^A_Z X + \gamma$	激發核的能量遷移 < 10^{-10} 秒
核異構躍遷	IT	γ 射線	$^{Am}_Z X \rightarrow ^A_Z X + \gamma$	可測半生期

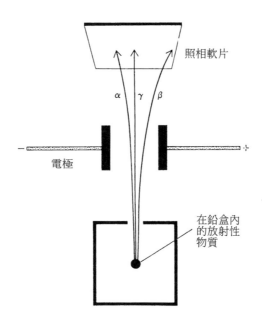

圖 3-11　各放射線在電場的偏折

3-3 放射衰變律

3-3.1 放射衰變律

　　放射衰變為一級反應(first order reaction)，即放射反應速率與試樣中所含放射性核種的數目成正比。因此如增加一倍的放射性核種數目時，單位時間內所放出的放射線將增加一倍。此關係表示為：

放射粒子速率≈（放射性核種衰變速率）∞（存在的放射性核種數）

∞表示成比例關係，如以 λ 表示比例常數即衰變常數(decay constant)時：

放射性核種衰變速率＝（衰變常數）×（存在的放射性核種數）

此關係用數學式表示。設在 t 時所存在放射性核種數為 N，

$$-\frac{dN}{dt} \infty N$$

$$-\frac{dN}{dt} = \lambda N \tag{3-4}$$

移項得　$-\dfrac{dN}{N} = \lambda dt$　積分

$$-\ln N = \lambda t + c$$

設開始時（即 t ＝ 0 時）的放射性核種數為 N_0，即

$$c = -\ln N_0$$　代入上式得

$$-\ln N = \lambda t - \ln N_0 \tag{3-5}$$

$$\ln N - \ln N_0 = -\lambda t$$

$$\ln \frac{N}{N_0} = -\lambda t$$

$$\therefore N = N_0 e^{-\lambda t} \tag{3-6}$$

此關係表示放射性核種以指數原則衰變，稱爲放射衰變律(radioactive decay law)。

3-3.2 半生期

一放射性核種 N_0 經放射衰變後，減少到一半（即 $N_0/2$）所經過的時間爲該核種的半生期（half-life，簡寫爲 $t_{\frac{1}{2}}$）。使用(3-2)式得

$$-\ln N = \lambda t - \ln N_0 \qquad \ln N_0 - \ln N = \lambda t$$

$$\ln \frac{N_0}{\frac{N_0}{2}} = \lambda t_{\frac{1}{2}}, \ \ln 2 = \lambda t_{\frac{1}{2}}$$

$$2.303 \ \log 2 = 0.693 = \lambda t_{\frac{1}{2}}$$

$$\therefore \lambda = \frac{0.693}{t_{\frac{1}{2}}} \ 或 \ t_{\frac{1}{2}} = \frac{0.693}{\lambda} \tag{3-7}$$

半生期爲放射性核種固有的常數。同一元素的不同放射性同位素（核種）半生期亦不同。例如 $^{22}_{11}Na$ 的半生期爲 2.58 年，但 $^{24}_{11}Na$ 的半生期只有 15 小時。放射性核種的半生期均已測出（參閱附錄 3），有的短到數分之一秒，長的可到 10^9 年，除了測定的不準度外，至今尚無法以物理方法改變任何放射性核種的半生期。

3-3.3 衰變曲線

　　根據放射衰變律，放射性核種以指數原則衰變。設開始核種數爲 N_0，經 1 半生期到 t_1 則剩下 $N_0/2$ 的 N_1，再經 1 半生期到 t_2 時剩下 $N_0/4$ 的 N_2……，如圖 3-12 以經過時間爲橫軸與核種數爲縱軸所劃的相關曲線稱爲衰變曲線(decay curve)。(3-4)式 $-\dfrac{dN}{dt}=\lambda N$ 的 $-\dfrac{dN}{dt}$ 爲衰變速率而衰變速率與存在核種數 N 成正比，因此衰變曲線的縱軸可用衰變速率或放射性強度表示。

　　圖 3-12 的衰變曲線爲曲線的，因放射性核種是以指數原則衰變，使用縱軸以對數刻度的半對數紙(semi-log paper)時，衰變曲線變爲直線。從此衰變曲線易求得該放射性核種的半生期（圖 3-13）。

3-3.4 有關放射性的單位

(1)放射性核種的量(quantity)或放射強度(radioactivity)的單位

　　放射性核種的量或放射強度，通常以單位時間的衰變數即衰變率(decay rate)表示。在 CGS 制即以每秒衰變數（簡寫 dps）表示。例如 ^{14}C 及 ^{226}Ra 各有 1000dps 時，無論其重量、化學型態或對周圍物質的影響如何，其放射核種的量或放射強度都相同。1dps 又稱爲 1 貝克（Becquerel 以 Bq 表示）。在醫療或工業上常用居里（Curie 簡寫爲 Ci）做

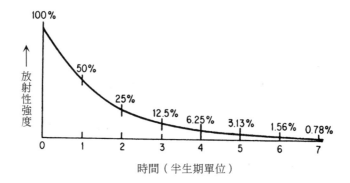

圖 3-12　衰變曲線（一般方格紙）

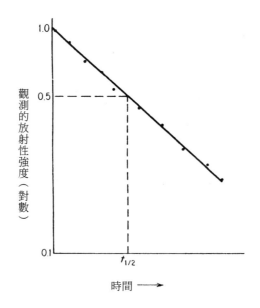

圖 3-13　衰變曲線（半對數紙）

放射核種的量或放射強度的單位。例如：甲狀腺腫症的患者在醫院一次要攝取 1 毫居里的放射性碘 131 等。

任何放射性核種，無論是多少重只要每秒有 3.7×10^{10} 衰變的稱為 1 居里的放射強度。

例如：1 居里的 ^{14}C 為 3.8×10^{-1} 克

　　　1 居里 ^{32}P 為 3.50×10^{-6} 克

　　　1 居里 ^{226}Ra 為 1.000 克

雖然三者重量顯著不同，但每秒都有 3.7×10^{10} 衰變。放射性核種通常 1 衰變放射 1 射線，因此它們每秒都能放射 3.7×10^{10} 射線。1 居里放射強度相當大，故有下列較小的單位。

　　毫居里$(mCi) = 3.7 \times 10^{7} dps = 3.7 \times 10^{7} \, Bq$

　　微居里$(\mu Ci) = 3.7 \times 10^{4} dps = 3.7 \times 10^{4} \, Bq$

使用放射性偵測器(detector)測定放射強度時，通常測定值並不是衰變率的 dps，而以每秒（或每分）的計數即計數率（counting rate，以 cps 或 cpm）表示。計數率與衰變率有關，但受偵測器的性能，放置放射性物質的位置等因素而改變。計數率與衰變率的關係為：

　　計數率＝k （衰變率）

　　$cps = k(dps) = k \left\{ -\dfrac{dN}{dt} \right\} = k\lambda N$

　　k 為計數效率(counting efficience)

⑵放射線能量的單位

考慮放射線對周圍物質的影響時，只用放射強度的單位是不夠的，必須要考慮到放射線的能量。例如：此地有二支機關槍，性能都一樣每分鐘都能發 100 個子彈。但 A 槍用黃色炸藥（即三硝基甲苯，簡寫 TNT），B 槍用黑色火藥（硝酸鉀、碳粉、硫粉混合物）的子彈時，雖然兩支都能每分鐘發射 100 個子彈，但 A 槍射程較遠，殺傷力較大，B 槍的射程較短，殺傷力亦較小。同樣，從放射性核種所放出的放射線，能量較大的對周圍物質的影響較大，能量較小的對周圍物質的影響亦較小。

能量的單位，在物理常用厄格(erg)或焦耳(joule)，在化學使用卡(calorie)。惟放射性物質的能量通常以電子伏特（electron volt，簡寫爲 eV）表示。一電子伏特的能量等於一個電子在 1 伏特電位差的電場，從負極移到正極時所具的能量。一個電子的電荷等於 4.8×10^{-10} 靜電單位（electrostatic unit，簡寫爲 esu）而 1 伏特等於 1/300esu，因此，

$$1eV = 4.8 \times 10^{-10}esu \times \frac{1}{300}esu = 1.6 \times 10^{-12}erg$$
$$= 1.6 \times 10^{-12}erg \times 2.39 \times 10^{-8}cal/erg$$
$$= 3.85 \times 10^{-20}cal$$

在物理、化學物質的量通常以莫耳(mole)單位表示而不是只指一個電子。

$$1\text{eV} = 3.85 \times 10^{-20}\text{cal/e} \times 6.02 \times 10^{23} \text{ e/mole}$$

$$= 2.314 \times 10^4\text{cal/mole}$$

放射性核種所放出的放射線，能量通常在 KeV 或 MeV 的範圍：

$$1\text{KeV} = 10^3\text{eV} = 2.314 \times 10^7\text{cal/mole}$$

$$1\text{MeV} = 10^6\text{eV} = 2.314 \times 10^{10}\text{cal/mole}$$

(3)輻射劑量的單位

在探究一物質被放射線照射所引起的效應時，只考慮放射性核種之放射強度（量）、放射線能量尚不夠。例如有 1 居里的 ^{60}Co，其放射線能量為 1.25MeV。現將兩張照像軟片包在黑紙內，一張放在離 ^{60}Co 1 公尺處，另一張放在離 ^{60}Co 2 公尺處，如照射時間相同時兩張軟片感光情形不同。第一張感光的多，第二張感光的少。可是在同樣條件下，如將第一張放 1 分鐘，第二張放 1 小時，其感光情形又不同，第二張軟片感光的較第一張多，因為軟片所受的劑量不同。物質從放射線所吸收的劑量稱為輻射劑量(radiation dose)。其單位有：

①侖琴：使 0.001293 克乾燥空氣（等於 STP 時 1c.c.）游離，生成一 esu 的正離子或負電子時的 X 射線或 γ 射線的劑量為 1 侖琴(roentgen，簡寫為 r)。1 侖琴的輻射劑量相當於 1 公克空氣從 X 射線或 γ 射線吸收 84 厄格能量的劑量。

②雷得：任何物質 1 公克，從任何放射線接受 100 厄格能

量時的吸收劑量為 1 雷得（radiation absorbed dose，簡寫為 rad）。在 SI 制，以格雷（gray，簡寫 Gy）為吸收劑量單位。1Gy ＝ 100rad。

③侖目：人體雖然吸收輻射劑量相同，惟因放射線種類不同而對人體組織的效應亦不同。α射線游離能力較強，同一劑量在人體內的各種效應亦較β射線大。考慮到生物體接受放射線的不同效應，科學家訂出比較生物效應（relative biological effectiveness 簡寫為 RBE）。表 3-2 為各放射線的 RBE 值。

表 3-2　各放射線的 RBE 值

放射線種類	RBE 值
γ 射線	1
X 射線	1
β 射線	1
熱中子	2.5
α 射線	10
快中子	10
質　子	10
重離子	20

考慮比較生物效應的輻射劑量稱為等效劑量(equivalent dose)，其單位為侖目（roentgen equivalent man 簡寫為 rem）。

$$侖目＝雷得 \times RBE \tag{3-8}$$

SI 制以西弗（sievert，簡寫為 Sv）單位表示。

$$1Sv = 100rem$$

將放射強度與輻射劑量的常用單位及 SI 單位歸納於表 3-3。

表 3-3　放射強度及劑量單位

	常用單位	SI 單位	換　算
放射強度	dps 居里 Ci	貝克 Bq	$1Bq = 1dps$ $1Ci = 3.7 \times 10^{10}Bq$ $1Bq = 2.7 \times 10^{-11}Ci$
吸收劑量	雷得 rad	格雷 Gy	$1rad = 0.01Gy$ $1Gy = 100rad$ $1Gy = 1Jkg^{-1}$
等效劑量	侖目 rem	西弗 Sv	$1rem = 0.01Sv$ $1Sv = 100rem$ $1Sv = 1Jkg^{-1}$
輻射劑量	侖琴 r	庫侖／公斤	$1R = 2.58 \times 10^{-4} Ckg^{-1}$ $1Ckg^{-1} = 3876r$

3-3.5　有關放射性物質的計算

(1)由物質重量求放射強度

Ex.1

鐳 226，^{226}Ra 的半生期為 1622 年，試計算 1 克 ^{226}Ra 的放射強度。

$$-\frac{dN}{dt} = \lambda N$$

設放射性核種的重量為 W 克，質量數為 M 時，其原子核

數 $N = \dfrac{W}{M} \times 6.02 \times 10^{23}$，而

$$\lambda = \frac{0.693}{t_{\frac{1}{2}}} = \frac{0.693}{1622 \times 365 \times 24 \times 60 \times 60}$$

$$\therefore -\frac{dN}{dt} = \lambda N$$

$$= \frac{0.693}{1622 \times 365 \times 24 \times 60 \times 60} \times \frac{1}{226} \times 6.02$$
$$\times 10^{23}$$

$$= 3.7 \times 10^{10}(\text{dps}) = 3.7 \times 10^{10}(\text{Bq}) = 1(\text{Ci})$$

$\boxed{\text{Ex.2}}$

宇宙線打擊到大氣中的氮原子核時，一部分能起核反應生

成放射性氚 ^3_1H。有一試樣含 2.4×10^{10} 原子的氚，氚的半

生期為 12 年，試計算此一試樣中氚的放射強度。

$\boxed{\text{Sol}}$ ：

$$\lambda = \frac{0.693}{t_{\frac{1}{2}}} = \frac{0.693}{12 \times 365 \times 24 \times 60 \times 60} \quad N = 2.4 \times 10^{10}$$

$$-\frac{dN}{dt} = \frac{0.693}{12 \times 365 \times 24 \times 60 \times 60} \times 2.4 \times 10^{10}$$

$$= \frac{1.6632 \times 10^{10}}{3.78 \times 10^9} = 4.4(\text{dps}) = 4.4\text{Bq}$$

(2)由放射強度求放射性物質重量

$\boxed{\text{Ex.3}}$

設 ^{14}C 的半生期為 5730Y，試計算 1.00mCi ^{14}C 的重量。

Sol：

$$1\text{mCi} = 3.7 \times 10^7 \text{dps} = -\frac{dN}{dt} = \lambda N$$

$$= \frac{0.693}{t_{\frac{1}{2}}} \times \frac{W}{M} \times 6.02 \times 10^{23}$$

$$3.7 \times 10^7 = \frac{0.693}{5730 \times 365 \times 24 \times 60 \times 60} \times \frac{W}{14} \times$$

$$6.02 \times 10^{23}$$

求得 W $= 2.24 \times 10^{-2}$g

Ex.4

放射性 ^{32}P 的半生期爲 14.3 天，試計算 1 居里 ^{32}P 的重量。

Sol：

$$1\text{Ci} = 3.7 \times 10^{10} \text{dps} = -\frac{dN}{dt} = \lambda N$$

$$= \frac{0.693}{t_{\frac{1}{2}}} \times \frac{W}{M} \times 6.02 \times 10^{23}$$

$$3.7 \times 10^{10} = \frac{0.693}{14.3 \times 24 \times 60 \times 60} \times \frac{W}{32} \times 6.02 \times 10^{23}$$

求得 W $= 3.5 \times 10^{-5}$g

(3)有關衰變的計算

Ex.5

有一 $Na_2H^{32}PO_4$ 試樣爲 1000dps，試計算 10 天後的放射強

度。^{32}P 半生期爲 14.3 天。

Sol：

$$N = N_0 e^{-\lambda t} = N_0 e^{-\frac{0.693}{t_{\frac{1}{2}}}t}$$

依照題意 $N_0 = 1000$dps　　$t_{\frac{1}{2}} = 14.3$ 天　t $= 10$ 天

$$N = 1000e^{-\frac{0.693}{14.3} \times 10} = 1000e^{-0.4846} = 606(dps)$$

Ex.6

非洲古蹟洞穴中發現燒過木炭中的 ^{14}C 以每克碳每分鐘有 3.1 衰變。現在所製木炭則每克碳每分鐘有 13.6 衰變。設 ^{14}C 半生期爲 5730 年時，試計算非洲古蹟的年代。

Sol：

衰變速率 $= \lambda N \quad \lambda = \dfrac{0.693}{t_{\frac{1}{2}}} = \dfrac{0.693}{5730 \text{ 年}}$

$\dfrac{\text{經過 t 年}}{\text{開始時}} = \dfrac{3.1 dpm/g}{13.6 dpm/g} = \dfrac{\lambda N}{\lambda N_0} = \dfrac{N}{N_0} = 0.23$

$\ln \dfrac{N}{N_0} = -\lambda t = \ln(0.23) = -\dfrac{0.693}{5730} \text{ 年, } t$

求得 $t = 12000$ 年

3-4 放射平衡

當母原子核放出放射線衰變爲子原子核，但子原子核並不是穩定核而繼續放出放射線時，產生放射平衡(radioactive equilibrium)的問題。

3-4.1 放射平衡一般公式

設 A 以 λ_1 衰變常數衰變爲 B，B 再以 λ_2 衰變常數衰變爲 C 時，可用 A $\xrightarrow{\lambda_1}$ B $\xrightarrow{\lambda_2}$ C 表示。

以 N_1 及 N_2 表示在 t 時間時 A 及 B 的原子核數，N_1^0 及

N_2^0 表示 $t = 0$ 時 A 及 B 的原子核數。

$$A \longrightarrow B \longrightarrow C$$

$t = 0$ 時原子核數 N_1^0 $\qquad\qquad N_2^0 \qquad\qquad 0$

$t = t$ 時原子核數 N_1 $\qquad\qquad N_2 \qquad\qquad N_3$

　　因此要求某時間所存在的 N_2 時，必考慮A→B即子核種的生成及 B→C 即子核種之衰變。

A 核種：$\dfrac{dN_1}{dt} = -\lambda_1 N_1$

B 核種：$\dfrac{dN_2}{dt} = \lambda_1 N_1 - \lambda_2 N_2$

C 核種：$\dfrac{dN_3}{dt} = \lambda_2 N_2$

$\because N_1 = N_1^0 e^{-\lambda_1 t}$

$$\dfrac{dN_2}{dt} + \lambda_2 N_2 - \lambda_1 N_1^0 e^{-\lambda_1 t} = 0 \tag{3-9}$$

　　設以 $N_2 = uv$ 為此一次線型微分方程解的型式，此地 u, v 為 t 的函數，微分得

$$\dfrac{dN_2}{dt} = u\dfrac{dv}{dt} + v\dfrac{du}{dt} \quad 代入於(3\text{-}9)式$$

$$u\dfrac{dv}{dt} + v\dfrac{du}{dt} + \lambda_2 uv - \lambda_1 N_1^0 e^{-\lambda_1 t} = 0 \tag{3-10}$$

選擇任意函數 v 使括號內項為 0

$$\dfrac{dv}{dt} + \lambda_2 v = 0$$

$$v = e^{-\lambda_2 t}$$

將此結果代入(3-10)式得關於 u 的微分方程式

$$e^{-\lambda_2 t}\frac{du}{dt} - \lambda_1 N_1^0 e^{-\lambda_1 t} = 0$$

$$du = \lambda_1 N_1^0 e^{(\lambda_2-\lambda_1)t}dt$$

$$u = \frac{\lambda_1}{\lambda_2-\lambda_1}N_1^0 e^{(\lambda_2-\lambda_1)t} + c$$

$$N_2 = uv = \frac{\lambda_1}{\lambda_2-\lambda_1}N_1^0 e^{-\lambda_1 t} + ce^{-\lambda_2 t} \qquad (3\text{-}11)$$

積分常數 c 由於 t = 0 時 $N_2 = N_2^0$，而

$$c = N_2^0 - \frac{\lambda_1}{\lambda_2-\lambda_1} N_1^0 \quad 代入(3\text{-}11)式$$

$$N_2 = \frac{\lambda_1}{\lambda_2-\lambda_1} N_1^0(e^{-\lambda_1 t} - e^{-\lambda_2 t}) + N_2^0 e^{-\lambda_2 t} \quad (3\text{-}12)$$

式中的第一項表示從母核種衰變而產生的子核種的成長與其子核種的衰變，第二項表示最初存在的子核種的衰變。

3-4.2 過渡平衡

設母核種的半生期較子核種的半生期長($t_{\frac{1}{2}}^1 > t_{\frac{1}{2}}^2 , \lambda_1 < \lambda_2$)，到達某時間後，母核種與子核種的原子核數及衰變速率的比都達到一定的所謂過渡平衡(transient equilibrium)的狀態（圖3-14）。(3-12)式中的 t 足夠時 $e^{-\lambda_2 t}$ 較 $e^{-\lambda_1 t}$ 小很多可忽略，$N_2^0 e^{-\lambda_2 t}$ 亦可刪除，因此

$$N_2 = \frac{\lambda_1}{\lambda_2-\lambda_1} N_1^0 e^{-\lambda_1 t}$$

$$\because N_1 = N_1^0 e^{-\lambda_1 t} \quad 代入上式得$$

$$\frac{N_1}{N_2} = \frac{\lambda_2-\lambda_1}{\lambda_1} \qquad (3\text{-}13)$$

在過渡平衡時，母核與子核的放射性都以母核的半生期衰變。

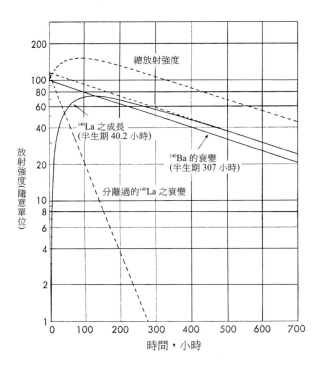

放射強度(隨意單位)

總放射強度

^{140}La 之成長
(半生期 40.2 小時)

^{140}Ba 的衰變
(半生期 307 小時)

分離過的 ^{140}La 之衰變

時間，小時

圖 3-14　過渡平衡

3-4.3 永久平衡

如 $^{232}_{90}\text{Th}$ $\xrightarrow[1.39 \times 10^{10}\text{Yr}]{\alpha}$ $^{228}_{88}\text{Ra}$ $\xrightarrow[6.7\text{Yr}]{\beta^-}$ $^{228}_{89}\text{Ac}$

設母核種的半生期與子核種的半生期相差極大($t^1_{\frac{1}{2}} \gg t^2_{\frac{1}{2}}$ ，$\lambda_1 \ll \lambda_2$)時，將建立所謂的永久平衡(secular equilibrium)。

∵ $\lambda_1 \ll \lambda_2$ ，$\dfrac{N_1}{N_2} = \dfrac{\lambda_2 - \lambda_1}{\lambda_1}$ 式變為：

$$N_2 = \frac{\lambda_1}{\lambda_2}N_1$$

$$\lambda_1 N_1 = \lambda_2 N_2 \qquad\qquad (3\text{-}14)$$

圖 3-15 為永久平衡之例，到達永久平衡時，母核種與子核種
的衰變速率相同。

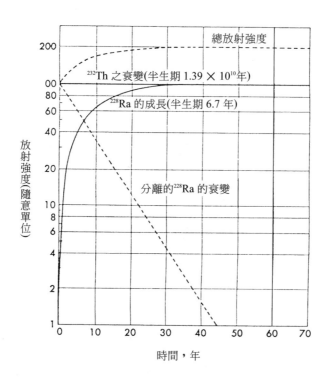

圖 3-15　永久平衡

Ex.7

試計算與 1 克鐳成永久平衡之氡的原子數、體積及放射強
度。

$$^{226}_{88}\text{Ra} \xrightarrow[1622\text{Y}]{} {}^{222}_{86}\text{Rn} \xrightarrow[3.825\text{d}]{} {}^{218}_{84}\text{Po}$$

$$\lambda_{Ra}N_{Ra} = \lambda_{Rn}N_{Rn}, N_{Ra} = \frac{6.02 \times 10^{23}}{226}, \lambda_{Ra} = \frac{0.693}{1622 \times 365}\text{day}^{-1}$$

$$N_{Ra} = \frac{\lambda_{Ra}N_{Ra}}{\lambda_{Rn}} = \frac{0.693}{1622 \times 365} \times \frac{6.02 \times 10^{23}}{226} \times \frac{3.825}{0.693}$$

$$= 1.76 \times 10^{16} \text{ (atoms)}$$

$$= 0.66\text{mm}^3\text{(STP)}$$

$$-\frac{dN_{Rn}}{dt} = \lambda_{Rn}N_{Rn} = \frac{0.693}{3.825 \times 24 \times 60 \times 60} \times 1.76 \times 10^{16}$$

$$= 3.7 \times 10^{10}\text{dps} = 1\text{Ci}$$

3-4.4 不成平衡

$$如\ ^{135}_{53}\text{I} \xrightarrow[6.7\text{hr}]{\beta^-} {}^{135}_{54}\text{Xe} \xrightarrow[9.2\text{hr}]{\beta^-} {}^{135}_{55}\text{Cs}$$

設母核種的半生期比子核種的半生期短時，$\lambda_1 > \lambda_2$ 設 $t = 0$ 時，子核種數為 N_2^0，而 $t = t$ 時為 N_2，

$$N_2 = \frac{\lambda_1}{\lambda_2 - \lambda_1} N_1^0 e^{-\lambda_2 t} (1 - e^{-(\lambda_1 - \lambda_2)t})$$

而 $\exp[-(\lambda_1 - \lambda_2)t] \ll 1$ ，只觀測到子核種的衰變 $\exp[-\lambda_2 t]$ 而已。這時子核種數 N_2 與分離後所留存的母核種數 N_1^0 成正比，在此情形下不成立放射平衡（圖 3-16）。

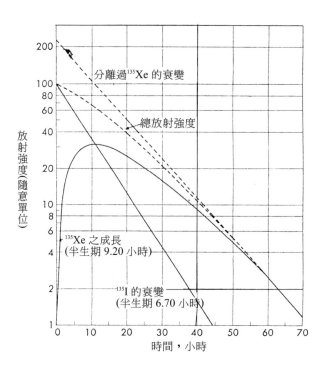

圖 3-16　不成平衡

3-5　分支衰變

一放射性核種往往以複數型式衰變，稱為分支衰變(branching decay)。例如：

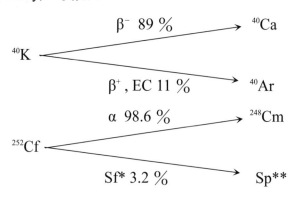

*Sf 表示自發核分裂(sponteneous fission)。

**Sp 表示自發核分裂產物(sponteneous fission product)。

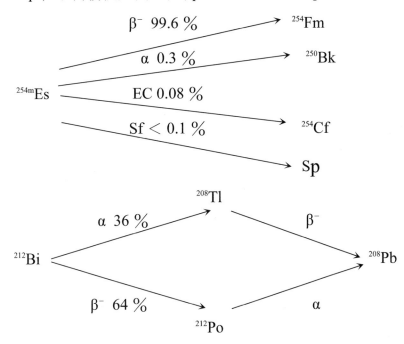

分支衰變時分支比(branching ratio)雖然各不同，但可一概處理。分支衰變通常以下列方式處理。

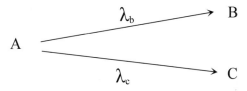

B 核種以 $\lambda_b N_A$ 速率生成，但核種 A 則以 $(\lambda_b + \lambda_c)N_A$ 的速率衰變，因此 A 的半生期為：

$$t_{\frac{1}{2}} = \frac{0.693}{\lambda_b + \lambda_c}$$

A 核種的衰變速率為 $-\dfrac{dN_A}{dt} = (\lambda_b + \lambda_c)N_A$

種及 C 核種的生成速率各爲：

$$-\frac{dN_B}{dt} = \lambda_b N_A , \quad -\frac{dN_C}{dt} = \lambda_c N_A$$

放射衰變爲放射性物質獨特的過程，與化學反應完全不同。熟悉於放射衰變各種程序與規律，對於有效使用及操作放射性物質極有利。下一章將進入放射線與物質的交互作用。

Chapter 4

放射線與物質的交互作用

從放射性核種所放出的放射線，無論是粒子或電磁波，肉眼都看不到，必須靠這些放射線與周圍物質的交互作用來檢測。為了要理解從原子核種所放出放射線的檢測及決定其性質的方法與裝置，必須考慮這些放射線如何與周圍物質的交互作用。

4-1　α 射線與物質的交互作用

α 粒子為帶兩個正電荷的氦原子核(He^{2+})，從放射性核種所放出一群的 α 粒子稱為 α 射線。

4-1.1　α 射線的能量

從天然放射性核種所放出的 α 射線能量約 4～6MeV。從母原子質量減去子原子及氦原子質量，並以質能互換關係求 α 射線能量。

Ex.1

釙210，鉛206 及氦4 各原子的質量各為 209.9829，205.9745 及 4.0026amu。試計算由釙210 所放出 α 射線的能量。

Sol：

$$\ce{^{210}_{84}Po} \longrightarrow \ce{^{206}_{82}Pb} + \ce{^{4}_{2}He}$$

質量　　209.9829amu　　　205.9745amu　　　4.0026amu

$$209.9829 - (205.9745 + 4.0026) = 0.0058(amu)$$

$$0.0058amu \times 931.5MeV/amu = 5.40MeV$$

α 射線與物質的交互作用

α射線通過物質時主要與物質的核外電子交互作用而失去能量。此交互作用使原子、分子游離(ionization)或激發(excitation)，結果在通過的路徑生成一連串的激生粒子團(spur)。圖4-1為α射線的軌跡，圖4-2為激生粒子團的結構。A 表示物質原子或分子時

圖 4-1　α 射線軌跡

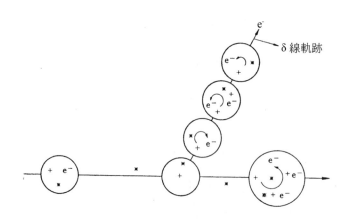

圖 4-2　激生粒子團結構

$$A \xrightarrow{\quad\quad} A^+ \;+\; e^- \quad 游離$$

$$A \xrightarrow{\quad\quad} A^* \qquad\qquad 激發$$

表 4-1 表示在氣體物質中，生成一離子對(ion Pair)時 α 粒子所消耗的能量。

表 4-1　生成一離子對 α 粒子所消耗能量

氣　體	生成一離子對所消耗的能量 W (eV)	第一游離能 I (eV)	用於游離的能量比 (I / W)
氫	36.3	15.6	0.43
氦	43.0	24.5	0.58
氧	32.5	12.5	0.38
空氣	35.0	-	-
氬	26.4	15.7	0.59
甲烷	30.0	14.5	0.48

　　α粒子在空氣中生成一離子對平均消耗約 35eV，可知 α
粒子與一個原子或分子碰撞只失去極少部分的能量，因此 α
粒子由碰撞將電子彈出，其本身軌跡仍為直線（圖 4-1）。
游離能外，α 粒子所失去的能量做為被游離的電子的能量，
此二次電子稱為得耳他射線（delta ray，簡寫為 δ 射線），δ
射線能夠游離其周圍的原子或分子（圖 4-2）。

　　α 射線與周圍物質的交互作用，可歸納三種方式。

(1) α粒子能量足夠大時，與周圍原子或分子的核外電子碰撞
　　而起游離效應。因 α 粒子能量約數 MeV 而在空氣中生成
　　一離子對時，只消耗約 35eV 的能量，因此約 10^5 次碰撞
　　（生成大於 10^5 個離子對），α粒子才會損失大部分能量。

$$A \quad \rightsquigarrow\!\!\longrightarrow \quad A^+ + e^-$$

(2) α粒子能量降低到相當於原子的價電子能量時，不起游離
　　效應而與周圍的原子或分子起彈性碰撞(elastic collision)，
　　只激發原子或分子。

$$A \quad \rightsquigarrow\quad A^*$$

(3) α 粒子能量相當於原子 K 殼電子能量時，α 粒子有機會從物質拾取(pick up)兩個電子而成氦原子。此過程也是游離效應。

$$He^{2+} + 2e^- \longrightarrow He$$

4-1.3 α 射線的射程

一放射線在一物質中能夠穿過的距離，稱為該射線在此一物質的射程(range)。圖 4-3 表示一放射性核種所放出 α 射線在空氣中通過時，α 粒子數與離開此放射性核種距離的相關曲線。點線部分表示單位距離 α 粒子減少的量($-\dfrac{dN}{dr}$)。由圖 4-3 可知，離開放射性核種一定距離為止，α 粒子數不會因碰撞而減少。經過約 10^5 次碰撞而失去大部分能量後，α 粒子數很快減少。

$-\dfrac{dN}{dr}$ 最大的一點與放射性核種的距離，稱為 α 射線的平均射程(mean range)而將 α 粒子減少曲線外推到 N = 0 時的距離，稱為外推射程(extrapolated range)。一般

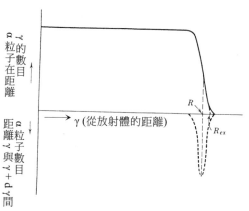

圖 4-3　α射線射程

所謂 α 射線射程通常指平均射程。因為同能量的 α 粒子，射程幾乎相同，故 α 射線譜(α ray spectrum)為線狀光譜(line spectrum)。

⑴射程與能量關係

　　α 射線的射程直接與放射性核種所放出 α 粒子能量有關。

　　(4-1)式為計算從 4 到 15MeV 能量的 α 粒子在空氣的射程。

$$R = (0.005E + 0.285)E^{3/2} \qquad\qquad (4-1)$$

　　　R：α 粒子在空氣中的平均射程（cm 單位）

　　　E：α 粒子能量（MeV 單位）

Ex.2

試計算 7MeV α 射線在空氣中的平均射程。

Sol ：

E = 7MeV

$$R = (0.005 \times 7 + 0.285)(\sqrt{(7)^3})$$

$$= 0.320 \times 18.52 = 5.9(cm)$$

　　圖 4-4 為能量在 0.4 到 10MeV 的 α 射線與其在空氣中的平均射程的相關曲線。

⑵游離比度

　　表示放射線與周圍物質交互作用而物質游離的程度，使用游離比度(specific ionization)。游離比度為一放射線在一般空氣(15°C, 760mmHg)中軌跡 1mm 所生成的離子對。圖 4-5 表示 α 射線在空氣中的游離比度。橫軸以剩下的射程方式表示，射程剩下多時，游離比度較小，剩下 4 公分開始游

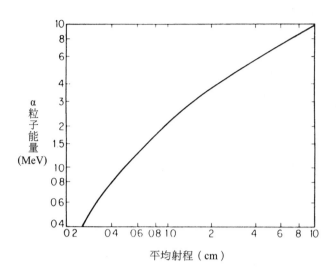

圖4-4　α粒子在空氣中射程-能量曲線

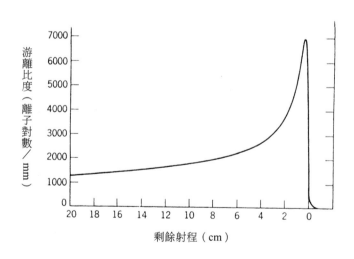

圖4-5　α射線在空氣中游離比度與射程關係

離比度開始增加，到將要停止時游離比度最大。此曲線爲傳統的布拉格曲線(Bragg curve)。

(3)直線能量轉移

　　α射線在空氣中每單位距離生成的離子對數不同。爲比較放射線在物質中所引起的效應，以放射線通過物質時，單位射程給與物質的能量，則直線能量轉移（linear energy transfer，簡寫爲 LET）表示。例如，^{210}Po 的 α 射線能量爲 5.3MeV，在水中的射程爲 38.9μ，因此 ^{210}Po α 射線在水中的 LET 值爲：

$$\frac{5.3\text{MeV}}{38.9\mu}=\frac{5300\text{KeV}}{38.9\mu}=136\text{KeV}/\mu$$

表 4-2 爲三種天然放射性同位素的射程與 LET 值。

表 4-2　三種天然放射性同位素的特性

放射性同位素	半生期	能量（MeV）	射　程 空氣(cm)	水(μ)	水中的平均LET(KeV/
鐳 226, ^{226}Ra	1620 年	4.80	3.3	33.0	145
釙 210, ^{210}Po	138 天	5.30	3.8	38.9	136
氡 222, ^{222}Rn	3.83 天	5.49	4.0	41.1	134

4-1.4　實用上的考慮點

　　α 射線的射程很短，在空氣中只有數公分，因此測量 α 射線所用儀器的設計相當困難。一般蓋革計數器(geiger counter)因 α 射線無法穿過蓋革管的雲母窗，故不能測到 α 射線的放射強度。進一步配製放射 α 射線的試樣亦很難，因 α

粒子容易被試樣吸收。α射線是原子序大於 83 的天然放射性元素經衰變所放出的射線。這些元素通常在動植物體內不存在。惟原子爐或核能電廠都使用鈾或超鈾元素為核燃料，自然界裡花崗岩、泥板岩、北投石、獨居石及瀝青鈾礦石中含有微量的鈾或釷及其蛻變系列(disintegration series)所生成的子子孫孫核種多數為放射α粒子的。近年來科學家留意到地下室或山洞等空氣不流通處，累積一些放射性氡所放出α射線成為天然輻射的最大來源之一。

事實上，α放射體(α emitter)在人體外不會產生健康上的損傷，因衣服或人體外皮角質層足夠厚到能夠吸收α射線能量。α放射體放在玻璃或金屬盒可安全貯存。可是當攝取或由呼吸進入體內時，在身體產生局部損傷。因α射線能量為數百萬電子伏特而化學鍵能約 1～5 電子伏特而已，因此α放射體進入體內時，將引起局部組織內的無數化學鍵破裂而失去其機能。此外，多數天然放射性元素具很長的半生期，如鐳、鈽等易進入骨骼組織裡，增加身體內部的損傷。

多數α放射體在體內的最大許可濃度（maximum permissible concentration，簡寫為 MPC）都很低。表 4-3 表示一些放射性同位素在人體的最大許可濃度。

表 4-3　　α 放射體在人體的最大許可濃度

放射性核種	人體最大許可濃度（μCi／70kg 體重）
^{226}Ra	0.10
^{228}Th	0.02
^{232}Th	0.04
^{233}U	0.03
^{235}U	0.05
^{239}Pu	0.04
^{252}Cf	0.01

4-2　β⁻ 射線與物質的交互作用

　　從放射性核種在 β⁻ 衰變時所放出的 β⁻ 粒子為帶負電的電子($_{-1}^{0}$e)，一群 β⁻ 粒子束稱為 β⁻ 射線。

4-2.1　β⁻ 射線的能量

　　由(3-2)式可知 β⁻ 衰變時，只要母原子質量大於子原子質量就可引起 β⁻ 衰變，因此計算 β⁻ 粒子能量時，不必考慮電子的質量。

Ex.3

　　碳14 及氮14 的原子質量各為 14.00324amu 及 14.00307amu。設電子質量為 0.00055amu，試計算碳14 貝他衰變所產生 β⁻ 粒子的能量。

$$^{14}C \longrightarrow {}^{14}N + {}_{-1}^{0}e$$

14.00324amu   14.00307amu

使用 amu 單位時不必考慮電子質量，

14.00324amu － 14.00307amu ＝ 0.00017amu

0.00017amu × 931.5MeV/amu ＝ 0.16MeV

4-1.3 節曾提同一能量的 α 射線，射程幾乎相同，α 射線譜為線狀光譜。惟科學家從實驗發現 β⁻ 射線譜與 α 射線的線狀光譜完全不同而呈現連續光譜(continuous spectra)。如圖 4-6 將 β⁻ 放射體的 ³²P 放在鉛盒，所放出的 β⁻ 粒子束經過狹縫時為整齊的，惟經過磁場的偏折，在照相軟片上有較低能量到較高能量的 β⁻ 粒子存在而顯示連續光譜。

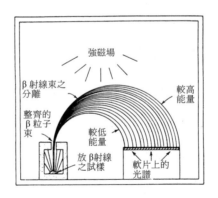

圖 4-6   β⁻ 射線能量譜儀示意圖

³²P 的衰變是： $^{32}_{15}P \longrightarrow {}^{32}_{16}S + {}_{-1}^{0}e$

從 ³²P 原子質量減去 ³²S 原子質量所算的 ³²P 所放出 β⁻ 粒子的能量為 1.71MeV。因為無論多少個 ³²P 的原子質量都相

同，^{32}S 的原子質量亦相同，故所有由 ^{32}P 所放出 β$^-$ 射線的
能量應都是 1.71MeV。可是實驗結果表示 ^{32}P 所放出的 β$^-$ 射
線能量，由理論上的 0 到 1.71MeV 之間有連續性的分布。其
光譜為連續光譜。如圖 4-7 達到 1.71MeV 的 β$^-$ 粒子不多而
β$^-$ 粒子在 0.7MeV 附近出現機會較多。其他 β$^-$ 放射體如 ^{3}H，
^{14}C，^{65}Zn 等亦可得同樣結果，都是連續的能量譜（圖4-8）。
1931 年庖立(Pauli)提出微中子（neutrino，以 $^0_0\nu$ 表示）理論

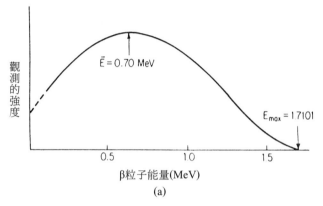

圖 4-7　　^{32}P　β$^-$ 粒子的能量分布

來解釋此一現象。在 β 衰變時，放射性核種放出電子（正電
子或負電子）外同時放出一個微中子。微中子不帶電荷，無
質量，不與物質交互作用，但可帶走 β$^-$ 衰變的一部分能量。

$$^{32}_{15}\text{P} \longrightarrow {}^{32}_{16}\text{S} + {}^{0}_{-1}\text{e} + {}^{0}_{0}\nu$$

$$\underbrace{\qquad\qquad}_{1.71\text{MeV}}$$

例如，^{32}P 衰變所放出 β$^-$ 粒子的能量為 1.71MeV 時，同時放
出的微中子沒有能量，但如此機會很少。^{32}P 衰變所放出的
β$^-$ 粒子的能量為 0.7MeV 時，同時放出的微中子帶 1.71 －

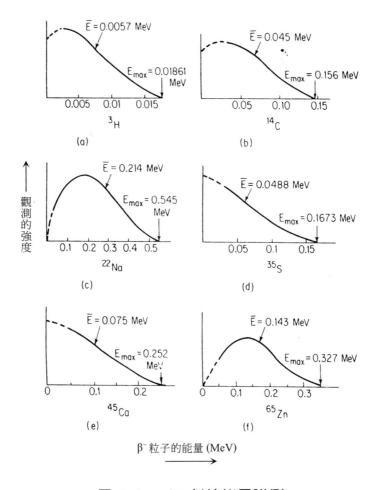

$$\bar{E} = 0.0057 \text{ MeV}$$

$E_{max} = 0.01861$ MeV

0.005 0.01 0.015

^3H

(a)

$$\bar{E} = 0.045 \text{ MeV}$$

$E_{max} = 0.156$ MeV

0.05 0.10 0.15

^{14}C

(b)

觀測的強度

$$\bar{E} = 0.214 \text{ MeV}$$

$E_{max} = 0.545$ MeV

0.1 0.2 0.3 0.4 0.5

^{22}Na

(c)

$$\bar{E} = 0.0488 \text{ MeV}$$

$E_{max} = 0.1673$ MeV

0.05 0.1 0.15

^{35}S

(d)

$$\bar{E} = 0.075 \text{ MeV}$$

$E_{max} = 0.252$ MeV

0 0.1 0.2

^{45}Ca

(e)

$$\bar{E} = 0.143 \text{ MeV}$$

$E_{max} = 0.327$ MeV

0 0.1 0.2 0.3

^{65}Zn

(f)

β⁻粒子的能量 (MeV)

圖 4-8　β⁻ 射線能量譜例

$0.7 = 1.01$(MeV)的能量。科學家難捉摸的微中子長期間無法檢測，可是在 1956 年高能物理以精巧的實驗技術證實微中子的存在。今曰，β衰變可用下列方式表示：

$$\beta^- \text{衰變：} \quad {}^1_0n \longrightarrow {}^1_{+1}p + {}^0_{-1}e + \overbrace{{}^0_0v}^{E_{max}}$$

β^+ 衰變： $_{+1}^{1}p \longrightarrow \ _{0}^{1}n \ + \ _{+1}^{0}e \ + \ _{0}^{0}\nu$

　　由計算所得的 β^- 射線能量為最大能量（以 E_{max} 表示）。如圖 4-8 所示最大能量的約三分之一為出現機率較大的稱為 β^- 射線的平均能量（以 $\overline{E}$ 表示）。

4-2.2　β^- 射線與物質的交互作用

　　β^- 射線與 α 射線相似，通過物質時與其核外電子碰撞，產生游離及激發作用。惟 β^- 粒子與物質核外電子的質量相同，一次碰撞所損失的能量較多，並以較大角度偏折。游離及激發外，β^- 射線尚有少部分能量以其他方式失去。

(1)制動輻射

　　能量較高的 β^- 射線通過原子序較大的物質時，β^- 粒子被原子核的正電荷吸引並被加速轉彎，即受制動而放出電磁波方式失去能量。此一現象稱為

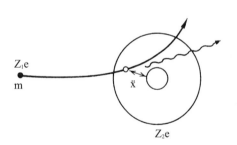

圖 4-9　制動輻射示意圖

制動輻射(bremsstrahlung)，如圖 4-9 所示，放出與 X 射線相似的電磁波，制動輻射與物質的交互作用將在 4-4 討論。

　　β^- 粒子以游離方式及制動輻射方式損失能量機率之比，可用下列式表示：

$$\frac{\text{由制動輻射損失的能量}}{\text{由游離損失的能量}} \approx \frac{EZ}{800} \qquad (4\text{-}2)$$

E 爲 β^- 射線能量（MeV 單位），Z 爲物質的原子序

從(4-2)式可知，β^- 射線 1MeV 時，甚至原子序高到 80 的物質，β^- 射線以制動輻射方式失去能量的機會只有 10 ％。

(2)契忍可夫輻射

速度 v 的高速電子以近光速 c 進入折射率 n 的另一介質時，在新介質(c/n)的電子速度將超過光速。電子將過量的能夠以藍白色光稱爲契忍可夫輻射(Cerenkov radiation)放出。清華原子爐爐心在清水中，原子爐運轉時可看到爐心部分的水呈藍白色光即契忍可夫輻射。契忍可夫輻射爲 θ 角的圓錐形方式放出。

$$\cos\theta = \frac{C}{nv} \qquad (4\text{-}3)$$

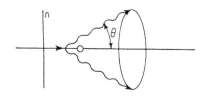

圖 4-10　契忍可夫輻射示意圖

4-2.3　β^- 射線的射程

β^- 射線的能量譜爲連續光譜，其射程不像 α 射線在特定物質中有一定的射程。同一放射性核種所放出的 β^- 射線，能夠到達的最大的距離稱爲最大射程，但能夠到最大射程的

β⁻ 粒子不多，多數的 β⁻ 射線的射程只是最大射程的三分之一而已。 β⁻ 射線在空氣中通常以其所經過的路程，稱路徑(path length)表示。因為空氣的分子間距離大而且 β⁻ 粒子與空氣分子碰撞，轉彎角度亦大，不便使用直線距離的射程來表示。表 4-4 為常見 β⁻ 射線的射程。

表 4-4　常見 β⁻ 射線的射程

放射性核種能量(MeV)		空氣中的路徑(cm)	射程（最大）		水中平均LET(KeV/μ)
			鋁(cm)	水(cm)	
³H	0.018	0.05	0.0002	0.00055	2.6
³⁵S	0.167	31.0	0.012	0.032	0.52
⁹⁰Sr	0.544	185	0.066	0.180	0.27
³²P	1.71	770	0.29	0.790	0.21
⁹⁰Y	2.25	1020	0.40	1.100	0.20

(1)表面密度

測定 β⁻ 射線射程，往往使用不同厚度的吸收體(absorber)放在放射性核種與計數管中間，測量放射強度的減少方式來求。但很薄吸收體厚度很難測得，故使用天平測量單位面積吸收體的質量做為測量放射性物質時所用的厚度。單位面積的質量稱為表面密度(surface density)，是厚度的另一表示方式。

(2) β⁻ 射線射程與能量關係

從實驗可測 β⁻ 射線的射程（如圖 4-11 ³²P 之例），由射程可求得 β⁻ 射線能量。格廉得寧(Glendenin)提出 β⁻ 射線能量與射程關係的實驗式。

在 β⁻ 射線能量

0.15 ≤ E_{max} ≤ 0.8MeV 時

$R = 407E_{max}^{1.38}$ (4-4)

E_{max} > 0.8MeV 時

$R = 542E_{max}$ (4-5)

R：為 β⁻ 射線在 Al 的射程（mg/cm² 單位）

E_{max}：為 β⁻ 射線最大能量（MeV 單位）

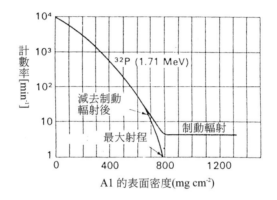

圖 4-11　　³²P 的 β⁻ 射線之吸收曲線

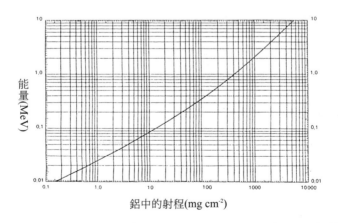

圖 4-12　　β⁻ 射線在鋁中射程與能量的相關曲線

4-2.4 實用上的考慮點

　　β⁻ 粒子質量只有 α 粒子的約 1/7400。從放射性核種所放射的 β⁻ 射線以接近光速運動。β⁻ 射線較同一能量的 α 射線在物質中的穿過力較大。惟其射程並不多，一般玻璃、塑膠板、金屬板都能夠遮蔽 β⁻ 射線。實驗時使用玻璃片或透明塑膠板遮蔽 β⁻ 射線。β⁻ 射線在人體外通常不引起顯著的損傷。

　　因在水中的 LET 值亦不高，β⁻ 放射體在生體實驗時，可做示蹤劑(tracer)從事某元素在生體內的追蹤(trace)實驗。惟碳、氫、硫、磷及鈣等構成人體組織成分元素，以其放射性同位素做示蹤劑從事追蹤實驗時，往往產生局部堆積及濃縮現象而引起局部的放射性損傷，因此必須特別留意。

　　β⁻ 射線的測定通常使用蓋革計數器。惟需要考慮下列兩種因素。

(1) β⁻ 射線的自吸收

　　測量 β⁻ 射線的放射強度或射程時，引起誤差來源之一為 β⁻ 粒子的自吸收(self-absorption)。自吸收由於試樣的厚度而引起。通常以無限厚(infinite thickness)的試樣來測定（圖 4-13、4-14）。

(2) β⁻ 射線的回散射

　　以原子序不同的物質做 β⁻ 放射體的試樣皿，在蓋革計數器以同一條件下計測時，其測定值隨物質的原子序增加而增加（圖4-15）。此一現象仍由於 β⁻ 射線與試樣皿的原子碰撞而起回散射(back-scattering)之故。因此測定皿應使用相同物質所製的。

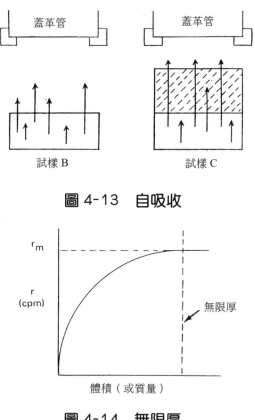

圖 4-13　自吸收

圖 4-14　無限厚

4-3　γ 射線與物質的交互作用

γ射線為處於激發態的原子核，恢復到基態時所放出的電磁輻射線。γ射線本質與核外電子從激發態恢復至基態所放出的 X 射線相似，都以光速(3 × 10^{10} cm/sec)運動的電磁波。

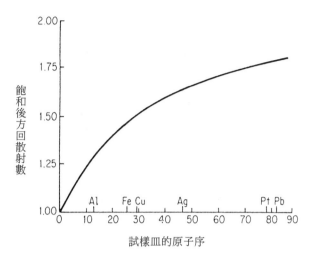

飽和後方回散射數

試樣皿的原子序

圖 4-15　原子序與回散射的相關曲線

4-3.1　γ 射線的能量

設以 λ 代表 γ 射線波長、ν 代表頻率、E 代表能量、P 代表動量、C 代表光速、h 代表卜朗克常數(Planck constant)時，可得下列關係式。

$$E = h\nu \tag{4-6}$$

$$P = \frac{h\nu}{C} = \frac{h}{\lambda} \tag{4-7}$$

$$E_{(MeV)} = \frac{hC}{\lambda} = \frac{0.0124}{\lambda} \tag{4-8}$$

(4-8)式所用 h = 6.625 × 10^{-27} erg · sec，λ 使用Å單位。

從放射性核種所放出的 γ 射線能量從 10KeV 到 3MeV 的

範圍，很少數的核種可放 7MeV 高能量的 γ 射線。有的放射性核種，如 ^{131}I 以圖 4-16 方式放出不同能量的 γ 射線。

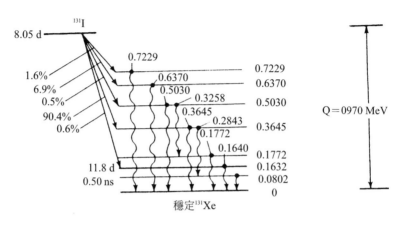

圖 4-16　　^{131}I 衰變程序圖

4-3.2 γ 射線與物質的交互作用

　　γ 射線與物質的交互作用，基本上和 α 射線或β射線與物質交互作用不同。 α 射線或β射線為荷電粒子，與物質核外電子碰撞多次（ α 粒子為約 10^5 次，β粒子為 $10^2 \sim 10^3$ 次）後失去能量。但 γ 射線通常與物質的核外電子碰撞一次就幾乎失去所有的能量。 γ 射線與物質的交互作用，根據 γ 射線能量及物質的核外電子受核的吸引力程度而分為下列三種方式。

(1)光電效應

　　γ 射線的能量較低或物質的核外電子受原子核吸引力較大時，γ 射線碰撞電子，使其游離但 γ 射線本身消滅，此一

過程稱爲光電效應
(photoelectric effect)，
所放出的電子稱爲光
電子(photoelectron)。

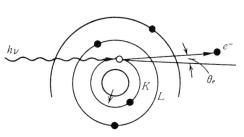

圖 4-17 爲光電效應的
圖解。光電效應在物
質的 K 殼電子產生的
機率最大。光電子的
能量 Ee，由 γ 射線能

圖 4-17 光電效應

量 Eγ 減去電子的游離能 Eb 可得。

$$Ee = E\gamma - Eb \tag{4-9}$$

電子游離能（Q 可稱結合能）通常比 Eγ 小很多，因此有
時可不必考慮。數學上可用下式表示全光電效應機率：

$$全光電效應機率 \propto \frac{Z^5}{E\gamma^{7/2}} \tag{4-10}$$

Z 爲物質的原子序，Eγ 爲 γ 射線能量。由式可知光電效應
在較低能量(0≤ Eγ ≤0.5MeV)的 γ 射線及較重元素物質裡
引起的機會較大。

⑵康卜吞效應

γ 射線能量較大，或物質的核外電子受原子核的吸引力較
低時，γ 射線與物質交互作用能放出物質的電子（游離）
外，γ 射線不會消滅而變爲能量較低的散射 γ 射線，此一
過程稱爲康卜吞效應(compton effect)。圖 4-18 爲康卜吞效

應的圖解。圖 14-19 為康卜吞效應所放出的電子及散射的 γ 射線的角度相關圖，由圖 4-19 可用下式計算散射 γ 射線能量 E′γ。

$$E'\gamma = \frac{E\gamma}{1 + \dfrac{E\gamma}{meC^2}(1 - \cos\theta)} \qquad (4\text{-}11)$$

me：為電子靜止質量

θ：為 γ 射線的散射角

散射角由 0 到 2π 的機率，因此移到電子的能量亦不同，故康卜吞效應的電子的能量亦為連續光譜。

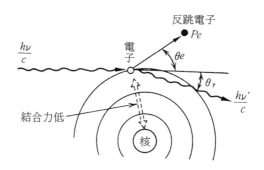

圖 4-18　康卜吞效應

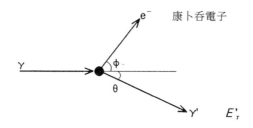

圖 4-19　康卜吞效應角度

(3)電子成對產生效應

　　能量超過 1.02MeV 的 γ
射線通過物質的原子
核附近時，受核力場
的影響，起 γ 射線的
一部分能量轉變爲正
電子及負電子的機
會，此過程稱爲電子

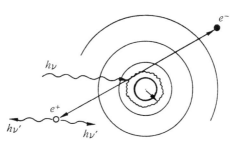

圖 4-20　電子成對產生效應

成對產生(pair-production)。如圖 4-20 所示，生成的正電子
因壽命太短（ ≤ 10^{-12} 秒 ）與鄰近負電子產生兩條 0.51MeV
的互毀輻射線(annihilated radiation)。4MeV 以上的 γ 射線
起電子成對產生效應的機率與 logEγ 成比例。

　　圖 4-21 爲 γ 射線與物質起光電效應、康卜吞效應及電子
成對產生效應的機會之比較。每一效應所產生二次電子之游
離效應可使偵測器檢測 γ 射線的強度。

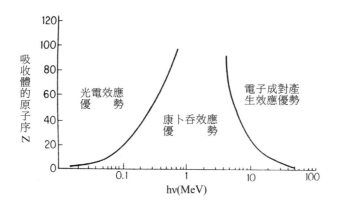

圖 4-21　γ 射線與物質三主要效應之機會

4-3.3 γ 射線的射程

γ 射線是以光速運動的電磁輻射線。如與物質的核外電子碰撞，光電效應只一次，康卜吞效應及電子成對產生效應亦二到三次碰撞後 γ 射線就消滅。可是未與物質起交互作用的 γ 射線卻以光速可達到極遠處，因此對 γ 射線而言，沒有一定射程存在。

設一物質的厚度爲 x，開始時 γ 射線束的強度爲 I_0（圖 4-22）。γ 射線與此物質交互作用而單位厚度所減少的 γ 射線強度爲 $-\dfrac{dI}{dx}$，即

$$-\frac{dI}{dx} \propto I$$

$$-\frac{dI}{dx} = \mu I \tag{4-11}$$

此地的 μ 爲隨物質的密度而定的吸收係數(absorption coefficient)。

移項得 $-\dfrac{dI}{I} = \mu dx$

就 dx 積分

$$-\ln I = \mu x + C$$

$$\ln\frac{I}{I_0} = -\mu x$$

$$I = I_0 e^{-\mu x} \tag{4-12}$$

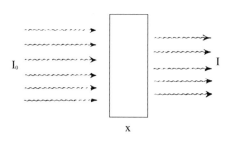

圖 4-22 γ 射線的吸收

設使 $I = \dfrac{I_0}{2}$ 所需要物質的厚度為該物質的半厚度（half-thickness 簡寫為 $x_{\frac{1}{2}}$）。

$$\ln\dfrac{I_0}{\dfrac{I_0}{2}} = \mu x_{\frac{1}{2}}, \ \ln 2 = 0.693 = \mu x_{\frac{1}{2}}$$

$$\mu = \dfrac{0.693}{x_{\frac{1}{2}}} \tag{4-13}$$

圖 4-23 為 γ 射線的吸收曲線，(a)為一般方格紙所畫的(b)為使用半對數紙所畫。

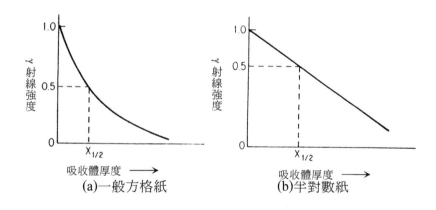

圖 4-23　γ 射線的吸收曲線

表 4-5 為放射性 ^{137}Cs 及 ^{60}Co 之 γ 射線在各物質的半厚度。

表 4-5　　γ 射線的半厚度

| 放射性同位素 | γ 射線能量(MeV) | 半厚度 $x_{\frac{1}{2}}$ | | | | 水中的平均 LET 值(KeV/μ) |
		水(cm)	鋁(cm)	水泥(cm)	鉛(cm)	
^{137}Cs	0.66	8.1	3.4	3.8	0.57	0.39
^{60}Co	1.25	11.0	4.6	5.2	1.06	0.27
比重		1.0	2.72	2.35	11.34	

4-3.4　實用上的考慮點

　　在實驗室雖然放射強度不強的 γ 放射體存在時，因所放出 γ 射線的高穿透力而需特別留意。γ 放射體通常貯藏於鉛容器。如果 γ 放射體足夠強時，需用鉛塊遮蔽，以眼看鏡子方式操作或使用遙控方式操作。α 粒子及 β 粒子在體內往往產生局部性損傷，但 γ 射線在體外能夠使整個身體組織都被照射而引起全身的放射線效應，因此盡量使人體不曝露於 γ 射線。

4-4 放射線與物質交互作用總結

　　α , β 及 γ 射線通過物質時，多因游離作用而失去其能量。α 射線的射程根據其所放出 α 粒子能量而有一定的射程。β 射線的射程只有最大射程，但能夠達到最大射程的 β

粒子並不多。 γ射線沒有一定的射程可言，同一γ放射體量多時能夠達到較多的半厚度；量少時能夠達到的半厚度較少。 α射線在物質中的射程都很短，β射線具有中等的射程，γ射線在物質的穿透力較大。

Chapter 5

放射性物質及放射線的偵測

核化學

從放射性物質所放射出來的各種放射線都是無法用肉眼看到，必須根據放射線與物質的交互作用所產生的各種效應來辨認及測量。放射線通過物質時，往往產生游離、激發並產生螢光或使照相軟片感光等效應，根據這些效應來偵測放射性物質及放射線。

5-1　偵測類別

　　放射性物質的測定有多種方式，惟對核化學、放射化學及放射線化學來講，可分為下列三類。

⑴絕對計數(absolute counting)

　　分析定量放射性物質、放射塵、放射性物質污染的環境試樣或製造放射性同位素時，計測某放射性物質的絕對量，並以 dps、dpm、Ci，mCi 或 μci 單位表示的稱為絕對計數。有時可用單位體積或單位質量的絕對計數表示。例如：放射性碳14在水中最大許可濃度(maximum permissible concentration 簡寫 MPC) 為 $0.02 \mu Ci/mL$。

⑵相對計數(relative counting)

　　使用放射性同位素為示蹤劑，追蹤安定同位素在物理、化學、生物或工程等過程之移動速率、分布情形等舉動時，不必絕對計數，只用同一計數器在同一條件下測定其計數率（cpm 單位）即可，如此測定稱為相對計數。

⑶輻射劑量(radiation dose)

測定單位時間內放射線在一物質所累積的能量，或一物質從放射線所吸收的能量。如 3-3.4 所提，用一物質由同一放射性物質所放出的放射線，因時間或距離之不同而輻射劑量亦不同。輻射劑量以侖琴或雷得等單位表示。

5-2 偵測放射性的方式

表 5-1 為適合於偵測放射性的依據、放射線效應及檢測方式。

表 5-1　偵測放射性的方式

依　據	放射線效應	檢測方式
電學	氣體的游離	游離箱、蓋革計數器、比例計數器
光學	物質的視覺變化	照相軟片之感光，玻璃變色
	發光效應	螢光膜、閃爍晶體(scintillation crystal)
		光致發光(photoluminescence)
化學	氧化還原	$Fe^{2+} \rightsquigarrow Fe^{3+}$
	放射線分解	$H_2C_2O_4 \rightsquigarrow H_2O + CO + CO_2$
熱學	加熱	熱量計

5-2.1 游離效應檢測放射性

無論是 α、β 或 γ 射線，通過氣體物質時都以游離氣體分子，生成離子對方式失去其能量。

$$A \rightsquigarrow A^+ + e^-$$

一般所用放射線偵測器(radiation detector)，仍測定放射線通過氣體分子游離結果產生的電導度。在氣體中，由放射線而產生的電導度，開始時隨所增加的電壓而增加，惟升高電壓到某一定值時，電導度亦達到一定值，此時的電流可做為在一定體積氣體中，生成荷電離子速率的直接量度而稱為飽和電流(saturation current)。圖 5-1 為電流強度 I 與所加電壓 V 的相關曲線。在產生飽和電流所需電壓以下的電壓時，氣體中將起正離子與負電子的再結合，結果降低所收集的電流強度。獲得飽和電流所需要的電壓稱為飽和電壓(saturation potential)。在此單純游離(simple ionization)區域裡，α 粒子的游離比度約為 β 粒子的 1000 倍，即單位距離氣體中因 α 粒子所產生的離子對約為 β 粒子所產生的 1000 倍。由 α 粒子所產生的電流亦較強。能量為 4 MeV 的 α 粒子在空氣中生成約 10^5 的離子對，相當於 $10^5 \times 1.602 \times 10^{-19}$ 庫侖 $= 10^{-14}$ 安培的電流強度。

(1)游離箱

以金屬圓筒為負極，內充空氣、二氧化碳或氫等氣體。圓筒中間設一支細金屬線為正極並與圓筒以絕緣體隔絕，試樣放在圓筒內，測量在飽和電壓時所產生飽和電流的裝置稱為游離箱(ionization chamber)。因游離箱內由放射性同位素所產生游離電流強度很低，直接測定較困難，往往增加高電阻，使電流在高電阻開端所產生的電壓，由電壓計測量；或增加電容器，以游離電流放電所出現的電壓測定。游離箱對測量 α 放射體很有利，因一個 α 粒子射入游離

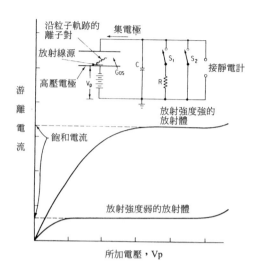

圖 5-1　游離電流為所加電壓的函數。上圖為普遍游離箱的線路圖

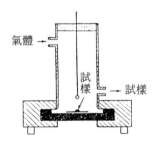

圖 5-2　游離箱結構

箱，瞬時間在游離箱產生 $10^4 \sim 10^5$ 個離子對，在高電阻的兩端生成約 $10^{-5}V$ 的電壓脈衝(voltage pulse)，利用脈衝放大器(pulse amplifier)計測。

(2)比例計數器

單純游離區所獲得游離電流的脈衝很底，惟繼續升高電壓時會進入氣體放大區(gas amplification region)。如圖5-3所示，氣體放大區可分為比例增倍區(proportional region)及有限比例區(limited proportional region)。

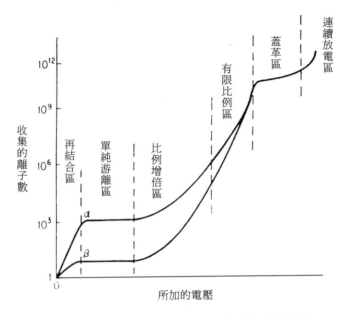

圖 5-3　氣體游離電流與電壓相關曲線

在比例增倍區因電壓的增加，正極對負電子的吸引力增加，負電子奔向正極的速度增快，以致電子在途中碰撞中性氣體而產生另一游離並生成二次電子。這些電子繼續碰撞其他氣體分子而生成三次、四次電子的鏈反應。因此達到正極時的電子數大量增加。電子放大倍率約為10^3到10^4倍並與開始時的游離數成比例，因此稱為比例增倍區。在比例區偵測放射性的儀器稱為比例計數器(proportional counter)。圖5-4為比例計數器之例。比例計數器能夠分出

α射線或β射線的計數。如α粒子在游離室開始時產生 10^5 離子對，經比例區放大倍數 10^3 時，在正極能夠接受 10^8 個電子；另一面，設 β⁻ 粒子在游離室開始時產生 10^3 離子對，放大倍數 10^3 之下，正極只接受 10^6 個電子。

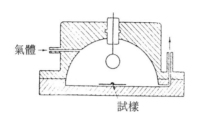

氣體 →

試樣

圖 5-4　比例計數器

(3)有限比例區

氣體放大隨所加電壓比例的增加，但如圖 5-3 所示，到達比例區的最高限電壓後，進入有限比例區。這時電子放大倍數與開始時所產生的離子對數不成比例。氣體放大倍數增加到約 10^6 倍的區域，稱爲有限比例區。在有限比例區不能做爲偵測放射性物質之用。

(4)蓋革計數器

設再提高電壓時，將達到無論那種放射線開始生成的離子對數目多少，氣體放大因素達到最高值，正極獲得相同游離電流，此區域稱爲蓋革區(geiger region)，在蓋革區偵測放射性的儀器稱爲蓋革計數器(geiger counter)。

蓋革計數器由蓋革管(geiger tube)與計數器(counter)組成（如圖 5-5 ）。

蓋革管有端窗型(end window type)、圓筒型、探針型等不

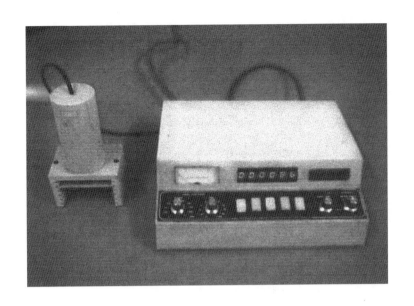

圖 5-5　蓋革計數器

同型式，但其基本結構相同。蓋革管適合於一般 β 射線放射性的偵測，但對 α 射線或 ³H、¹⁴C 等低能量的 β 射線，因爲射到蓋革管的窗時被吸收，因此無法測量。γ 射線與管內氣體分子的交互作用機會少，因此測定效果很差，圖 5-6 爲蓋革管的結構及電子加倍機構。圖 5-7 爲連接到計數器的途徑。蓋革管的金屬圓筒連於負極，其中以鎢所製極細的金屬線爲正極。管中通入氬(Ar)或氦(He)並加少量的酒精或丙酮氣體爲淬滅氣體(quenching gas)。當電壓升高到蓋革區而 β 射線進入蓋革管時，管中的氣體分子游離而負電子經無限的增倍，到達正極產生游離電流脈衝。將此電流脈衝信號在計數裝置計數，通常每分的計數即 cpm 表示。

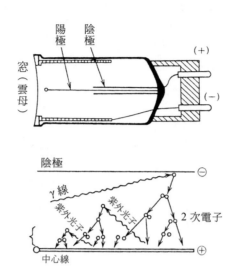

陽極　陰極

窗（雲母）

（+）

（-）

陰極　⊖

γ線

紫外光子　紫外光子

2次電子

中心線　⊕

圖 5-6　蓋革管及管內的電子倍加機構

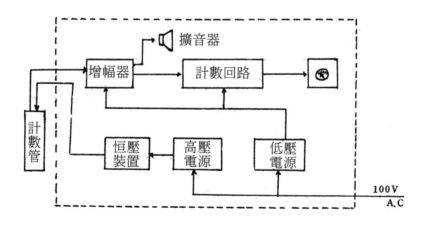

擴音器

增幅器　　計數回路

計數管

恒壓裝置　高壓電源　低壓電源

100V
A.C

圖 5-7　蓋革計數器線路

①蓋革管的特性曲線：蓋革管兩電極間的電壓在很低時，
　雖然放射線進入管中而起游離作用，但計數器不會計
　數。惟如圖 5-8 所示，電壓升至某一定值時計數器開始
　計數，這時的電壓稱為起動電壓(starting voltage)。

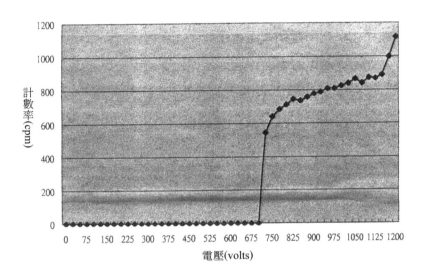

圖 5-8　蓋革管的特性曲線

再升電壓至某一定值時，計數值急劇增加，此時的電壓
稱為低限電壓(threshold voltage)。過低限電壓後，雖繼
續升高電壓，但一直保持平穩一定的計數值，此一區稱
為蓋革管的水平段(plateau)。測定放射性物質時所用蓋
格計數器的操作電壓(operating voltage)，通常在此水平
段由低限電壓算約 1/3 的電壓處來操作。水平段過後，
如再升高電壓時，計數值將突然增加而進入連續放電區
(continuous discharge region)。在連續放電區的高電壓下

使用蓋革計數器時，往往會損壞蓋革管，因此儘量避免。

②淬滅氣體的任務：蓋革管的氣體分子受放射線照射後產生無數離子對。負電子受正極吸引，在正極產生游離電流脈衝。另一面正離子，雖然質量較大，但亦受金屬圓筒的負極吸引，碰撞負極時產生二次電子，影響蓋革管的放電過程。蓋革管中導入酒精或丙酮等蒸氣爲淬滅氣體(quenching gas)。這些氣體的游離能較低，與正離子起電荷交換。被交換的淬滅氣體分子在移動到負極途中會分解，分解碎片不會產生二次電子來干擾蓋革管的放電。以 Ar 氣體爲例：

$$Ar \xrightarrow{\hspace{1cm}} Ar^+ + e^-$$
$$Ar^+ + C_2H_5OH \xrightarrow{\hspace{1cm}} Ar + C_2H_5OH^+$$

③失效時間：兩個 β 粒子幾乎同時射進蓋革管而能夠分別計數兩者的最短時間稱爲失效時間(dead time)。較失效時間短的時間內兩個β粒子進入蓋革管時無法分開計測。測定蓋革射數管的失效時間使用兩放射源法(two source method)。1 號、2 號放射源分別測定時，所得計數率爲 R_1 及 R_2，兩者一起測定時的計數率爲 R_{1+2}，即失效時間 t 爲：

$$\frac{R_1}{1-R_1t} + \frac{R_2}{1-R_2t} = \frac{R_{1+2}}{1-R_{1+2}t} \tag{5-1}$$

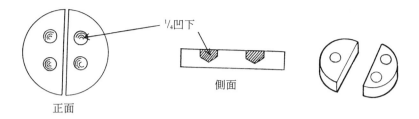

¼凹下

側面

正面

圖 5-9　測定失效時間所用放射源

5-2.2　螢光效應偵測放射性

　　歷史上閃爍現象(scintillation)爲早期科學家偵測放射性物質最常用的方法。惟冗長的視覺觀察及記錄微弱的閃爍的困難，不久被氣體游離法所取代。二次大戰後由於適當的光電倍加管(photomultiplier)的發明，可用電子偵測記錄各別的閃爍現象，因此閃爍計數器(scintillation counter)開始廣用於放射性物質的偵測。閃爍計數器可分爲兩大類：

⑴固體閃爍偵測器(solid scintillation detector)

　　放射線照射後能夠產生螢光的物質稱爲閃爍物質(scintillator)。如硫化鋅(ZnS)、鎢酸鈣($CaWO_4$)、鎢酸鎘($CdWO_4$)、37、($C_{10}H_8$)、38、($C_{14}H_{10}$)等都是閃爍物質，惟不易製得較大的晶體，因此固體閃爍偵測器常使用以鉈(Tl)活性化的碘化鈉(NaI)晶體爲閃爍物質。如圖 5-10 所示，以不鏽鋼或塑膠圓筒44碘化鈉閃爍晶體。

　　γ射線進入固體 NaI 晶體時，與 NaI 交互作用產生閃爍。此閃爍遇到光電倍加管的光電陰極(photocathode)產生光電子。光電倍加管中設十個代納倍極(dynode)，每一代納倍極的電壓愈高，因此所產生的光電子在代納倍極間以 2^n 倍方式增加。最後在陽極得到較強的光電流，將此光電流在計數裝置記數。圖 5-11 表示固體閃爍偵測基本系統的圖解。

固體閃爍偵測器因閃爍物質為晶體，對 γ 射線或 X 射線的偵測很有利。但因 NaI 晶體包在不鏽鋼或塑膠筒裡，α 射線及較低能階的 β 射線均進不去，故不能測。

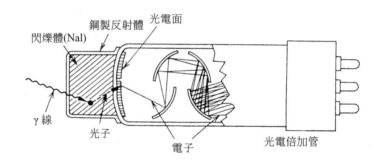

圖 5-10　固體閃爍偵測管

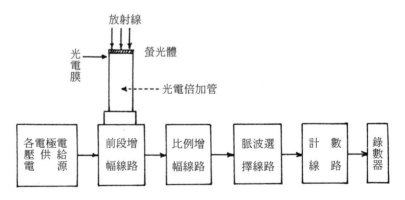

圖 5-11　固體閃爍偵測基本系統

⑵液體閃爍偵測器(liquid scintillation detector)

　液體閃爍偵測器為使閃爍物質與放射性物質溶解於溶劑中成溶液，並經光電倍加管廣大光電流來測定 α 射線或低能量 β 射線的裝置。因為在溶液中，放射性物質粒子與閃爍物質粒子能夠互相混合均勻，而互相碰撞，因此射程很短的 α 射線或 β 射線均能與閃爍物質交互作用而產生螢光。圖 5-12 為液體閃爍計數器。試樣與閃爍物質的溶液通常裝在試樣瓶中，引導至如圖 5-13 所示兩支光電倍加管的中間部位來計測。圖中點線所示部分藏在一鋼製冰箱內，以減少背景計數及電的雜訊。

圖 5-12　液體閃爍計數器

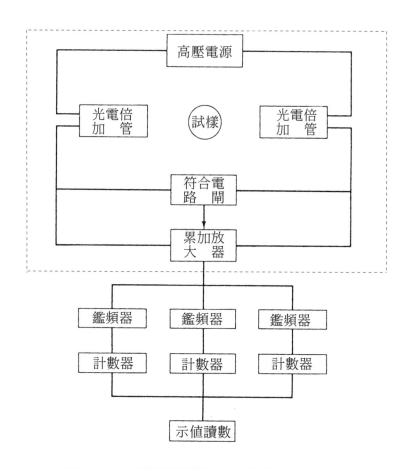

圖 5-13　液體閃爍計數器的符合電路圖

①溶劑：液體閃爍計數器所用的溶劑，應能夠溶解放射性
物質及閃爍物質，而且不會吸收可視光並易傳導能量
的。對於有機試樣通常使用苯、甲苯或對二甲苯等。對
於親水性試樣通常使用二𠮶烷(dioxane)為溶劑。

②閃爍物質：過去使用𠮶，現使用 2.5 二苯𠮶唑（2.5-
diphenyloxazole，簡稱為PPO）為一級閃爍物質，1.4雙
（5- 苯 𠮶唑）苯（1,4-bis-(5-phenyloxazolyl)-benzene，

簡寫爲 POPOP)爲二級閃爍物質。二級閃爍物質又稱爲
波長移動劑(wave shifter)，能夠移動波長使閃爍物質的
發光光譜能配合光電倍加管的感度曲線。表 5-2 爲常用
於液體閃爍計數器的溶劑及閃爍物質的組成。

表 5-2　閃爍溶液的組成

溶　劑	一級閃爍物質	二級閃爍物質
甲苯	PPO 0.4～0.6 %	POPOP 0.01 %
二甲苯	PPO 0.3 %	
苯	PPO 0.3 %	
苯	PPO 0.4 %	POPOP 0.01 %
苯-^{3}H　85 % 甲苯 15 %	PPO 0.4 %	POPOP 0.01 %

　　表 5-3 表示通常使用液體閃爍計數器可偵測的放射性同
位素。能量低而半生期較長的通常在蓋革計數器或固體閃爍
計數器不易測得，可是在液體閃爍計數器能以很高的效率偵
測。

表 5-3　使用液體閃爍計數器可測的放射性同位素

放射性同位素	半生期	β 射線最高能量(MeV)
^{3}H	12.3 年	0.018
^{14}C	5770 年	0.15
^{35}S	87.1 天	0.17
^{45}Ca	165 天	0.25
^{65}Zn	245 天	0.33
^{59}Fe	45 天	0.46，0.27
^{22}Na	2.6 年	0.54(β^+)
^{131}I	8.05 天	0.61，0.25
^{36}Cl	3×10^5 年	0.71
^{40}K	1.3×10^9 年	1.32
^{24}Na	15.0 小時	1.39
^{32}P	14.3 天	1.71

5-2.3 感光效應偵測放射性

　　早期的科學家以包在黑紙裡的照相軟片的感光效應，偵測放射性物質所放出的放射線。其感光的程度，視所受放射線的劑量而定。此方法對 β 射線、γ 射線及中子特別有效，惟對 α 射線及低能量的 β 射線卻無效。因這些放射線均被黑紙所吸收，無法穿過黑紙使照相軟片感光。圖 5-14 爲常用於操作放射性物質人員所用的膠片佩章(film badge)。膠片佩章內如圖 5-15 裝黑紙包的照相軟片，其兩面裝鋁片、銅片、鎘片及鉛片等爲過濾片並保留一部分的開窗(open window)。由於放射線透過這些過濾片使照相軟片感光度之不同，可分出 β 射線、γ 射線或中子 (中子可被鎘吸收) 並由感光密度計

(densitometer)決定輻射劑量。

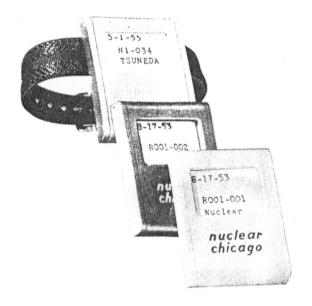

圖5-14　膠片佩章

圖5-15　膠片佩章的過濾片

5-2.4 熱發光效應偵測放射性

應用化學效應偵測放射性，將於第 12 章放射線化學討論，此地討論應用放射線照射過的物質加熱時，能夠發光的所謂熱發光(thermoluminescence)而恢復原來狀態來偵測放射性的熱發光劑量計（thermoluminescence dosimeter，簡寫為TLD）。典型的熱發光劑量計，由氟化鋰 LiF 或氟化鈣 CaF_2 與錳 Mn 不純物所成。這些物質吸收放射線時電子被邀發，在晶體內生成電洞(electron hole)，此移位的電子及電洞在晶體中的陷獲中心(trapping center)。加熱晶體時將陷獲的能量以光的形式放出。放出光以光電倍加管與適當的電子線路測定。熱發光法在劑量 10 毫雷得(mrad)到 10^5 毫雷得範圍靈敏度很高而其回應與 γ 射線能量由 100KeV 到 1.3MeV 範圍無關。TLD 可製成戒子狀，帶在手指上可量出在實驗過程中所受到的輻射劑量。

5-3 測定值的誤差

任何科學的測量都有誤差存在，尤其測量放射性物質時，有兩種主要誤差的來源。

5-3.1 可測誤差

可測誤差(determinate error)又稱為系統誤差(systemic error)。這些誤差包括如過濾時的不完全沈澱，看錯或記錯測定值等人為的錯誤、器具的不正確或缺陷、實驗方法及操作的不正確等所引起的誤差。這一型的誤差由於細心的計畫及控制實驗方式來避免。

5-3.2 不可測誤差

不可測誤差(indeterminate error)又稱為無規誤差(random error)。不可測誤差為無法控制的變因所引起，在任何測量都會產生而無法避免的誤差。放射衰變是一種無規散亂的過程。雖然使用同一測定試樣，在同一測定器、同一位置以同一條件下測定所得的計數值與立刻再計數的計數值會有不同。因此從放射性物質所放出之 α、β、γ 射線，在一定時間內為很雜亂，必須用統計方法處理。

設一放射性試樣，在偵測器計測 N 次而所得的計數值為 Σn 時，以統計方式求標準差(standard deviation)。

N 次計測的平均計數值為 $\quad \bar{n} = \dfrac{\Sigma n}{N}$

每一計數值與平均值的偏差為 $\quad n - \bar{n}$

此偏差的平方為 $\quad (n - \bar{n})^2$

偏差平方之和 $\quad \Sigma(n - \bar{n})^2$

標準差 $\quad s = \sqrt{\dfrac{\Sigma(n - \bar{n})^2}{N - 1}} \qquad (5\text{-}2)$

Ex.1

^{170}Tm 的半生期為 128.6 天，將 ^{170}Tm 放在蓋革計數器，每

隔 1 分鐘計數 1 次，共計數 20 次所得計數率如下。試計算
其平均計數率及標準差。

計數次數	計數率(c p m)
1	1880
2	1887
3	1915
4	1851
5	1874
6	1853
7	1931
8	1866
9	1980
10	1893
11	1976
12	1876
13	1901
14	1979
15	1836
16	1832
17	1930
18	1917
19	1899
20	1890

Sol：

$$\bar{n} = \frac{\Sigma n}{n} = \frac{1880 + \cdots\cdots + 1890}{20} = \frac{37966}{20} = 1898$$

求 $n - \bar{n}$ 及 $(n - \bar{n})^2$ 如下：

計數次數	計數率(cpm)	$n - \bar{n}$	$(n - \bar{n})^2$
1	1880	-18	324
2	1887	-11	121
3	1915	17	289
4	1851	-47	2209
5	1874	-24	576
6	1853	-45	2025
7	1931	33	1089
8	1866	-32	1024
9	1980	82	6724
10	1893	-5	25
11	1976	78	6084
12	1876	-22	484
13	1901	3	9
14	1979	81	6561
15	1836	-62	3844
16	1832	-66	4356
17	1930	32	1024
18	1917	19	361
19	1899	1	1
20	1890	-8	64

$$\Sigma(n - \bar{n})^2 = 37194$$

$$s = \sqrt{\frac{(n - \bar{n})^2}{N - 1}} = \sqrt{\frac{37194}{19}} = 44$$

平均計數率 $= 1898 \pm 44 \text{cpm}$

　　由原子核穩定性探討放射衰變及放射線與物質的交互作用，並由交互作用的各種效應討論放射性物質及放射線的偵測告一段落。下一章開始探討另一階段的主題——核反應。

Chapter 6

一原子核與另一原子核或 α 粒子、質子、中子、γ 射線等碰撞，在 10^{-12} 秒內反應轉換為另一原子核的過程稱為核反應(nuclear reaction)。

6-1 核反應表示法

最初報告的核反應為 1919 年拉塞福所做的阿伐粒子與氮原子核的核反應。他以釙 241 所放出的 α 射線照射氮原子核，經下列核反應獲得質子。

$$\underset{\substack{\text{靶核} \\ \text{(target nucleus)}}}{{}^{14}_{7}N} + \underset{\substack{\text{入射粒子} \\ \text{(incident particle)}}}{{}^{4}_{2}He} \longrightarrow \underset{\substack{\text{射出粒子} \\ \text{(emitted particle)}}}{{}^{1}_{1}H} + \underset{\substack{\text{生成核} \\ \text{(product nucleus)}}}{{}^{17}_{8}O}$$

此核反應式可簡寫為：${}^{13}N\ (\quad \alpha\quad ,\quad p\quad)\ {}^{17}O$

靶核（入射粒子，射出粒子）生成核

簡式以靶核及生成核寫在括號兩邊，元素符號可代表原子序，因此只要寫左上角的質量數即可。括號內的入射及射出粒子用小寫的 α、p、d、t、γ 等方式表示。

第一個人造放射性同位素為居里夫婦所做，阿伐射線照射鋁而產生能放出 β+ 射線的磷 30。其核反應式為：

$${}^{27}_{13}Al + {}^{4}_{2}He \longrightarrow {}^{1}_{0}n + {}^{30}_{15}p$$

此核反應式簡寫為：${}^{27}Al(\alpha,n){}^{30}P$

6-2 核反應的能量關係

核反應與化學反應一樣，常隨著有能量的變化，吸收能量的反應稱為吸能反應(endoergic reaction)，放出能量的反應稱為放能反應(exoergic reaction)。在核反應式右方加 Q 方式表示能量的得失。Q 值稱為反應能(energy of the reaction)，其值為正時表示放能反應，負時表示吸能反應。

6-2.1 核反應的 Q 值

以拉塞福所做第一個核反應為例，核反應式可表示如下：

$$^{14}_{7}N \ + \ ^{4}_{2}He \ \longrightarrow \ ^{17}_{8}O \ + \ ^{1}_{1}H \ + \ Q$$

核反應的 Q 值可由下列兩種方式求得。

⑴從質譜儀數值計算 Q 值

質譜儀所得各原子質量為：

$^{14}_{7}N$ = 14.0030744 amu

$^{4}_{2}He$ = 4.0026033 amu

$\Big\rangle$ 18.0056777amu

$^{17}_{8}O$ = 16.9991335 amu

$^{1}_{1}H$ = 1.007825 amu

$\Big\rangle$ 18.0069585amu

— 0.0012808amu

箭號左方總質量為 18.0056777amu 較右方總質量 18.0069585amu 少 0.0012808amu。因此使此核反應可能進行，必須加相當於 0.0012808amu 的能量於左方，即

$$Q = -0.0012808 \text{ amu} \times 931.5 \text{MeV/amu} = -1.193 \text{MeV}$$

此地要留意的是核反應的 Q 值，只表示一個原子核反應過程中的能量變化，與化學反應的反應熱 H 以莫耳單位表示的不同。

$Q = -1.193 \text{MeV}$ 換算為卡時

$$Q = -1.193 \text{MeV} \times 1.602 \times 10^{-6} \text{erg/MeV} \times 2.39 \times 10^{-8} \text{ cal/erg}$$

$$= 4.60 \times 10^{-14} \text{cal} \times 6.02 \times 10^{23}$$

$$= 2.77 \times 10^{10} \text{ cal/mol}$$

以相同單位表示時核反應的反應能較化學反應熱的最大值（約 $< 10^5$ cal/mol）大 10^5 倍之多。

(2)從衰變能量計算 Q 值

有時參與核反應原子核的質量無法獲得，但已知生成的子原子核具放射性，經衰變而恢復到母原子核的衰變能時，可計算此核反應的 Q 值。

例如，$^{106}Pd(n,p)^{106}Rh$ 反應所生成的 ^{106}Rh，半生期只有 30 秒，很難測得其質量。惟已測得 ^{106}Rh 放出 β 射線的能量為 3.53MeV 而轉回原來的 ^{106}Pd 。以核反應式表示為：

$$^{106}_{46}Pd + ^{1}_{0}n \longrightarrow ^{106}_{45}Rh + ^{1}_{1}H + Q$$

$$^{106}_{45}Rh \longrightarrow ^{106}_{46}Pd + ^{0}_{-1}e + 3.53 \text{ MeV}$$

相加兩反應式，可得淨反應為中子轉變為質子負電子及衰變的能量即：

$$^{1}_{0}n \longrightarrow ^{1}_{1}H + ^{0}_{-1}e + Q + 3.53 \text{ MeV}$$

1.008665amu   1.007825amu

因 ${}^{1}_{1}H$ 以 amu 單位表示時已包括核外電子的質量，因此

$$Q = (1.008665 - 1.007825) \times 931.5 - 3.53 = -2.76\text{MeV}$$

6-2.2 核反應的低限能

6-2.1 節所計算的 ${}^{14}N(\alpha,p){}^{17}O$ 反應的 Q 值為 -1.193MeV，不一定表示 α 粒子的動能超過 1.193MeV 就可起核反應。其理由為 α 粒子與 ${}^{14}N$ 原子核碰撞時，為了動量守恆必須保留 α 粒子動能的 4/18 為生成的質子之動能。因此 α 粒子動能之 14/18 運用於核反應，α 粒子起 ${}^{14}N(\alpha,p){}^{17}O$ 的底限能(threshold energy)為 $1.193 \times \dfrac{18}{14} = 1.533$ MeV。以 M 代表靶核質量，m 代表入射粒子質量，吸能反應的底限能可用下式求得：

$$\text{底限能} = \frac{-Q(M + m)}{M} \tag{6-1}$$

入射粒子能量保留為生成粒子動能的比率，隨靶核質量的增加而減小。

6-2.3 荷電粒子的障壁

${}^{14}N(\alpha,p){}^{17}O$ 反應，α 粒子能量超過底限能的 1.533MeV 仍不能產生，因為 α 粒子與 ${}^{14}N$ 原子核間有庫侖斥力(Coulomb repulsion)。當 α 粒子愈靠近 ${}^{14}N$ 原子核而進入其核力範圍為止，其斥力隨兩者距離的縮小而增加（圖 6-1），而形成所謂的庫侖障壁。

設入射粒子原子序為 Z_1，半徑為 R_1，靶核原子序為 Z_2

，半徑爲 R_2 時，庫侖障壁高度 Vc 爲：

$$V_C = \frac{Z_1 Z_2 e^2}{(R_1 + R_2)} \qquad (6\text{-}2)$$

以費米單位(fermi unit, 1fm $= 10^{-13}$ cm)

表示半徑時

$$V_C = 1.44 \frac{Z_1 Z_2}{R_1 + R_2} \, \text{MeV} \qquad (6\text{-}3)$$

設原子核質量數爲A，即其半徑R $= 1.5A^{1/3}$ fm，可計算 α 粒子與 ^{14}N 原子核間的庫侖障壁爲 3.4MeV，因此理論上，α 粒子動能必須超過 3.4MeV $\times \dfrac{18}{14} = 4.4$ MeV 才可起(α , p)反應。

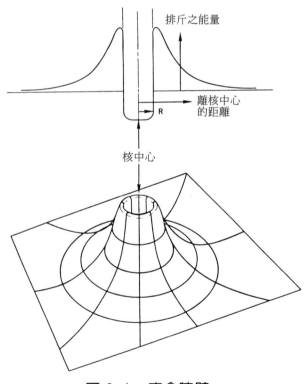

排斥之能量

離核中心
的距離

核中心

圖 6-1　庫侖障壁

6-3 核反應截面

核反應發生的機率(probabilities)以具有面積因次的截面σ(cross section)來表示。此截面的概念仍因科學家認為入射粒子與靶核間的反應機率，與靶核截面面積成比例而來。雖然此觀念對於超越庫侖障壁的荷電粒子或慢中子的核反應不一定合適，但截面對於任何核反應機率是很有用的尺度。

6-3.1 不考慮入射粒子束減衰之核反應截面

一群入射粒子與很薄的靶碰撞而靶中入射粒子束的減衰無限小時，對於一核反應的截面可用下式表示：

$$R = Inx\sigma \qquad (6-4)$$

R：指定的核反應單位時間在靶中發生數

I：單位時間入射粒子數

n：靶中每立方厘米靶核數

x：靶的厚度（厘米單位）

σ：此核反應的截面（平方厘米單位）

有時以 nx 單位面積的質量即表面密度來代表靶的厚度。對於一高速粒子碰撞起核反應的斷面不會比幾何上的原子核截面積大兩倍，因此高速粒子截面很少大於 10^{-24} cm² （最重原子核的半徑約 10^{-12} cm ）。科學家以 10^{-24} cm²為核反應截面的單位稱為邦（barn 簡寫為 b ）。1 邦的千分之一為毫邦(mb)。

$$1b = 10^{-24} \text{ cm}^2$$

$$1mb = 10^{-27} \text{ cm}^2$$

$$1\mu b = 10^{-30} \text{ cm}^2$$

Ex.1

以 1 微安培(μA)的 35MeV 的 α 粒子束照射 10mg/cm²厚的錳箔 1 小時，設 $^{55}Mn(\alpha,2n)^{57}Co$ 反應的截面為 200mb，而 ^{57}Co 的半生期為 270 天，計算生成 ^{57}Co 的數目及放射性強度。

Sol：

1 安培 $= 6.2 \times 10^{18}$ 電荷／秒，而 α 粒子帶兩個正電荷

1 微安培 α 粒子 $= 3.1 \times 10^{12}$ α／秒

$R = Inx\sigma$

$\quad = 3.1 \times 10^{12} \times \dfrac{0.01}{55} \times 6.02 \times 10^{23} \times 200 \times 10^{-27}$

$\quad = 6.8 \times 10^{7} \; {}^{57}Co$ 生成／秒

∴ 1 小時反應所生成的 $^{57}Co = 3600 \times 6.8 \times 10^{7}$

$$= 2.4 \times 10^{11}$$

放射性強度為 $-\dfrac{dN}{dt} = \lambda N = \dfrac{0.693}{270 \times 24 \times 60 \times 60} \times 2.4 \times 10^{11}$

$$= 7.2 \times 10^{3} \text{dps} = 7.2 \times 10^{3} \text{Bq}$$

6-3.2 考慮入射粒子束減衰的核反應截面

一般厚的靶，入射粒子束與靶核碰撞起核反應後，入射粒子束繼續減衰時的核反應，以下列方式求得。

設在無限薄 dx 厚度中入射粒子的減衰為 $-dI$，即

$$-\frac{dI}{dx} = In\sigma$$

即 $-dI = In\sigma dx$

入射粒子通過靶中的σ無變化，積分得

$$I = I_o e^{-n\sigma x}$$

通過靶中所發生的核反應數為：

$$I_o - I = I_o(1 - e^{-n\sigma x}) \tag{6-5}$$

式中的 I_o 為開始時單位時間入射粒子數

I 為通過 x 厚度靶後剩下的入射粒子數

Ex.2

將厚度 0.3mm，面積 5cm² 的金箔放在熱中子通量為 10^7 n/cm²·sec 的中子發生裝置內。試計算每秒生成多少放射性 ^{198}Au。已知 ^{197}Au(n,γ)^{198}Au 反應截面為 94 邦，金的密度為 19.3g/cm³，而金的原子量為 197.2。

Sol：

$x = 0.03$cm

$$n = \frac{19.3}{197.2} \times 6.02 \times 10^{23} = 5.89 \times 10^{22}\ ^{197}\text{Au/cm}^3$$

$I_o = 5 \times 10^7$ n/sec

從(6-5)式

$$I_o - I = 5 \times 10^7\ [1 - \exp(-5.89 \times 10^{22} \times 94 \times 10^{-24} \times 0.03)]$$

$$= 5 \times 10^7\ [1 - \exp(-0.166)]$$

$$= 7.6 \times 10^6\ ^{198}\text{Au/sec}$$

6-3.3 部分截面與總截面

自然界的氯有 ^{35}Cl 同位素 75.77 ％及 ^{37}Cl 同位素 24.23 ％。在原子爐受中子照射時起(n, γ)及(n, p)反應。其反應式為：

$$^{35}Cl(n,\gamma)^{36}Cl \qquad ^{36}Cl \qquad 半生期 3.00 \times 10^5 年$$

$$^{35}Cl(n,p)^{35}S \qquad ^{35}S \qquad 半生期 87.4 天$$

$$^{37}Cl(n,\gamma)^{38}Cl \qquad ^{38}Cl \qquad 半生期 37.3 分$$

$$^{37}Cl(n,p)^{37}S \qquad ^{37}S \qquad 半生期 5.0 分$$

這時不管入射粒子與靶核起任何過程的反應，只以起反應的截面表示的稱為總截面(total cross section)而對於個別核反應的截面稱為部分截面(partial cross section)。

Ex.3

應用 $^{35}Cl(n,p)^{35}S$ 反應，以中子照射四氯化碳方式製造 ^{35}S。將 1 立方公分的四氯化碳試樣（ 1.46 克）以熱中子通量 10^9 n/cm^2 · sec 的熱中子對試樣的一面垂直照射 24 小時，試計算產生多少 ^{35}S。

Sol：

已知氯對於熱中子的吸收總截面為 31.6 邦，碳對於熱中子的吸收總截面為 0.0045 邦，因此可不必考慮， $^{35}Cl(n,p)^{35}S$ 反應的截面（即部分截面）為 0.17 邦。

$$1cm^3 \ CCl_4 中氯原子數 = \frac{1.46}{153.8} \times 4 \times 6.02 \times 10^{23} = 2.28 \times 10^{22}$$

式中的 153.8 爲 CCl₄之分子量。

根據(6-5)式，24 小時被試樣吸收的總中子數爲：

$24 \times 60 \times 60 \times 10^9 [1 - \exp(- 2.28 \times 10^{22} \times 31.6 \times 10^{-24} \times 1)]$

$= 4.44 \times 10^{13}$

^{35}Cl 同位素含量爲 75.77 %，被吸收的中子起 ^{35}Cl(n,p)^{35}S 反

應的比率爲 $\dfrac{0.7572 \times 0.17}{31.6} = 4.05 \times 10^{-3}$

∴生成 ^{35}S 的原子數 $= 4.05 \times 10^{-3} \times 4.44 \times 10^{13} = 1.8 \times 10^{12}$

6-3.4 激發函數

一核反應的截面，往往由於入射粒子的能量而有顯著的
變化，核反應截面與入射粒子能量的相關關係稱爲激發函數
(excitation function)。圖 6-2 爲以不同能量的質子照射靶核
^{63}Cu 所起各核反應的激發函數。各不同能量的質子束可由荷
電加速器獲得。各部分截面即由各核反應生成物的收率計
算。各核反應爲：

$$^{63}\text{Cu}(p,n)^{63}\text{Zn}$$
$$^{63}\text{Cu}(p,2n)^{62}\text{Zn}$$
$$^{63}\text{Cu}(p,pn)^{62}\text{Cu}$$
$$^{63}\text{Cu}(p,p2n)^{61}\text{Cu}$$

由激發函數曲線可知(p, n)反應的截面隨質子的能量增加
而增加，在 12MeV 達到最高峰以後減少，但(p, pn)及(p,2n)
的截面則逐漸增加（其反應的低限能各爲 10MeV 及

11MeV）。

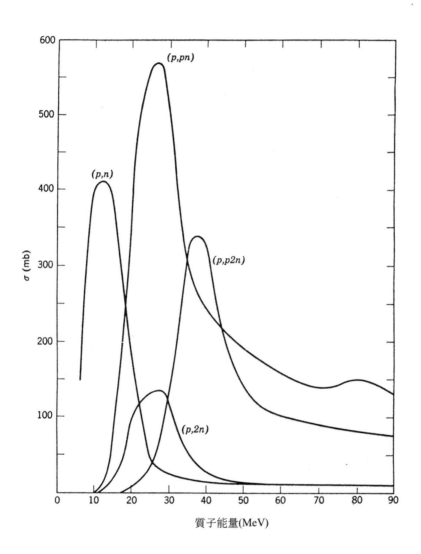

圖 6-2　質子與 ^{63}Cu 核反應激發函數

此兩核反應的激發函數在質子能量 26MeV 及 27MeV 到達最高峰後逐漸降低。(p, pn)反應的低限能為 17MeV，在 37MeV 時到達截面 340mb 的最高峰。由激起函數可知互相競爭的核反應及其生成核的收率比等，製造放射性同位素很重要的信息。

6-4 核反應的類型

使用於引起核反應的入射粒子有中子、質子、重質子及 ^{3}H、^{3}He、^{4}He 等的原子核，電磁輻射線的 X 射線、γ 射線、電子等外，最近亦使用 ^{12}C、^{13}C、^{14}C、^{16}O 甚至以 ^{58}Fe 的重離子做為衝擊靶核之用。

6-4.1 以碰撞現象分類核反應

核反應分為由於碰撞時，與入射粒子相同的粒子再放出的散射(scattering)及入射粒子被靶核吸收(absorption)的兩大類。散射可再分為彈性散射(elastic scattering)及非彈性散射(inelastic scattering)。

(1)吸收反應

如圖 6-3 所示，入射粒子 a 與靶核 A 碰撞時，a 被 A 吸收而生成 A* 的複合核(compound nucleus)，此複合核又稱為過渡核，壽命極短（ 10^{-12} 到 10^{-14} 秒 ），如同化學反應的活化錯合物一樣，立即分解為生成核 B 及生成粒子 b。

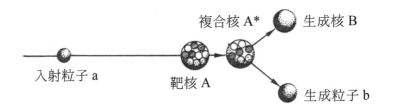

入射粒子 a　　　　靶核 A　　　複合核 A*　　生成核 B

生成粒子 b

圖 6-3　吸收反應

(2)彈性散射

　　入射粒子與靶核的動能之和在碰撞前後不會改變的稱為彈

　　性散射（如圖 6-4）。

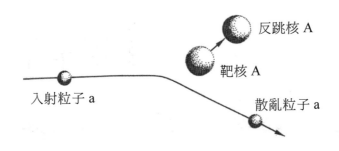

反跳核 A

靶核 A

入射粒子 a

散亂粒子 a

圖 6-4　彈性散射

　　其反應式可由 A＋a ⟶ A＋a 或 A(a, a)A 表示。

(3)非彈性散射

　　在非彈性散射過程中，入射粒子 a 的能量一部分做為靶核

　　A 的激發能，激發核 A* 放出 γ 射線後恢復至基態（圖

　　6-5）。

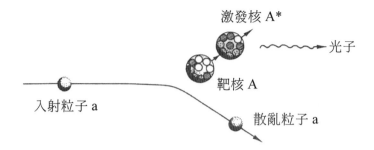

圖 6-5　非彈性散射

有時非彈性散射所生成的核為介穩核(metastable nucleus)而放射β射線。例如：

$$^{113}Cd(\alpha,\alpha')^{113m}Cd$$

$$\xrightarrow{\beta^-} {}^{113}In$$

$$t_{\frac{1}{2}} = 14.6 \text{ 年}$$

6-4.2 以入射粒子分類核反應

⑴中子的反應

最簡單的核反應是中子捕獲(neutron capture)反應。早在 1934 年<u>費米</u>及其同事發表最輕(^1H)及最重 (^{238}U) 原子核的中子捕獲反應：

$$_0^1n + {}_1^1H \longrightarrow {}_1^2H + \gamma$$

$$_0^1n + {}_{92}^{238}U \longrightarrow {}_{92}^{239}U + \gamma$$

中子捕獲結果生成激發的複合核，複合核的去激發(de-excitation)可能以下列四種步驟之一種進行：

①放射 γ 射線：如 $^{23}Na(n,\gamma)^{24}Na$

②放出中子：如 ^{107}Ag(n,n)^{107m}Ag

③放出質子：如 ^{35}Cl(n,p)^{35}S

④放出 α 粒子：如 ^{10}B(n,α)^{7}Li

③及④反應的機率隨原子序的增加而減少，因為原子序增加時，質子及 α 粒子要通過的庫侖障壁愈高。

中子按照其能量可分為慢中子(slow neutron)E < 1KeV，中速中子(intermediate neutron)1KeV < E < 500KeV 及快中子(fast neutron)0.5MeV < E < 10MeV。慢中子中能量為 0.025eV 的稱為熱中子(thermal neutron)。原子核亦可分為輕原子核 A < 25，中原子核 25 < A < 80 及重原子核 A > 80。

表 6-1 表示熱中子與元素或同位素的捕獲截面及總截面。對於中原子核及重原子核捕獲截面 σ_c 幾乎等於總截面。對於輕原子核捕獲截面通常小於 1 邦，但在此一區域競爭的 (n, p)及(n, α)反應的截面卻相對的大（表 6-2）。對於中原子核，熱中子捕獲的截面可大到數邦，(n, p)及(n, α)反應來講，中子能量必須足夠高於此反應的吸能性，並增加荷電產物由於隧道效應而逸出的機率。對於能量在 10MeV 的快中子，下列為典型的反應例：

^{56}Fe(n,p)^{56}Mn

^{198}Hg(n,p)^{198}Au

^{200}Hg(n,α)^{197}Pt

^{203}Tl(n,α)^{200}Au

表 6-1　熱中子的捕獲截面〔σ總截面（單位為邦）〕

元素或同位素	捕獲截面 (σ_c)	總截面 (σ_t)	元素或同位素	捕獲截面 (σ_c)	總截面 (σ_t)
^{1}H	0.332	38	Zn	1.10	4.7
^{9}Be	0.01	7	^{75}As	4.3	10.3
B	755	759	Br	6.7	12.7
C	3.4×10^{-3}	4.8	Sr	1.21	11.2
N	1.88	12	Mo	2.7	9.7
O	$< 2 \times 10^{-4}$	4.2	Ag	63	69
^{23}Na	0.5	4.5	Cd	2450	—
Mg	0.063	3.6	^{113}Cd	2.0×10^4	—
^{27}Al	0.023	1.4	^{127}I	7.0	10.6
Si	0.16	1.8	^{135}Xe	2.7×10^6	—
^{31}p	0.2	5.2	Sm	5.6×10^3	—
S	0.52	1.6	Eu	4.3×10^3	—
Cl	33.6	49.6	Gd	4.6×10^4	—
K	2.07	3.5	Dy	950	1050
Cr	3.1	6.1	Hf	105	113
Fe	2.53	13.5	W	19.2	24.2
^{59}Co	37.0	44	^{197}Au	98.8	108
Cu	3.77	11	Pb	0.17	11.2

表 6-2　(n, p) 及 (n, α) 反應的截面

核反應	熱中子捕獲截面（barn）	Q (MeV)
^{3}He(n,p)^{3}H	5300	0.7637
^{6}Li(n,α)^{3}H	950	4.785
^{10}B(n,α)^{7}Li	3990	2.79
^{14}N(n,p)^{14}C	1.86	0.626
^{35}Cl(n,p)^{35}S	～0.3	0.62

中子能量增加時，(n, 2n)、(n, 3n)、(n, 2np)及(n, n α)等核反應的機會增加。表 6-3 為起(n, 2n)反應的低限能及生成核。

表 6-3 （n, 2n）反應例

靶核	低限能（MeV）	生成核
^{12}C	20.3	^{11}C
^{14}N	11.3	^{13}N
^{24}Mg	17.1	^{23}Mg
^{50}Cr	13.7	^{49}Cr
^{64}Zn	11.9	^{63}Zn
^{97}Mo	7.2	^{96}Mo
^{121}Sb	9.3	^{120}Sb
^{197}Au	8.1	^{196}Au
^{208}Pb	7.4	^{207}Pb
^{232}Th	6.4	^{231}Th
^{238}U	6.0	^{237}U

當中子能量大於100MeV時，將發生原子核散裂(spallation)而靶核散裂生成多種子核及 α，p，n 等粒子。例如以 370MeV 中子照射銅時，產生下列各反應的混合產物。

$$^{64}Cu(n,3\alpha p6n)^{45}Ti$$
$$^{64}Cu(n,2\alpha p6n)^{49}Cr$$
$$^{64}Cu(n,2\alpha 5n)^{51}Mn$$
$$^{64}Cu(n,\alpha p7n)^{52}Fe$$
$$^{64}Cu(n,\alpha 2n)^{58}Co$$
$$^{64}Cu(n,3n)^{61}Cu$$

$${}^{64}Cu(n,2n){}^{63}Cu$$

$${}^{64}Cu(n,\gamma){}^{64}Cu$$

(2)質子反應

較低能量的質子與原子序較小的原子核起(p, γ)反應。例
如：

$${}^{7}Li(p,\gamma){}^{8}Be$$

$${}^{12}C(p,\gamma){}^{13}N$$

$${}^{19}F(p,\gamma){}^{20}Ne$$

$${}^{27}Al(p,\gamma){}^{28}Si$$

較高能量質子碰撞輕原子核時，靶核可分解為兩個或更多
的粒子，有時生成不同的產物。

例如：

$${}^{1}_{1}H + {}^{6}_{3}Li \longrightarrow {}^{3}_{2}He + {}^{4}_{2}He$$

$${}^{1}_{1}H + {}^{10}_{5}B \longrightarrow {}^{8}_{5}B + {}^{3}_{1}H$$

$${}^{1}_{1}H + {}^{14}_{7}N \longrightarrow {}^{11}_{6}C + {}^{4}_{2}He$$

$${}^{1}_{1}H + {}^{9}_{4}Be \longrightarrow {}^{6}_{3}Li + {}^{4}_{2}He$$

$$\longrightarrow {}^{8}_{4}Be + {}^{2}_{1}H$$

$${}^{1}_{1}H + {}^{11}_{5}B \longrightarrow {}^{8}_{4}Be + {}^{4}_{2}He$$

$$\longrightarrow 3{}^{4}_{2}He$$

${}^{A}Z(p,n){}^{A}Z + 1$ 型式的核反應，往往生成放出 β^{+} 粒子的原
子核。例如：${}^{7}Li(p,n){}^{7}Be$，${}^{11}B(p,n){}^{11}C$ 及 ${}^{18}O(p,n){}^{18}F$ 。

在足夠高能量的質子，可發現(p,α)反應，可是這時放出中
子、質子的機會較多。例如：

$$^{65}Cu(p,pn)^{64}Cu$$

$$^{59}Co(p,3n)^{57}Ni$$

$$^{127}I(p,5n)^{123}Xe$$

$$^{209}Bi(p,8n)^{202}Po$$

如以 340MeV 質子照射銅時，與高速中子產生原子核散裂

一樣現象發生：

$$^{63}Cu(p,2p6n\alpha)^{53}Fe$$

$$^{63}Cu(p,pn6\alpha)^{38}Cl$$

(3)阿伐粒子反應

α 粒子為 He 原子核，是一種偶偶核、自旋、磁矩及電矩

都等於零的極穩定核。

較低能量的 α 粒子由天然放射性元素的釙、氡可得。查兌

克(Chadwick)以釙所發射的 α 粒子衝擊輕元素的鈹或硼，

發現中子。

$$^{9}Be(\alpha,n)^{12}C$$

$$^{11}B(\alpha,n)^{14}N$$

居里等人使用釙的 α 粒子與輕原子核的反應，發現人造放

射性同位素。

$$^{10}B(\alpha,n)^{13}N$$

$$^{24}Mg(\alpha,n)^{27}Si$$

$$^{27}Al(\alpha,n)^{30}p$$

天然放射性元素所放出 α 粒子能量，不足於穿過原子序 20

以上原子核的庫侖障壁。荷電加速器可加速 α 粒子到數百

百萬電子伏特，衝擊靶核時根據靶核的性質，所形成的複合核失去一個或更多的中子或質子，生成不同的子核。例如：

$$
{}^{4}_{2}He \ + \ {}^{109}_{47}Ag \ \rightarrow \ \begin{cases} {}^{111}_{47}Ag & + & 2p \\ {}^{112}_{49}In & + & n \\ {}^{111}_{49}In & + & 2n \\ {}^{110}_{49}In & + & 3n \\ {}^{109}_{48}Cd & + & p & + & 3n \\ {}^{107}_{48}Cd & + & p & + & 5n \end{cases}
$$

$$
{}^{4}_{2}He \ + \ {}^{191}_{77}Ir \ \rightarrow \ \begin{cases} {}^{193}_{79}Au & + & 2n \\ {}^{192}_{79}Au & + & 3n \\ {}^{191}_{79}Au & + & 4n \end{cases}
$$

多數的超鈾元素(transuranium element)以此方式製得。例如：

$${}^{238}U(\alpha,2n){}^{240}Pu$$

$${}^{239}Pu(\alpha,p2n){}^{240}Am$$

$${}^{239}Pu(\alpha,1{\sim}5n){}^{242{\sim}238}Cm$$

$${}^{242}Cm(\alpha,2n){}^{244}Cf$$

(4)光核反應

1934 年查兌克等人以天然放射性釷系列的鉈 (${}^{208}Tl$) 所放出能量為 2.61MeV 的 γ 射線照射重氫原子核，獲得質子與中子。
$$
{}^{0}_{0}\gamma \ + \ {}^{2}_{1}H \ \longrightarrow \ {}^{1}_{1}H \ + \ {}^{1}_{0}n
$$
此一過程為第一個由光子所引起的核反應，稱為光核反應

(photonuclear reaction)。以天然放射性元素所放出的 γ 射線能夠引起光核反應的除氘外，只有鈹同位素的 ^{9}Be。

$$^0_0\gamma + ^9_4Be \longrightarrow ^8_4Be^* + ^1_0n$$
$$\longrightarrow 2^4_2He$$

高能量的光子可由荷電加速器，以高速電子衝擊重靶核的制動輻射線取得。較高能量光子對於各靶核起 (γ,n) 反應的能量各為： ^{25}Mg 21MeV，^{65}Cu 19MeV，^{109}Ag 16MeV ……隨核質量的增加而減少。更高能量光子即起數個核子的蒸發現象。對於輕及中等核靶，常見 (γ,α) 反應：

$$^{12}C(\gamma,3\alpha) \text{ 即 } ^0_0\gamma + ^{12}_6C \rightarrow 3^4_2He$$
$$^{16}O(\gamma,\alpha)^{12}C$$
$$^{14}N(\gamma,2\alpha)^6Li$$
$$^{19}F(\gamma,2n)^{17}F$$
$$^{23}Na(\gamma,3n)^{20}Na$$
$$^{27}Al(\gamma,2p)^{25}Na$$
$$^{59}Co(\gamma,2pn)^{56}Mn$$
$$^{24}Mg(\gamma,\alpha pn)^{18}F$$

核反應的能量關係、機率及分類等基礎上，建立核能的實際應用。能源缺乏的現代、核能為人類明日的希望。

(5)重離子衝擊反應

1950 年代先後製成重離子直線加速器 (heavy ion linear accelator) 後，能夠加速硼 10、碳 12、氮 15、鈣 48 甚至於 ^{58}Fe 等重離子來衝擊靶核來製造超鈾及超鋼系元素。

例如：

$$\ce{^{10}_{5}B} + \ce{^{252}_{98}Cf} \longrightarrow \ce{^{257}_{108}Lr} + 4\ce{^{1}_{0}n}$$

$$\ce{^{58}_{26}Fe} + \ce{^{206}_{82}Pb} \longrightarrow \ce{^{265}_{108}Hs} + \ce{^{1}_{0}n}$$

關於重離子衝擊反應生成新超錒系元素，將於本書 10-3 節詳細介紹。

Chapter 7

核反應之一種特別形式為核分裂(nuclear fission)，即一個重原子核分裂為兩個較輕原子核的過程。核反應器(nuclear reactor)又稱為原子爐，是利用核分裂反應獲得能量，製造放射性同位素及研究中子與物質核反應的裝置。

7-1 核分裂

核分裂可分為不受外來任何因素，重原子核自動起分裂為兩個分裂碎片(fission fragment)的自發核分裂(sponteneous fission)及一原子核受中子或質子等衝擊而起分裂的誘發核分裂(induced fission)兩大類。

7-1.1 自發核分裂

超重的原子核能夠起自發核分裂。例如 ^{250}Cm，^{254}Cf，^{256}Fm，及 ^{260}Rf 等人造元素之同位素都以自發核分裂為主要的衰變形式。圖 7-1 表示 Cf 的自發核分裂及核分裂生成物放出能量的時間變化。

自發核分裂的半生期隨 Z^2/A 的增加而減小。因此 $Z^2/A > 44.8$ 的原子核在極短時間（～ 10^{-20} 秒）起自發核分裂。圖 7-2 為最重原子核領域之自發核分裂半生期與 Z^2/A 之相關曲線。從此曲線可看出偶偶核的自發核分裂的半生期及隨原子序的增加，半生期減小的趨勢。非偶偶核的自發核分裂半生期，較鄰近偶偶核的平均大 3～4 位。自發核分裂的

半生期與 Z^2/A 之相關關係在 $Z \geq 104$ 的原子核不成立。在 $106 \leq Z \leq 109$ 元素的同位素來講，α 衰變較自發核分裂占優勢。對於穩定海中的 114 號元素為止的原子核亦可能如此。表 7-1 為自發核分裂之半生期。

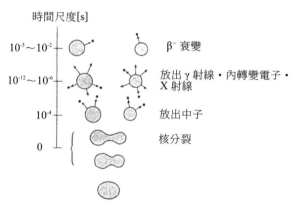

圖 7-1　Cf 的自發核分裂

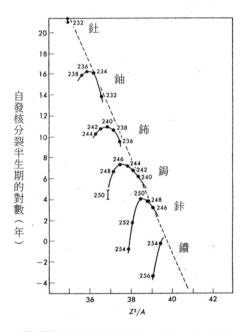

圖 7-2　最重原子核自發核分裂半生期與 Z^2/A 之相關

表 7-1　自發核分裂半生期

核種	半生期（年）	核種	半生期（年）
^{232}U	8×10^{13}	^{248}Cm	4×10^6
^{234}U	1.6×10^{17}	^{250}Cm	2×10^4
^{235}U	1.8×10^{17}	^{249}Bk	6×10^8
^{236}U	2×10^{15}	^{246}Cf	2.1×10^3
^{238}Pu	4.9×10^{10}	^{250}Cf	1.5×10^4
^{239}Pu	5.1×10^{15}	^{252}Cf	66
^{240}Pu	1.2×10^{11}	^{254}Cf	0.16
^{240}Cm	1.9×10^6	^{253}Es	7×10^5
^{242}Cm	7.2×10^6	^{254}Es	1.5×10^5
^{244}Cm	1.4×10^7	^{255}Fm	20
^{246}Cm	2.0×10^7	^{256}Fm	3×10^{-4}

表 7-2 為自發核分裂時所放出中子的平均數。除了一些例外，自發核分裂所放出中子的平均數，隨原子核質量之增加而增加。

表 7-2　自發核分裂所放出中子的平均數

核種	平均數	核種	平均數
^{234}U	1.63	^{244}Cm	2.82
^{238}U	2.30	^{249}Bk	3.72
^{238}Pu	2.28	^{246}Cf	2.92
^{240}Pu	2.23	^{252}Cf	3.84
^{242}Am	2.28	^{254}Cf	3.90
^{242}Cm	2.59	^{254}Fm	4.05

7-1.2 誘發核分裂

重原子核受熱中子或其他粒子的衝擊而起核分裂的過程稱為誘發核分裂。此形式的核分裂中最重要的是由低能量的熱中子所誘發的核分裂。表 7-3 表示偶偶核的熱中子捕獲所生成的複合核之核分裂障壁(fission barrier)，較捕獲的中子之結合能低，即 ^{233}U 、 ^{235}U 或 ^{239}Pu 在捕獲中子所釋放的結合能，足夠超越核分裂障壁而起核分裂。但 ^{232}Th ， ^{234}U 及 ^{238}U ，因結合能較低於其低限能，不起核分裂。

表 7-3　捕獲中子的結合能與重核核分裂低限能

核種 $^A Z$	^{232}Th	^{233}U	^{234}U	^{235}U	^{238}U	^{239}Pu
複合核〔^{A+1}Z〕	^{233}Th	^{234}U	^{235}U	^{236}U	^{239}U	^{240}Pu
$^A Z$ 因捕獲中子之結合能(MeV)	5.4	7.0	5.0	6.8	5.2	6.6
^{A+1}Z 核分裂的低限能(MeV)	5.9	5.5	5.4	5.57	5.9	5.5
由熱中子的分裂性	－	＋	－	＋	－	＋

(1)核分裂機構

以熱中子衝擊 ^{235}U 為例來說明核分裂機構。 ^{235}U 與熱中子碰撞時，中子被捕獲而產生高激發狀態的複合核 ^{236}U 。

$$^1_0n + {}^{235}_{92}U \longrightarrow \left[{}^{236}_{92}U \right]^*$$

核的激發能等於捕獲中子時所釋放的結合能（熱中子能量 0.025eV 可不必考慮），生成的複合核在 10^{-14} 秒內放射 γ

射線或起核分裂來釋放激發能。此兩過程的機率以對應的截面 $\sigma_{n,\gamma}$ 及 $\sigma_{n,f}$ 表示如下。由此可知捕獲熱中子的 ^{235}U 核 7 個中，有 6 個 ^{235}U 起核分裂，剩下一個 ^{235}U 核放出 γ 射線恢復到基態。

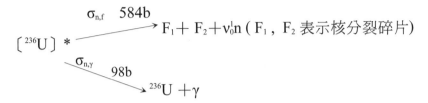

$$[^{236}U]^* \xrightarrow{\sigma_{n,f} \quad 584b} F_1 + F_2 + \nu_0^1 n \;(\, F_1,\, F_2 \text{ 表示核分裂碎片})$$

$$\xrightarrow{\sigma_{n,\gamma} \quad 98b} {}^{236}U + \gamma$$

(2)核分裂過程

如圖 7-3 最左所示 ^{235}U 核在基態時呈球形，由於捕獲中子獲得能量開始振動而變為橢圓球狀，設激發能低時，由於核的表面張力使變形的橢圓球狀恢復為球狀。另一面設激發能較大時，可使橢圓球再拉長，而激發能足夠大時，此核如中間的圖所示成花生狀並因兩球之庫侖排斥力作用，分裂為兩個核分裂碎片。

圖 7-3　重核捕獲中子起核分裂模型

(3)核分裂的瞬發中子

圖 7-4 表示核分裂的時間變化。捕獲中子而生成複合核後，放出激發的核分裂碎片，再放出中子，此中子稱為瞬發中子(promp neutron)。

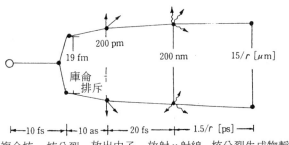

19 fm

200 pm

200 nm

15/r [μm]

庫侖
排斥

|←─10 fs─→|←─10 as─→|←─20 fs─→|←─1.5/r [ps]─→|

複合核　核分裂　放出中子　放射 γ 射線　核分裂生成物靜止

圖 7-4　核分裂的時間變化

核分裂所產生的瞬發中子數 ν 因可裂核種(fissile nuclide)核子數的增加而增加。ν 在 ^{229}Th 為 2.080， ^{235}U 為 2.407， ^{239}Pu 為 2.884， ^{254}Cm 為 3.832。瞬發中子數亦隨入射中子的能量增加而增加。(ps $= 10^{-12}$s, fs $= 10^{-15}$s, as $= 10^{-18}$s)

⑷核分裂生成物

熱中子衝擊 ^{235}U 核所產生的核分裂生成物，分布於 $_{28}$Ni 到 $_{65}$Tb 間的各元素之同位素。其質量數為 72 到 162 的廣大範圍分布。

$$\,^{1}_{0}n \,+\, ^{235}_{92}U \longrightarrow \left[^{236}_{92}U\right]^{*} \longrightarrow \,^{A_1}_{Z_1}F \,+\, ^{A_2}_{Z_2}F \,+\, \nu\,^{1}_{0}n \,+\, \gamma$$

$A_2 = 236 - A_1 - \nu$ 而 $Z_2 = 92 - Z_1$。核分裂生成物 $^{A_1}_{Z_1}F$ 及 $^{A_2}_{Z_2}F$ 核均為中子過多的核而經多數 β^{-} 衰變，即以核分裂鏈(fission chain)衰變到穩定帶的原子核。

例如：$\,^{1}_{0}n \,+\, ^{235}_{92}U \longrightarrow \,^{97}_{40}Zr \,+\, ^{137}_{52}Te \,+\, 2\,^{1}_{0}n$

$\qquad Z_1(40) \,+\, Z_2(52) \,=\, 92$

$\qquad A_1(97) \,+\, A_2(137) \,+\, \nu(2) \,=\, 236$

$$^{97}_{40}\text{Zr} \xrightarrow[17\text{hr}]{\beta^-} {}^{97}_{41}\text{Nb} \xrightarrow[75\text{min}]{\beta^-} {}^{97}_{42}\text{Mo}\ （穩定）$$

$$^{137}_{52}\text{Te} \xrightarrow[1\text{min}]{\beta^-} {}^{137}_{53}\text{I} \xrightarrow[22.5\text{sec}]{\beta^-} {}^{137}_{54}\text{Xe}$$

$$\xrightarrow[3.4\text{min}]{\beta^-} {}^{137}_{55}\text{Cs} \xrightarrow[27\text{y}]{\beta^-} {}^{137}_{56}\text{Ba}\ （穩定）$$

圖 7-5 為核分裂生成物的質量數與核分裂產率(fission rield)的相關曲線。在熱中子與 ^{235}U 反應的核分裂生成物於質量數 95 及 138 有兩個最高產率（約6.8％）的峰。在此兩高峰間的對稱核分裂(symmetrical fission)底部為最低產率約 0.01 ％，最高與最低產率比為 650。

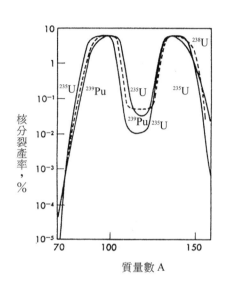

圖 7-5　核分裂產率與質量數相關曲線

熱中子與鈽 239 的核分裂反應所產生的核分裂產率與質量數相關曲線則略而不同。第一個最高產率在質量數 99 的核，但第二個最高產率與 ^{235}U 相同為質量數 138 之核。最高與最低產率比只有 150。表 7-4 為可分裂核的核分裂生成物之產率與質量數的相關數據。

表 7-4　核分裂質量-產率曲線的比較

	^{232}Th	^{233}U	^{235}U	^{238}U	^{239}Pu
最高峰中間點平均質量數					
輕質量群	92	94	95	98	99
重質量群	139	138	139	139	138
相當中間點高度質量數幅度	14	14	15	16	16
最高與最低峰產率比	115	390	650	200	150

註：表中只有 ^{233}U，^{235}U 及 ^{239}Pu 能夠與熱中子起核分裂。^{232}Th，^{238}U
　　需高能中子才能起核分裂。

7-2　鈾與中子的核反應

　　天然存在的鈾含 $^{235}_{92}$U 同位素約 0.7 ％，$^{238}_{92}$U 同位素約 99.3
％。其中只有 $^{235}_{92}$U 能夠與熱中子起核分裂，$^{238}_{92}$U 與熱中子不
起核分裂反應，只是捕獲中子而已。

7-2.1　鈾 235 與熱中子的核反應

　　圖 7-6 表示中子與 ^{235}U 原子核總核反應及(n, f)反應之激
發函數。由曲線可知無論是總核反應或核分裂反應，在中子
能量很低區域，有數百到千邦的截面。總裁面(σ_T)中大部分
仍為核分裂截面($\sigma_{n,f}$)，兩者都隨中子能量的增加而減少。
在中子能量為 1 到 100 電子伏特區域稱為共振區(resonance
region)。此區的中子稱為共振中子(resonance neutron)。共振區
的截面呈現高低共振的現象。為使核分裂在最大機率進行，
通常使用低能量的中子，即熱中子為衝擊 ^{235}U 核的入射粒子。

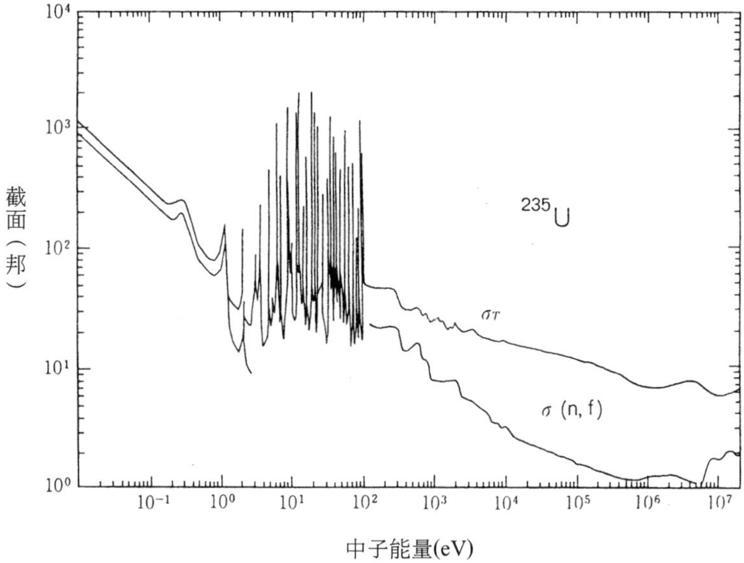

圖 7-6　中子與 ^{235}U 核反應之激發函數

如 7-1.2 所述，^{235}U 核與熱中子起核分裂反應而分裂爲兩個核分裂碎片並放出平均 2.5 個中子及約 210MeV 的能量。這些核分裂能(nuclear fission energy)大約分布爲：

核分裂碎片的動能	175MeV
瞬發中子的動能	5MeV
核分裂時發生的瞬發 γ 射線	7MeV
核分裂生成物之 β^- 衰變能	7MeV
核分裂生成物之 γ 射線能	6MeV
微中子能量	10MeV

因核分裂所產生的能量，如能設法使核分裂反應大規模進行時，可獲得巨大能量。以反應式表示如下：

$$_0^1 n \ + \ _{92}^{235}U \longrightarrow 2\,核分裂碎片 + \nu\,中子 + 瞬發\,\gamma\,射線$$

$$\qquad\qquad\qquad (175\text{MeV}) \quad (5\text{MeV}) \qquad (7\text{MeV})$$

$$\downarrow\ 核分裂碎片的放射衰變$$

$$\beta\,射線 \ + \gamma\,射線 + 微中子$$

$$(7\text{MeV}) \qquad (6\text{MeV}) \quad (10\text{MeV})$$

由此可知核分裂所釋放的能量之主要部分為核分裂碎片的動能，而這些動能在碰撞過程中轉變為熱能。

⑴核分裂鏈反應及臨界量

原子半徑約 10^{-10} 公尺而原子核半徑只是 10^{-14} 公尺而已。因此一 ^{235}U 原子核與另一 ^{235}U 原子核之間有很大的空間。設有一小塊 ^{235}U，熱中子衝擊 ^{235}U 所引起的核分裂所產生 2 到 3 個的瞬發中子，往往由此鈾塊逸出。惟使鈾塊質量增加並呈球狀時，其表面積與質量之比減小，結果核分裂所產生的中子尚未自球表面逸出前，能夠與鈾球體內的其他 ^{235}U 核碰撞，再引起核分裂而產生更多的中子，此過程稱為核分裂的鏈反應(chain reaction)。圖 7-7 為 ^{235}U 捕獲中子所起的鏈反應。如果不加予適當控制核分裂的鏈反應，使其在極短時間內繼續進行而產生極大量的核分裂的超臨界(supercritical)狀況時將引起巨大的爆炸並釋放大量能量。能夠引起核分裂的鏈反應，所需可分裂核(fissile nucleus)的最少質量稱為臨界量(critical mass)。臨界量受下列因素而定：

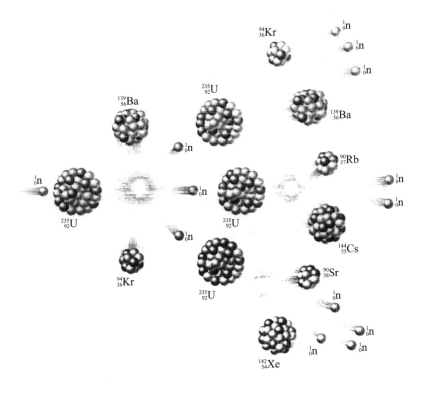

图 7-7　核分裂的鏈反應

①核燃料物質中所含可分裂性核的百分率。

②反射劑(reflector)的存在不存在。

③核燃料物質的形態。

④核燃料所含可分裂核的種類。

例如，球狀鈾燃料中含有 93 ％ ^{235}U 核的，臨界量爲 48.5
公斤。如以無分裂性的鈾 238 爲反射劑包圍此含 93 ％ ^{235}U
的球體時，臨界量爲 16.65 公斤。純粹的鈈 239 球體的臨
界量爲 16.26 公斤，但以鈾 238 爲反射劑包圍此鈈球體時，
臨界量只 5.91 公斤而已。核反應器即原子爐爲人工控制核

分裂之鏈反應的裝置，將於 7-3 節介紹。

7-2.2 鈾 238 與熱中子的核反應

鈾 238 在天然鈾中占 99.3 %，捕獲熱中子的截面爲 2.7
邦而生成鈾 239。鈾 239 以 23 分半生期經 β^- 衰變轉變爲第
一個超鈾元素(transuranium element)的錼 239($^{239}_{93}\text{Np}$)。錼 239
亦爲不穩定核，以 23 天的半生期經 β^- 衰變成鈽 239($^{239}_{94}\text{Pu}$)。
鈽 239 爲半生期 24119 年的 α 放射體並具有核分裂的性質。
圖 7-8 表示鈾 238 捕獲中子後一連串的衰變過程。

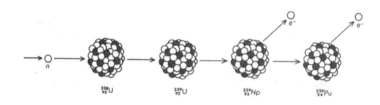

圖 7-8 鈾 238 捕獲中子反應及後續過程

原子爐所用的核燃料，通常使用濃化鈾(enriched ura-
nium)，即使可分裂的鈾 235 增加而減少鈾 238 含量的鈾。
例如一般原子爐使用 20 %鈾 235 與 80 %鈾 238 的濃化鈾爲
核燃料。在原子爐中所起的核反應有：

$$^1_0\text{n} + ^{235}_{92}\text{U} \longrightarrow ^{95}_{36}\text{Kr} + ^{139}_{56}\text{Ba} + 3\,^1_0\text{n} + 210\text{MeV}$$

所代表的核分裂反應外，尚有鈾 238 的捕獲中子反應。

$$^1_0\text{n} + ^{238}_{92}\text{U} \longrightarrow ^{239}_{92}\text{U} + ^0_0\gamma$$

$$\xrightarrow[23.5m]{\beta^-} ^{239}_{93}\text{Np} + ^0_{-1}\text{e}$$

$$\xrightarrow[2.35\alpha]{\beta^-} ^{239}_{94}\text{Pu} + ^0_{-1}\text{e}$$

圖 7-9 表示原子爐中所起鈾核燃料的核反應。核反應結果有多數核分裂碎片與鈈239 累積存在於使用過的核燃料中。從使用過的核燃料，分離純粹的鈈239 的工作相當煩雜並有危險性，惟能克服困難而以放射化學技術分離回收多量鈈239 時，不但可得極優異的核燃料，亦可做原子彈的原料。

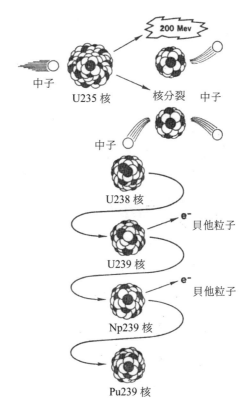

圖 7-9　原子爐中鈾的核反應

7-3　核反應器

　　在適當的人為控制下，使鈾的核分裂鏈反應進行的裝置稱為核反應器，俗稱原子爐。在核反應器中，以人工方法將各不超過臨界量的核燃料適當配置，使核分裂所產生的中子除引起其他核之分裂外，一部分被其他物質吸收，故不引起無限核分裂的鏈反應。

7-3.1 原子爐的功用

原子爐具有下列功用：

(1)供應強烈的中子束來源做爲科學實驗及研究之用。

(2)由中子的衝擊製造人造的放射性同位素。

(3)供應能量做爲核能發電、船隻及工業的能源。

7-3.2 原子爐的組成要件

構成原子爐不但要有核燃料外，需要多項要件。

(1)中子源

原子序 96 的鍋能夠自發核分裂產生中子外，以鈾或鈽爲核燃料的原子爐，不能單獨起核分裂反應。必須由中子源 (neutron source)供應第一個中子與鈾 235 核反應，經核分裂後才能產生更多的中子。表 7-5 爲使用於原子爐的中子源，生成中子的核反應及其他要項。

表 7-5　中子源

中子源	核反應	Q(MeV)	中子能量 (MeV)	中子產率[註]
Ra ＋ Be (混合)	$^9Be(\alpha,n)^{12}C$	5.65	到 13	460
Ra ＋ B (混合)	$^{11}B(\alpha,n)^{14}N$	0.28	到 6	180
Ra ＋ Be (分離)	$^9Be(\gamma,n)^8Be *$	－ 1.67	＜ 0.6	0.8**
Ra ＋ D$_2$O (分離)	$^2H(\gamma,n)^1H$	－ 2.23	0.1	0.03**
^{124}Sb ＋ Be	$^9Be(\gamma,n)^8Be *$	－ 1.67	0.02	5.1**

註：中子產率爲 10^6 衰變所產生之中子。

　　*生成核 ^8Be *不穩定，在 10^{-14} 秒內分裂爲兩個 ^4_2He 核。

　　**離 γ 射線源 1 公分，1 克靶核所生成的中子產率。

中子源通常由 α 或 γ 放射體與輕原子核組成。α 射線射程很短，因此 α 放射體的 ^{226}Ra 必須與鈹混合均勻。^{226}Ra 所放射的 α 粒子與周圍的鈹原子核反應，放出一個中子並轉變為碳原子核。從 Ra-Be 中子源可得廣範圍能量的中子。

$$^{226}_{88}Ra \longrightarrow {}^{222}_{86}Rn + {}^{4}_{2}He$$

$$^{4}_{2}He + {}^{9}_{4}Be \longrightarrow {}^{12}_{6}C + {}^{1}_{0}n$$

在原子爐中，從 ^{123}Sb$(n,\gamma)^{124}$Sb 反應可得 ^{124}Sb。^{124}Sb 為半生期 60.9 天的 β^- 及 γ 放射體。因此將 ^{124}Sb 放在塑膠囊中，周圍放鈹時，成為 Sb-Be 中子源，其產生中子的反應為：

$$^{124}_{51}Sb \longrightarrow {}^{124}_{52}Te + {}^{0}_{-1}e + {}^{0}_{0}\gamma$$

$$^{0}_{0}\gamma + {}^{9}_{4}Be \longrightarrow {}^{8}_{4}Be^* + {}^{1}_{0}n$$
$$\longrightarrow 2\,{}^{4}_{2}He$$

(2)核燃料

一般原子爐通常使用濃化鈾為核燃料。天然鈾中含可分裂的 ^{235}U 只 0.7％，因此有的原子爐使用 ^{235}U 濃縮到 3％，有的濃縮到 20％。核燃料的物理及化學型態亦隨原子爐而不同。有的原子爐使用固態的鈾、氧化鈾、碳化鈾或鈾與鋁的合金等。有的原子爐使用液態的鈾鹽溶液、熔化的鈾鹽或液態鈾為核燃料。

圖 7-10 表示典型的核燃料元件(nuclear fuel element)。每元件由十片的濃化鈾與鋁的合金組成，以鋁殼包圍並很整齊排列成立方型（如圖 7-11）插入於水中構成原子爐的核心

(core)。

　　核心的核燃料元件周圍以石墨所製成的反射體(reflector)
包圍，使中子被其彈回能留在核心部分。

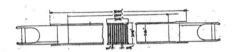

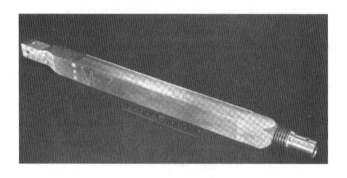

圖 7-10　核燃料元件

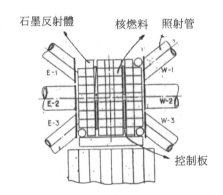

石墨反射體　　核燃料　照射管

E-1　　　　　W-1

E-2　　　　　W-2

E-3　　　　　W-3

控制板

圖 7-11　原子爐核心部分

(3)緩和劑

　　緩和劑(moderator)又稱為減速劑。核分裂所生成的中子為
能量約兩百萬電子伏特的快中子。惟如圖 7-6 所示，快中

子與 ^{235}U 起(n, f)反應的截面很小，不易與鈾核起核分裂反應。因此在原子爐核心部分必須有一種中子緩和劑，使高能量的快中子能夠降低到能量只有 0.025 電子伏特的熱中子，以增加核分裂反應的機率。中子緩和劑的條件為不易與中子起核反應的物質，而且在一次碰撞時能夠將中子的能量降低越多的越好。符合於這些條件可用於原子爐做中子緩和劑的物質有水、重水、石墨、石蠟、氮、氦、二氧化碳等。我國清華原子爐將核心部分放在水池中，水是很好的中子緩和劑，惟所需的體積較大。核分裂產生的快中子($\sim$2MeV)與緩和劑原子核彈性碰撞而能量降到 0.025eV 的熱中子時，需要與氫核(H_2O)約 16 次、氘核(D_2O)約 29 次、碳核（石墨）約 92 次的碰撞。圖 7-12 為使用水為中子緩和劑的水池核反應器(swimming pool reactor)。氣體的氮、氦或二氧化碳等為中子緩和劑的原子爐，因其密度低，減速能力較小，除了核電廠使用外，一般原子爐較少使用。圖 7-13 為使用石墨為中子緩和劑的原子爐。

(4)控制棒

原子爐使用控制棒(control rod)或控制板(control plate)來調整核分裂反應。控制棒以捕獲中子截面大的物質組成。例如硼、鎘及鉛等為極佳的控制棒原料，將其本身或與鋼製成合金，以棒狀或板狀插入原子爐核心部分以控制核燃料的核分裂反應。開動原子爐時，將控制棒由原子爐核心部分抽出。打開中子源，使中子源所產生的第一個中子與核

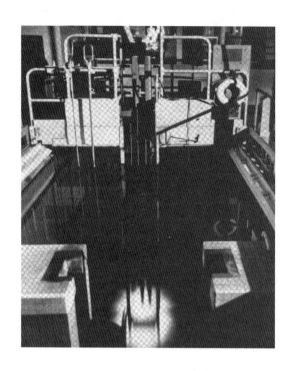

圖 7-12　水池核反應器

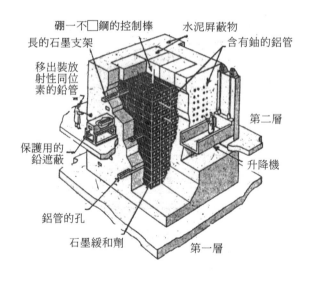

硼一不□鋼的控制棒　　　水泥屏蔽物

長的石墨支架　　　　　　　含有鈾的鋁管

移出裝放
射性同位
素的鉛管

第二層

保護用的
鉛遮蔽

升降機

鋁管的孔

石墨緩和劑

第一層

圖 7-13　以石墨爲中子緩和劑的原子爐

燃料元件中的 ^{235}U 起核分裂。調整控制棒插入核心之程度，以人工方式可控制核分裂的鏈反應。關閉中子源並將所有的控制棒都插入原子爐核心的部分時，中子都被控制棒捕獲，核分裂反應即停止，則原子爐熄火了。

(5)冷卻劑

核分裂所放出的能量一部分轉變為熱能，使原子爐核心部分的溫度升高，因此使用冷卻劑(coolant)，冷卻核心部分。原子爐的冷卻劑具有兩種功能：

①貯藏核分裂所產生的熱能。

②將熱能從核心以經濟可利用方式移出原子爐外。

能夠作為原子爐冷卻劑的物質必符合於下列條件：

①捕獲中子截面小，不易與中子起核反應。

②不與核燃料起化學反應的。

③熱容量(heat capacity)大的。

④純粹而不含雜質的。

最經濟的原子爐用冷卻劑為水。水不但在原子爐做為冷卻劑而且可做中子緩和劑。使用水為冷卻劑的原子爐稱為輕水爐(light water reactor)。以重水（D_2O)代替水(H_2O)的原子爐，可使用天然鈾做核燃料。因為重水不但可做原子爐的冷卻劑及中子緩和劑之外，原子爐核心所放出的 γ 射線與氘核反應生成中子：$^{0}_{0}\gamma + ^{2}_{1}H \longrightarrow ^{1}_{0}n + ^{1}_{1}H$

使用重水為冷卻劑的原子爐稱為重水爐(heavy water reactor)。核能電廠的原子爐，我國使用高壓的輕水為冷卻劑。

在外國有的核能電廠使用氦或二氧化碳為冷卻劑。鈉(mp 97.7°C, b.p = 883°C)為熱的良導體，能夠自原子爐核心很快的移出熱能，使用於快滋生核反應器(fast breeder reactor)做冷卻劑。有的使用鈉與鉀的合金為冷卻劑。

(6)屏蔽體

原子爐核心部分不時產生中子、γ射線等穿透力極強的射線。為不使放射線外洩而影響操作人員的健康，需有適當的屏蔽體(shielding barrier)以保護人員及機器等之用。水是一種經濟及方便的屏蔽物。有時以石蠟、鉛塊或高密度的水泥牆為屏蔽體。核能電廠則將以高大鋼殼套住整個原子爐並以高密度水泥牆多重保護方式使放射線不外洩。

除了上述要件之外，原子爐設置試樣照射孔，氣送管、放射線自動偵測器，遙控控制室，保健物理(health physics)單位等。

7-3.3 核能電廠

核能電廠是利用核分裂所放出的能量，有效用於發電的電廠。核能電廠的機構與火力電廠相似。火力電廠以燃燒煤、石油或煤氣方式把水沸騰為高壓的蒸汽，蒸汽開動蒸汽渦輪機(steam turbine)並轉動發電機(generator)發電。核能電廠除以原子爐代替火力電廠的燃燒煤等燃料的鍋爐外，其他機構與火力電廠相同。如圖 7-14 所示，在耐高壓的不銹鋼製容器內裝原子爐核心部分。數十到數百支濃化鈾的燃料棒整

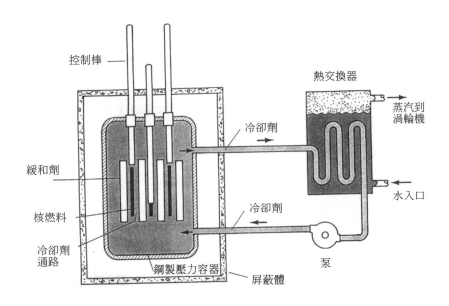

控制棒

熱交換器

蒸汽到
渦輪機

冷卻劑

緩和劑

水入口

核燃料

冷卻劑

冷卻劑
通路

鋼製壓力容器

泵

屏蔽體

圖 7-14　核能電廠的機構

齊排列於石墨中子緩和劑所成的套管中。燃料棒之間放可搖
控插入或抽出的鎘所製的控制棒，以控制核分裂反應。以水
泵從外面送冷卻劑的水進入原子爐核心部，經原子爐核心
時，水能吸收核分裂所產生的熱能。此時雖然水溫可達
350℃，但在高壓下仍不汽化。將此高壓高溫的水導出原子
爐，進入熱交換器的蛇管，可使蛇管外的水沸騰為蒸汽。蒸
汽開動蒸汽渦輪機並轉動發電機發電。圖 7-15 為高壓水原子
爐的產生蒸汽之核能發電圖解。

　　核能電廠極為經濟，普通火力電廠燃燒 1 克碳可產生約
一萬卡熱量。在核能電廠，消耗 1 克鈾 235 可產生兩佰佰萬
卡的熱量，為碳的兩佰萬倍之多。核能電廠建廠費用較高，
但建廠完成開始生產電力時成本降低很多，因所需核燃料不

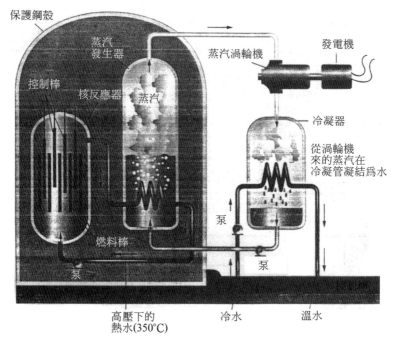

圖 7-15　核能電廠圖解

必經常補充交換，使用過的核燃料中含有很多放射性同位素，如能有效分離時可供工業、醫學及研究之用。雖然核能原子爐中各核燃料元件都不會超過臨界量，因此核能電廠不可能起核爆炸的危險。可是核分裂生成物的處理、核廢棄物之污染及熱污染等問題需不斷研討而改進時，核能發電將是我國最佳的能源。

7-3.4 核爆炸裝置

　　核分裂及核熔合反應都可能放出巨大能量的核爆炸裝置。原子彈(atomic bomb)為利用 ^{235}U 核或 ^{239}Pu 核的核分裂所製的核武器；氫彈(hydrogen bomb)為利用氫同位素熔合為氦所製的核武器。雖然強調原子能和平用途的今日，理解此兩者的機構，對於不久的將來原子彈或氫彈或許可在開礦、開運河及其他工業、礦業方面的和平用途，相信有幫助。

⑴原子彈

　　^{235}U 或 ^{239}Pu 等可分裂核，在臨界量以上以球體等適當形狀而有中子打入時，即在極短時間（ ＜ 10^{-6} 秒 ）內起無限的鏈反應而爆炸並放出數十萬萬度的熱能。

圖 7-16 為美軍在二次大戰時投於日本的砲管型原子彈模型。把次臨界質量(subcritical mass)的鈾 235 塊分別放在砲管的兩端，底部的鈾 235 塊下面放黃色炸藥（即三硝基甲苯，縮寫TNT）。在中子源的第一個中子存在下使黃色炸藥爆炸，底部的鈾 235 塊很快的與上端的鈾 235 塊結合，整個鈾塊超過臨

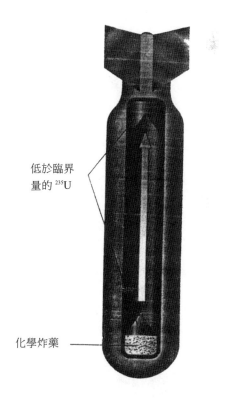

低於臨界
量的 ^{235}U

化學炸藥

圖 7-16　砲管型原子彈

界量而起無限的核分裂鏈反應結果發生大爆炸。砲管型原子彈體積較大，運輸不便，現改用如圖 7-17 所示的球型原子彈。在球型原子彈的核心部分為無數個小塊方式放置的鈾 235 或鈽 239。每一小塊都比臨界量小的很多，放置的鬆開。核心的周圍以 TNT 炸藥包圍後整個以重鋼製的球型殼套住。使用引信引爆 TNT 炸藥時殼內爆炸產生的壓力使鈾 235 或鈽 239 的小塊，在極短時間內緊密的結合成一超過臨界量的小球體。由中子源供應第一個中子，即起無限核分裂的鏈反應而爆炸。

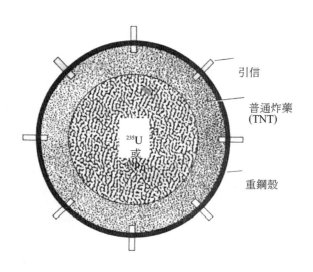

引信

普通炸藥
(TNT)

^{235}U
或
^{239}Pu

重鋼殼

圖 7-17　球型原子彈

(2)核熔合

太陽及恆星都以輕原子核熔合為重原子核方式放出光與熱能。表 7-6 為目前所知較重要的核熔合反應。

表 7-6　核熔合反應

反應式	放出的能量(MeV)
$_1^2H + {}_1^2H \rightarrow {}_2^3He + {}_0^1n$	3.27
$_1^2H + {}_1^2H \rightarrow {}_1^3H + {}_1^1H$	4.03
$_1^2H + {}_1^3H \rightarrow {}_2^4He + {}_0^1H$	17.62　稱為 DT 反應
$_1^2H + {}_2^3He \rightarrow {}_2^4He + {}_1^1H$	18.4
$_1^1H + {}_5^{11}B \rightarrow 3{}_2^4He$	8.664

核熔合為兩個原子核互相接近，勝過庫侖排斥力而熔合成一個原子核的反應。因為原子序增加，庫侖障壁愈高，故目前只能在氫同位素原子核間的瞬間熔合反應實現。尚未有如原子爐的持續性核分裂一樣，尚未有將持續性的核熔合反應，可做為和平用途之工具。

核熔合需要極高溫(> 10^9 k)及高壓(> 100atm)方能進行。圖 7-18 表示 DT 反應氫彈的結構與核熔合反應式。

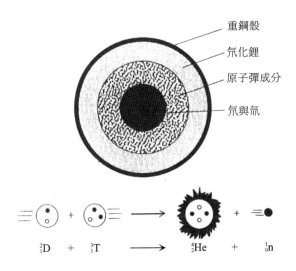

重鋼殼
氘化鋰
原子彈成分
氘與氚

$_1^2D + {}_1^3T \longrightarrow {}_2^4He + {}_0^1n$

圖 7-18　氫彈的核熔合反應與結構

在重鋼所製球型殼中裝氘化鋰做為產生氚的物質。內層為鈾或鈽原子彈裝置，核心為氘與氚。鈾原子彈爆炸時產生的高壓與高溫使氘與氚能合熔合成氦與中子並釋放大量的能量。中子與鋰反應生成核熔合所需的氚核：

$$_0^1 n + _3^6 Li \longrightarrow _1^3 H + _2^4 He$$

核熔合較核分裂所放出的能量大，如能開發核熔合爐，從事於核能的和平用途，可成為 21 世紀最需要的經濟能源。

7-3.5 耗乏鈾彈

以人工方法從天然鈾中獲得較多核分裂性的 ^{235}U 成濃化鈾後，所剩下鈾 235 較少，鈾 238 較多的鈾稱為耗乏鈾(depleted uranium)。耗乏鈾雖無核分裂性，不能做原子彈的原料，但耗乏鈾為彈頭所做成的炸彈或砲彈，具有下列特性：⑴鈾的比重為 18.9 而鐵的比重為 7.9，故耗化鈾彈頭的穿透力較強。⑵金屬鈾在空氣中能發光而引起火災效應。⑶鈾本身具放射性，故增加放射性障害。中東戰爭及 2003 年伊拉克戰爭所使用的地下貫穿炸彈(earth penetrating bomb)，對戰車砲彈等可能是耗乏鈾所造的，故對參加戰爭的士兵、現住地居民等增加癌症、白血球及產生免疫力的降低、增加慢性疲勞等所謂灣岸戰爭症狀(Gulf War Syndrome)產生。

Chapter 8

人造放射性同位素

自從居里夫婦以 α 粒子衝擊鋁核製得第一個人造放射性同位素的磷 30 以來，以 α 粒子撞擊硼、氟、氖、鈉、鎂等較輕原子核製造放射性同位素方法逐漸發展，直至今日，使用荷電加速器加速荷電粒子衝擊靶核，製造多種人造放射性同位素。原子爐可供應多數熱中子或快中子，中子不帶電，與靶核間無庫侖障壁存在，因此在原子爐以中子衝擊靶核成為今日人造放射性同位素，最廣用的方法，此外核分裂生成物中包括約 130 種放射性同位素，以放射化學分離法分離核分裂生成物亦可做人造放射性同位素主要來源之一。

8-1 以中子製造放射性同位素

中子與靶核的核反應有 (n, γ), (n, p), (n, α) 及 (n, f) 等。根據不同的核反應所製得放射性同位素的特性亦不同。中子的來源有 7-3.2 節所提的中子源可供較小規模的中子（約 10^8 n/cm^2・sec）外，原子爐可供大量的熱中子（約 $10^{12\sim13}$ n/cm^2・sec）。此外迴旋加速器(cyclotron)等荷電加速器亦能由 (d, n) 反應，以重氫核衝擊鋰或鈹等輕原子核方式製造中子做為另一種中子的來源。

$$_1^2H \;+\; _4^9Be \;\longrightarrow\; _5^{10}B \;+\; _0^1n$$

8-1.1 (n, γ) 反應

大多數的人造放射性同位素都在原子爐中，以熱中子照

射靶核的(n, γ)反應製得。例如：

$$^{23}Na(n,\gamma)^{24}Na$$
$$^{59}Co(n,\gamma)^{60}Co$$
$$^{75}As(n,\gamma)^{76}As$$
$$^{197}Au(n,\gamma)^{198}Au$$

(n, γ)反應所製得的放射性同位素與靶核元素之原子序相同，兩者的化學性質亦相同，因此不能用化學方法分離兩者，以致所製得的放射性同位素放射性比度較低。近年來應用第 11 章熱原子的反跳效應(recoil effect)可得放射性比度高的放射性同位素。表 8-1 為(n, γ)反應製造放射性同位素之例。

表 8-1 　(n, γ)反應製 ^{24}Na ， ^{76}As ， ^{198}Au

		^{24}Na	^{76}As	^{198}Au
靶核	化學型態	Na_2CO_3	As_2O_3	Au（線狀）
	重　量(g)	0.5	0.2	0.01
照射	中子通量 (n/cm² · sec)	～4×10^{13}	～4×10^{13}	～4×10^{13}
	照射時間(hr)	17	17	130
	包裝情形	鋁箔包	鋁箔包	鋁箔包
成品	化學型態	NaCl	$HAsO_2$	$AuCl_3$
	酸　度	pH7.0～8.5	～1M	～1M
	放射性比度（mci/g 元素）	450	1000	2.0×10^4
	放射性濃度（mci/mL）	2.0	2.0	10
	放射化學純度	＞99 ％	＞99 ％	＞99 ％

8-1.2 (n, p)反應

(n, p)反應用的中子通常是快中子，核反應截面通常較小約毫邦程度，因此產量較少。可是(n, p)反應所生成的原子核與靶核的原子序不同，因此化學性質也不同，故可用放射化學分離法分離兩者而得放射性比度高或無載體(carrier-free)的放射性同位素。例如放射性同位素硫 32 即以氯化鉀(KCl)靶核，經中子照射起

$$^{35}Cl(n,p)^{35}S$$ （半生期 87.51 天）

可是中子照射後，試樣中生成 ^{35}S 外，尚有 ^{42}K ， ^{40}K ， ^{36}Cl 及由 $^{35}Cl(n,\alpha)$ 反應所生成的 ^{32}P （半生期 14.26 天）等存在。 ^{40}K 半生期為 10^9 年其生成量可不必考慮。 ^{42}K 半生期 12.36 小時，放置足夠時間後可完全衰變，可是其他核種必須分離而除去。將中子照射後的試樣放置一個月，使半生期短的核種衰變後，用水溶解並通過陽離子交換樹脂管除去鉀。通過離子交換管的溶液加熱除去 ^{36}Cl 的溶液，通過預先以氯化鐵鹽酸溶液所處理過的鐵型陽離子交換樹脂管除去磷 32。以6 ％過氧化氫分解溶液成分後，加熱蒸發到乾並以 0.1M 鹽酸中的 $H_2^{35}SO_4$ 方式出售。表 8-2 為(n, p)反應製造放射性同位素之例。

表 8-2 (n, p)反應製 ^{35}S 及 ^{32}P

		^{35}S	^{32}P
靶核	化學型態	KCl	S
	重 量(g)	8g	120g
照射	中子通量 (n/cm^2・sec)	8×10^{12}	4×10^{11}
	照射時間	130hr 3 次	74hr
成品	放射性強度 (mci)	567	120
	放射性比度	1.1×10^3 mci/mgSO$_4$	9.3×10^3 mci/mgP
	濃度(mci/mL)	63	0.81
	酸 度	0.08M	0.08M
	化學型態	H$_2$SO$_4$ 鹽酸溶液 > 99 %	H$_3$PO$_4$ 鹽酸溶液 > 99 %

(n,p)反應所製的人造放射性同位素尚有 ^{56}Fe(n,p)^{56}Mn，^{198}Hg(n,p)^{198}Au 等，因無載體，在醫學上常使用爲診斷及治療病症之用。

8-1.3 (n, α)反應

快中子與靶核亦起(n,α)反應。所生成的核種因原子序相差 2，較易實行放射化學分離而得高放射性比度或無載體的放射性同位素。(n,α)反應例爲：

$$^{35}Cl(n,α)^{32}P$$
$$^{27}Al(n,α)^{24}Na$$
$$^{133}Cs(n,α)^{130}I$$

如在原子爐照射氯化鉀時，(n,p)反應生成 ^{35}S ，(n, α)反應生成 ^{32}P 。此兩反應中子低限能爲約 1MeV。照射後放置數天，等到半生期 12.36 小時的 ^{42}K 衰變完後，溶解於水，使用離子交換分離以磷酸鹽($^{32}PO_4^{3-}$)及硫酸鹽($^{35}SO_4^{2-}$)存在的放射性同位素。

$8\text{-}1.4$ $A(n, \gamma)B \xrightarrow{\beta} C$ 反應

以中子照射靶核 A，經(n, γ)反應所生成的 B 核在短時間內衰變而變成原子序不同的放射性同位素 C。因爲生成的 C 與靶核的 A，原子序不同故化學性質亦不同，可用放射化學分離法分離而得高放射性比度或無載體的放射性同位素。

例如：　　$^{1}_{0}n + ^{130}_{52}Te \longrightarrow ^{131}_{52}Te + ^{0}_{0}\gamma$

$$\xrightarrow[25min]{\beta^-} ^{131}_{53}I + ^{0}_{-1}e$$

以二氧化碲(TeO_2)爲靶核在原子爐中子照射，放置一天後，在 830°C 的氧氣流下加熱趕出 ^{131}I 並捕集於 0.01M 的氫氧化鈉溶液中。現今核醫學使用的 ^{131}I 幾乎以此方法製造。本書 7-2.2 節所述第一個超鈾元素的錼亦以同樣方法製得。

$$^{1}_{0}n + ^{238}_{92}U \longrightarrow ^{239}_{92}U + ^{0}_{0}\gamma$$

$$\xrightarrow[23.5m]{\beta^-} ^{239}_{93}Np + ^{0}_{-1}e$$

$8\text{-}1.5$ 放射性同位素之生成量

原子爐中以中子照射靶核，所製造放射性同位素之放射強度，可用下式求得。

$$A = Nf\sigma S \tag{8-1}$$

A：經 t 時間照射直後的放射強度（dps 單位）

f：中子通量（n/cm² · sec 單位）

σ：指定核反應之截面（邦單位即 10^{-24} cm²）

S：飽和係數(saturation factor)即 t 時間照射時所生成的放射強度與無限長時間照射時所生成的飽和放射強度之比。

$$S = 1 - e^{-\lambda t} = 1 - e^{-\frac{0.693}{t_{\frac{1}{2}}} \cdot t} \tag{8-2}$$

當 t ＝∞時 S ＝ 1 － 0 ＝ 1

N 為靶核中指定原子核數，設該原子核質量為 W 而質量數 M 時　$N = \dfrac{W}{M} \times 6.02 \times 10^{23}$ \tag{8-3}

(8-2)及(8-3)代入(8-1)式

$$A = \frac{W}{M} \times 6.02 \times 10^{23} \times f \times \sigma \times (1 - e^{-\frac{0.693}{t_{\frac{1}{2}}}t}) \tag{8-4}$$

表 8-3 表示照射時間以半生期 $t_{\frac{1}{2}}$ 為單位所計算的飽和係數值。

表 8-3　飽和係數

照射時間 t （ $t_{\frac{1}{2}}$ 單位 ）	飽和係數 S $(1 - e^{-\frac{0.693}{t_{\frac{1}{2}}}t})$
1	0.5
2	0.75
3	0.875
4	0.937
5	0.969
6	0.984
7	0.992
8	0.996
9	0.998
10	0.999

(8-4)式為中子照射直後的放射強度。設求照射完經 d 時間後的放射強度即　$Ad = Ae^{-\lambda d} = Nf\sigma Se^{-\lambda d}$

$$Ad = \frac{W}{M} \times 6.02 \times 10^{23} \times f \times \sigma \times (1 - e^{-\lambda t})e^{-\lambda d} \qquad (8\text{-}5)$$

Ex.1

某原子爐核心的中子通量為 5×10^{11} n/cm$^2 \cdot$ sec。將 0.6 克碳酸鈉(Na_2CO_3)以氣送管送到原子爐核心部受中子照射 7 天。試計算生成放射性 ^{24}Na 的放射強度及放射性比度。

Sol

$0.6gNa_2CO_3$ 中含 Na 量 $= 0.6g \times \dfrac{2Na}{Na_2CO_3} = 0.26g = W$

$M = 23$，查表得 $^{23}Na(n,\gamma)^{24}Na$ 反應截面為 0.6 邦

$\therefore \sigma = 0.6 \times 10^{-24}$ cm^2

查表得 ^{24}Na 半生期為 15.06 小時，照射時間 7 天 = 168 小時

因照射時間為半生期 11 倍之多　$\therefore S = 1$

代入(8-5)$A = Nf\sigma S$

$$= \frac{0.26}{23.0} \times 6.02 \times 10^{23} \times 5 \times 10^{11}$$

$$\times 0.6 \times 10^{-24} \times 1$$

$$= 2.04 \times 10^9 \text{ dps} = 55.1\text{mci}$$

^{24}Na 的放射性比度 $= \dfrac{55.1}{0.26} = 212$ mci/g $\cdot$ Na

Ex.2

鎵 72 的半生期為 14.2 小時。試計算 1 毫克鎵在中子通量 3×10^{11} n/cm$^2 \cdot$ sec 原子爐以中子照射 1 小時所生成放射性鎵 72 的放射強度。

查表得知 $^{71}Ga(n,\gamma)^{72}Ga$ 反應的截面為 3.4 邦。

在鎵元素中 ^{71}Ga 只占 39.8 ％而鎵的原子量為 69.72

$N = \dfrac{0.001}{69.72} \times 0.398 \times 6.02 \times 10^{23}$

$f = 3 \times 10^{11}$ n/cm² · sec

$\sigma = 3.4 \times 10^{-24}$ cm²

$S = 1 - e^{-\lambda t} = 1 - e^{-\frac{0.693}{14.2} \times 1}$

$\therefore A = \dfrac{0.001}{69.72} \times 0.398 \times 6.02 \times 10^{23} \times 3 \times 10^{11} \times 3.4 \times$

$10^{-24} \times (1 - e^{-\frac{0.693}{14.2}})$

$= 1.63 \times 10^5$ dps $= 4.41$mci

8-2 以荷電粒子製造放射性同位素

　　荷電粒子靠近靶核時產生庫侖障壁，因此早期的科學家以 α 粒子與輕原子核的核反應來製造放射性同位素。惟自廿世紀中葉各種荷電加速器的開發運行，利用荷電粒子與靶核的核反應製造放射性比度高或無載體的放射性同位素開始盛行。荷電粒子在電場易被加速而增加其能量。此地介紹三種代表性的荷電加速器。

8-2.1 迴旋加速器

　　1929 年勞忍斯(E. O. Lawrence)提出由於反覆使用小加速電壓來可得高能量的荷電粒子。以此原理開發運作的第一個機器為迴旋加速器(cyclotron)。圖 8-1 為迴旋加速器的結構及運作圖解。

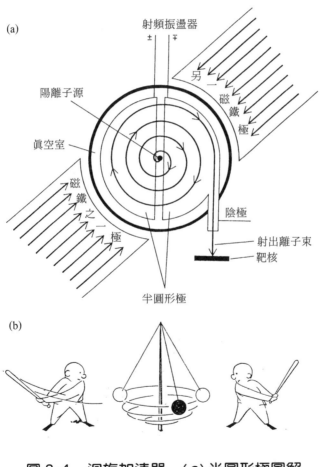

圖 8-1　迴旋加速器　（a）半圓形極圖解
**　　　　　　　　　　　　（b）加速圖解**

在迴旋加速器加速電極兩個中空的盒,由其形狀稱為半圓形極(dee)。半圓形極連結於射頻振盪器(radiofrequency oscillator),使一個半圓形極的電位與另一個半圓形極的電位交互的帶正或負的相對電位。兩個半圓形極放在巨大的電磁鐵中間,磁場的方向與半圓形極的面成垂直的方向。

荷電粒子在磁場內做等速運動時,受磁場影響而以圓形軌道運動。設圖 8-1(a)兩半圓極中央部分 S 為荷電粒子源(如 ^{226}Ra 的 α 粒子),而右邊的半圓形極帶負電時,荷電粒子加速飛入右半圓形極,受磁場影響走圓形路徑,到達半圓形隙(dee gap)時,射頻振盪器使電位反轉,右半圓形極帶正電,左半圓形極帶負電。因此荷電粒子受左半圓形極的吸引被加速進入左半圓形極。如此反覆加速,粒子速度愈大,其路徑的半徑根據(8-6)式增大。

$$r = \frac{mcv}{qB} \qquad (8\text{-}6)$$

m:荷電粒子質量

v:荷電粒子速度

q:荷電粒子電荷數

r:磁場 B 內的運動軌道半徑

c:光速

半徑 r 軌道的圓周為 2πr,因此繞各軌道一周所需時間為 t 時:

$$t = \frac{\text{軌道的圓周}}{\text{速度}} = \frac{2\pi mc}{qB} \qquad (8\text{-}7)$$

此時間與荷電粒子的速度無關，因此在加速的各階段裡，荷電粒子在兩半圓形極的間隙，於電壓恰供給加速的合適時間內自動飛越。低速的荷電粒子走較小的圓周軌道，繞軌道一周所需的時間，與高速粒子繞較大半徑軌道一周所需的時間相等。被最大加速的荷電粒子經偏轉體(deflector)修正為直線軌道射入靶核。

8-2.2 直線加速器

直線加速器(linear accelerator)使用直線型加速管來加速荷電粒子。直線加速器不使用磁鐵，因此荷電粒子的路徑為直線的。圖 8-2 為典型的直線加速器的結構及運作圖解。將適當長度中空的金屬管，稱為漂移管(drift tube)的數 10 支在一直線上作串列按排並各連結於射頻振盪器做電極。從左端有帶正電的荷電粒子放出而第一漂移管帶負電時，荷電粒子被吸引而增加運動速度。當此荷電粒子進入第一漂移管時，振盪器使該管的電極由負變為正，同時第二漂移管即由正極改為負極，因此荷電粒子從第一漂移管飛入第二漂移管時更被加速。如此反覆加速過程，漂移管長度愈來愈長，但因射頻振盪器的作用，每通過漂移管的時間都相同。

直線型加速器不但能夠加速電子、質子及 α 粒子；近年來已開發能夠加速 ^{12}C，^{18}O 到 ^{40}Ar 等較重的荷電粒子。美國史丹福(Stanford)大學的直線加速器有 2 哩長，能夠加速電子到 45GeV 之多。

直線加速器

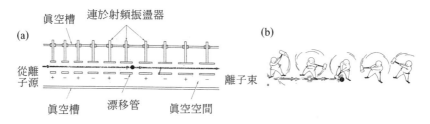

圖 8-2　直線加速器　（a）漂移管的串列
　　　　　　　　　　　（b）加速圖解

8-2.3　同步加速器

　　質子加速到 1000MeV 以上的能量時，需要很龐大的磁鐵。同步加速器(synchrotron)與迴旋加速器不同於荷電粒子路徑不是螺旋狀，而在一定半徑的圓型軌道內運動。因此磁鐵如切取迴旋加速器磁鐵的中心部分，以環狀排列可節省鐵、銅等材料及電力。圖 8-3 為典型質子的同步加速器結構。從離子源所放出的質子群，在別的加速器（如直線加速器）加速到數 MeV 後，導入於真空室內被轉彎在環狀磁鐵極間的軌道運動。一群質子進入環狀磁鐵做繞環運動時的磁場強度較弱，繞一週後以射頻振盪器連結電極給予振動電壓並逐漸提高磁場強度時，質子的速度與能量亦逐漸增加，終於可到 GeV 程度的高度。

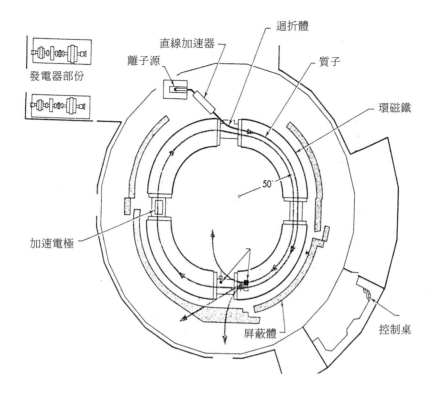

發電器部份

離子源
直線加速器
迴折體
質子
環磁鐵
50°
加速電極
屏蔽體
控制桌

圖 8-3　同步加速器的結構

8-2.4　荷電加速器所製人造放射性同位素

　　表 8-4 為利用荷電加速器加速荷電粒子，衝擊靶核所製
人造放射性同位素之例。加速重荷電粒子所製超鈾元素，則
在第 10 章超鈾元素討論。

表 8-4 荷電加速器所製放射性同位素

核反應	人造放射性同位素	衰變模式	半生期
$^7Li(p,n)$	^7Be	γ	53.6d
$^{11}B(p,n)$	^{11}C	β^+	20.4m
$^{16}O(t,n)$	^{18}F	β^+, γ	109m
$^{24}Mg(d,\alpha)$	^{22}Na	β^+, γ	2.61Y
$^{27}Al(t,p)$	^{29}Al	β^-	6.6m
$^{30}Si(d,p)$	^{31}Si	β^-	2.62h
$^{37}Cl(d,p)$	^{38}Cl	β^-, γ	37.3m
$^{56}Fe(d,\alpha)$	^{54}Mn	EC, γ	291d
$^{56}Fe(d,2n)$	^{56}Co	β^+, EC, γ	80d
$^{72}Ge(p,n)$	^{74}As	β^+, β^-, γ	17.7d
$^{108}Pd(d,n)$	^{108}Ag	β^+, γ	23.96m
$^{130}Te(d,2n)$	^{130}I	β^-, γ	12.36h
$^{194}Pt(d,n)$	^{195}Au	EC, γ	186d

核反應所生成的放射性同位素通常以放射化學分離法自靶核分離，並以適當的化學型態出售。

8-3 分離核分裂生成物所得放射性同位素

8-3.1 從核分裂生成物可得的放射性同位素

原子爐或核能電廠等使用過的核燃料元件中，含有無數種質量數 72 到 162 的放射性同位素。以金屬鈾或氧化鈾為靶核，在原子爐中經中子照射亦可得核分裂生成物。總核分裂生成物本身，可做 γ 射線源外，可分離得如表 8-5 的放射性同位素，供給工業、醫學及研究之用。表中半生期太短的或太長的均不列入。半生期太短的，在放射化學分離過程中已衰變完，半生期夠長的，生成量極少。

表 8-5　分離核分裂生成物所得的放射性同位素

放射性同位素	半生期	衰變模式	產品的化學型態
^{85}Kr	10.3Y	β^-, γ	Kr
^{89}Sr	50.5d	β^-	在 HCl 中的 $SrCl_2$
{ ^{90}Sr	28Y	β^-	在 HCl 中的 $SrCl_2$ 或
{ ^{90}Y	64h	β^-	$Sr(NO_3)_2$
^{90}Y	64h	β^-	在 HCl 中的 YCl_3
{ ^{95}Zr	65d	β^-, γ	在 $H_2C_2O_4$ 中的草酸錯離子
{ ^{95}Nb	35d	β^-, γ	
^{95}Nb	35d	β^-, γ	在 $H_2C_2O_4$ 中的 Nb^- 錯離子
^{103}Ru	40d	β^-, γ	在 HCl 中的 $RuCl_3$
^{131}I	8.06d	β^-, γ	在鹼性亞硫酸鈉中的 NaI
{ ^{137}Cs	30Y	β^-	在 HCl 中的 CsCl 或
{ ^{137m}Ba	2.6m	IT	HNO_3 的 $CsNO_3$
{ ^{140}Ba	12.8d	β^-, γ	在 HCl 中的 $BaCl_2$
{ ^{140}La	40.2h	β^-, γ	
^{141}Ce	33d	β^-, γ	在 HCl 中的 $CeCl_3$
{ ^{144}Ce	282d	β^-, γ	在 HCl 中的 $CeCl_3$
{ ^{144}Pr	17.5m	β^-, γ	
^{143}Pr	13.7d	β^-	在 HCl 中的 $PrCl_3$
{ ^{147}Nd	11.3d	β^-, γ	在 HCl 中的 $NdCl_3$
{ ^{147}Pm	2.6Y	β^-	
^{147}Pm	2.6Y	β^-	在 HCl 中的 $PmCl_3$

8-3.2 核分裂生成物的分離

核分裂生成物的分離，通常以放射化學分離所用之(a)離子交換樹脂法、(b)溶劑萃取法、(c)紙層析法等。普通化學分離所用的沈澱法、蒸餾法、過濾法等較少使用。分離方法可分為(a)系統的分離多數核分裂生成物，(b)針對某特定放射性同位素所做的分離等。

(1)離子交換樹脂法

使用陽離子交換樹脂(cation exchange resin)及陰離子交換樹脂的離子交換樹脂法，對核分裂生成物的系統分離很方便，特別在稀土類元素的分離能夠發揮威力。圖 8-4 為陽離子交換樹脂分離核分裂生成物得銣及鍶同位素。圖 8-5 為陰離子交換樹脂分離例。

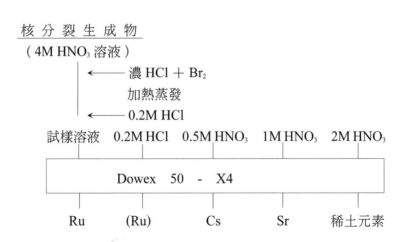

圖 8-4　陽離子交換樹脂分離得銣及鍶同位素

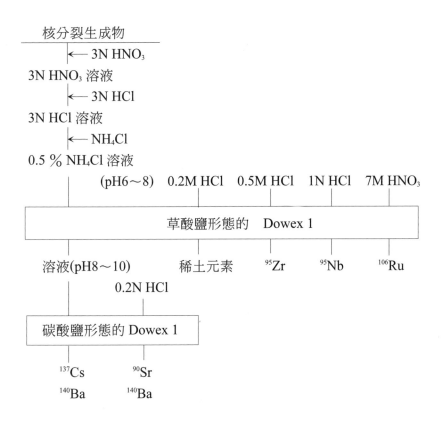

核分裂生成物

　　　　← 3N HNO₃

3N HNO₃ 溶液

　　　　← 3N HCl

3N HCl 溶液

　　　　← NH₄Cl

0.5％ NH₄Cl 溶液

　　　　(pH6〜8)　0.2M HCl　0.5M HCl　1N HCl　7M HNO₃

草酸鹽形態的　Dowex 1

溶液(pH8〜10)　　稀土元素　　⁹⁵Zr　　⁹⁵Nb　　¹⁰⁶Ru
　　　　0.2N HCl

碳酸鹽形態的 Dowex 1

¹³⁷Cs　　　⁹⁰Sr
¹⁴⁰Ba　　　¹⁴⁰Ba

圖 8-5　陰離子交換樹脂分離例

(2)溶劑萃取法

　溶劑萃取法(solvent extraction method)不但用於核分裂生成物互相的分離，自照射過的鈾核燃料分離核分裂生成物亦常用。表 8-6 為放射化學分離常用的萃取劑(extractant)及萃取條件。

表 8-6 放射化學分離用萃取劑及萃取條件

萃取元素	分離對象	萃取劑	萃取條件
As	Ge	苯	濃 HCl
Be	Li	苯—TTA	HNO_3, pH5～6
Ca	Sc	苯—TTA	NaOH, pH8
Cd	Ag	三氯甲烷—39.啶(5 %)	$NaC_2H_3O_2$, pH5
Ce	核分裂生成物	甲基異丁基酮	9N HNO_3
Co	Mn	α-亞硝—β-37.酚	—
Cu	Zn	CCl_4—二苯基硫40. (dithizone)	HCl, pH1～1.2
Fe	Co	二甲苯—乙醯丙酮	pH4～7
Ga	Zn	乙醚	6N HCl
Mo	Zr	乙醚—鹽酸	6N HCl
Nb	核分裂生成物	二異丙基酮	6N HCl, 9N HF
P	$S(CS_2)$	稀硝酸	—
Po	Pb	乙醚—TBP(20 %)	6N HCl
Zn	Cu	CCl_4—二苯基硫40.	$NaC_2H_3O_2$, pH5.5
Zr	核分裂生成物	苯—TTA	HNO_3, $HClO_4$

註：TTA 為①吩甲醯三氟丙酮，thenoyltrifluoroacetone。

TBP 為磷酸三丁酯，tributyl phosphate。

圖 8-6 為萃取萃取法分離核分裂生成物之例。圖中 TTA, TBP 為優良的錯合劑外，cupferron 俗名銅鐵靈為 N-nitroso-henylhydroxylamine ammonium salt，化學名為 N-亞硝苯胲銨，hexone 化學名為異丙基丙酮(isoprpylacetone)等均為放射化學分離常用的萃取劑。

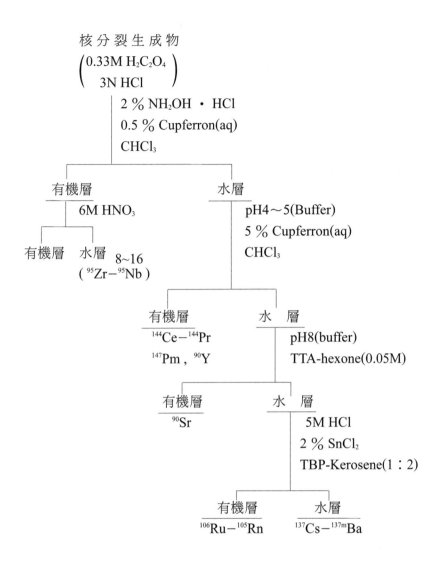

核分裂生成物
$\begin{pmatrix} 0.33M\ H_2C_2O_4 \\ 3N\ HCl \end{pmatrix}$

2 % NH₂OH・HCl
0.5 % Cupferron(aq)
CHCl₃

有機層　　　　　　水層

　　6M HNO₃　　　　　　pH4～5(Buffer)
　　　　　　　　　　　　5 % Cupferron(aq)
有機層　水層 8~16　　　CHCl₃
　　　(^{95}Zr－^{95}Nb)

　　　　　　　　有機層　　　　水　層

　　　　　　^{144}Ce－^{144}Pr　　pH8(buffer)
　　　　　　^{147}Pm , ^{90}Y　　TTA-hexone(0.05M)

　　　　　　　　　有機層　　　水　層

　　　　　　　　　^{90}Sr　　　5M HCl
　　　　　　　　　　　　　　　2 % SnCl₂
　　　　　　　　　　　　　　　TBP-Kerosene(1：2)

　　　　　　　　　　　有機層　　　水層

　　　　　　　　　^{106}Ru－^{105}Rn　^{137}Cs－^{137m}Ba

圖 8-6　溶劑萃取分離核分裂生成物例

(3)紙層析法

　　紙層析法(paper chromatographic method)，操作簡單，不需
特別儀器，常用於放射性物質的分離。圖 8-7(c)為核分裂
生成物經乙醇-甲醇-硫氰化銨(11 %)以 5：5：2 比例所成

的溶液展開乾燥後，再以冰醋酸-鹽酸(35 ％)以 9：1 比例
所成的溶液展開。乾燥後的濾紙以 0.5cm 長切斷後放在測
定皿上測定放射性強度如圖 8-7(a)。分離得稀土元素，鍶
及銫的部分濾紙以稀鹽酸或稀硝酸溶解就可得分離過的放
射性同位素溶液。

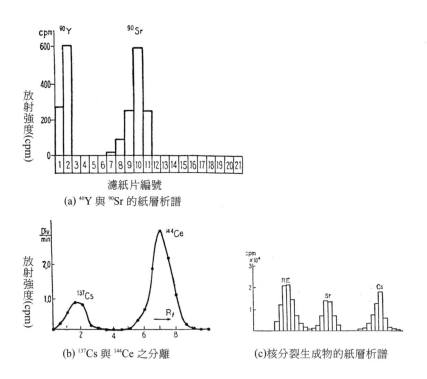

(a) ⁴⁰Y 與 ⁹⁰Sr 的紙層析譜

(b) ¹³⁷Cs 與 ¹⁴⁴Ce 之分離

(c)核分裂生成物的紙層析譜

圖 8-7　紙層析法分離核分裂生成物之例

Chapter 9

天然放射性同位素

原子序 83 以上的元素都是放射性元素，其中到原子序92 的鈾為止的元素都是天然存在的。惟天然放射性元素中，地球創生時就存在，因其半生期夠長，今日仍存在的稱為原始元素(primordial element)。另有宇宙線與地球物質交互作用結果，在自然界所生成的天然放射線同位素的稱為宇宙線誘導放射性同位素(cosmogenic radioisotope)。自然界約有 60 多種放射性同位素的存在，引起人們對環境放射性的重視。

9-1 原始放射性元素

原始放射性元素以鈾及釷分布較廣。鈾存在於花崗岩、泥板岩、磷礦岩及瀝青鈾礦等岩石與礦石中。釷存在於磷礦岩、花崗岩、片麻岩、北投石及獨房石等岩石中。另外在海水中亦有鈾及釷的存在。原始放射性元素的鈾及釷同位素成系列的蛻變，但有的原始放射性同位素卻不成系列方式蛻變。

9-1.1 鈾蛻變系

自鈾同位素的 $^{238}_{92}U$ 開始，經 8 次 α 衰變及 6 次 β⁻ 衰變到穩定的鉛同位素的 $^{206}_{82}Pb$ 為止，共 14 次衰變過程的稱為鈾蛻變系(uranium decay series)。原子經 α 衰變時，原子序減 2而質量數減 4，β⁻ 衰變時原子序加 1 但質量數不變，因此鈾蛻變系中每一元素的原子核，質量數只以 4 的倍數變化，鈾蛻變系每一原子的質量數以 4 整除後都剩 2，故鈾蛻變系又稱爲 4n ＋ 2 系。圖 9-1 爲鈾蛻變系。

(1)鈾

天然產生的鈾爲 ^{234}U ， ^{235}U 及 ^{238}U 三種同位素的混合物。
表 9-1 爲鈾同位素的天然存在率。由質量分析及核衰變數
值計算天然鈾的原子量爲 238.04。鈾同位素中 ^{238}U 爲鈾蛻
變系的母原子核， ^{235}U 爲錒蛻變系的母原子核。

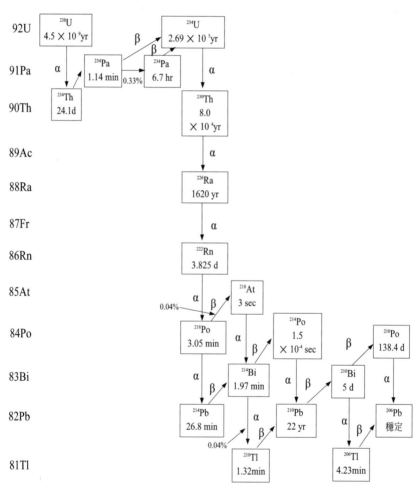

圖 9-1　鈾蛻變系

表 9-1　鈾同位素的天然存在率

同位素	存在率（原子百分率）
^{234}U	0.0057±0.0002
^{235}U	0.7204±0.0007
^{238}U	99.2739±0.0007

$$^{234}U/^{234}U = 17325\pm550$$
$$^{238}U/^{235}U = 137.80\pm0.14$$

鈾很廣泛的分布於自然界，各種岩石或海水中亦含相當濃度的鈾。鈾具放射性，其多數化合物由紫外線的照射而發出螢光，因此較易檢測。表 9-2 為天然鈾的分布。

表 9-2　天然鈾的分布

含鈾物質	濃度（g U／g）	含鈾物質	濃度（g U／
火成岩	4×10^{-6}	瀝青頁岩	65×10^{-6}
玄武岩	0.2×10^{-6}	褐煤	5×10^{-5}
花崗岩	25×10^{-6}	海水	1×10^{-9}
堆積岩	2×10^{-6}	生物體	$10^{-4}\sim10^{-9}$
磷酸鹽岩石	100×10^{-6}	隕石	$< 10^{-9}$

根據多數分析科學家認為地殼中鈾的平均濃度約 4ppm，而此量較人類熟悉的元素──銀、水銀、碘及鉍等在地殼中存在的多。1 升的海水中含鈾量只有 10^{-6} 克，可是全地球海水中鈾的存在量有 10^{10} 噸之多。雖然鈾的分布相當廣泛，惟至少含 0.1 ％以上鈾的才能稱為鈾礦石。表 9-3 為各鈾礦石及產地。

表 9-3　鈾礦石及產地

名稱	化學成分	鈾（%）	顏色	產地
瀝青鈾礦 uraninite	UO_2	45～85	黑、灰色	挪威
瀝青鈾礦 pitchblende（為 uraninite 之變種）	U_3O_8	可變	黑	比利時、剛果、非洲
鈮鉭酸稀土鈾礦 euxenite-polycrase	$(Y, U, Ca, Th, Fe)(Nb, Ta)_2O_6$	3～12	暗黑	加拿大
鉭鈮酸鈾釔礦 fergusonite	$(Y, Er, Ce, Th, Fe)(Nb, Ta, Ti)O_4$	0.2～8	褐	挪威
鉭鈮酸釔鈾礦 samarskite	$(Y, U, Ca, Th, Fe)(Nb, Ta)_2O_6$	8～16	黑	加拿大
鈮酸氟鉭鈾礦 pyrochlore-microlite	$(Na, Ca, U)_2(TaNb)_2O_6(O, OH, F)$	2～15	黃、赤、綠	瑞典
釩酸鉀鈾礦 carnotite	$K_2(UO_2)_2(VO_4)_2 \cdot n\,H_2O$，n = 1~3, 55		黃	美（科羅拉多）
磷酸鈣鈾礦 autunite	$Ca(UO_2)(PO_4)_2 \cdot n\,H_2O$，n = 8~12, 45~55		黃、綠	法
釩酸鈣鈾礦 tyuyamunite	$Ca(UO_2)(VO_4)_2 \cdot n\,H_2O$，n = 4~1050		黃	土耳基斯坦 Turkestan
矽酸鈣鈾礦 uranophane	$Ca(UO_2)_2Si_2O_7 \cdot 6H_2O$	57	黃、綠	比利時、剛果、非洲
磷酸銅鈾礦 torbernite	$Cu(UO_2)(PO_4)_2 \cdot n\,H_2O$，n = 8~10, 50		綠	德（薩克森）

　　從礦石冶煉鈾，使用碳酸鈉溶液的鹼性溶解法。多數金屬離子在碳酸鹽溶液中生成碳酸鹽或氫氧化物沈澱。可是鈾在低濃度的氫氧根離子溶液中生成安定的三碳酸鈾醯離子，$UO_2(CO_3)_3^{4-}$ 而不沈澱。圖 9-2 為冶煉鈾的系統圖。

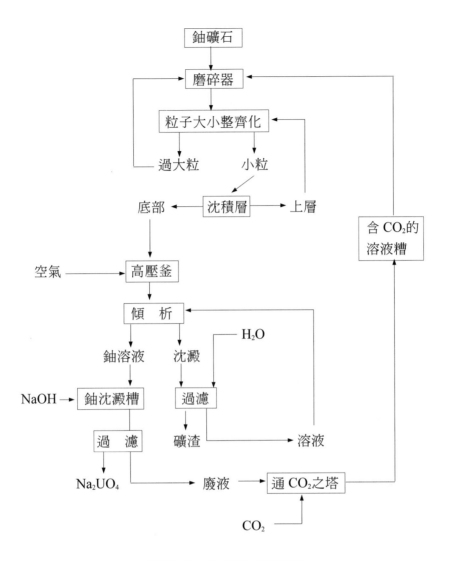

圖 9-2　冶煉鈾的過程

溶液鈾礦的化學反應為：

$$UO_2 + \frac{1}{2}O_2 + 3CO_3^{2-} + H_2O \longrightarrow UO_2(CO_3)_3^{4-} + 2OH^-$$

$$U_3O_8 + \frac{1}{2}O_2 + 3CO_3^{2-} + 6HCO_3^- \longrightarrow 3UO_2(CO_3)_3^{4-} + 3H_2O$$

$$UO_2(CO_3)_3^{4-} + 4OH^- + 2Na^+ \longrightarrow Na_2UO_4 + 3CO_3^{2-} + 2H_2O$$

表 9-4 為鈾的物理常數表。由表可知鈾的熔點較銅或金為高的金屬。

表 9-4　鈾的物理常數

性　　　　　質	數　　　　　據
熔點	$1,132\pm1°C$
蒸氣壓($1630\sim1970K$)	$\log P_{mm} = \dfrac{2330}{T} + 8.583$
沸點	$3.818°C$
熔化熱	$4.7kcal/mole$
汽化熱	$106.7kcal/mole$
熱容量($25°C$)	$6.612cal/°C\ mole$
電導度	$2\sim4\times10^4(ohm\text{-}cm)^{-1}$

鈾是化性活潑的金屬元素。惰性氣體以外幾乎所有的元素都能夠與鈾反應。表 9-5 為金屬鈾的化學反應例。

鈾可做原子爐的核燃料外，為製造超鈾元素的最佳原料。過去微量的鈾用於螢光劑做為黑暗處之標識物，分析化學所用鈉試劑(sodium reagent)為醋酸鈾醯鎂，$Mg(UO_2)_3(C_2H_3O_2)_8$，以檢驗鈉離子之存在。

(2)鐳及氡

鈾 238 經 α 衰變為釷 234，釷 234 經 $β^-$ 衰變為鎂 234，鎂 234 再 $β^-$ 衰變為鈾 234，鈾 234 再 α 衰變為釷 230，釷 230 經 α 衰變為鐳 226，鐳 226 經 α 衰變為氡 222。鐳 226 為居里夫婦從瀝青鈾礦分離發現的放射強度極強的放射性同位素。

$$^{238}_{92}U \xrightarrow[4.5\times10^9Y]{\alpha} {}^{234}_{90}Th + {}^4_2He$$

$$^{234}_{90}Th \xrightarrow[24.1d]{\beta^-} {}^{234}_{91}Pa + {}^0_{-1}e$$

$$^{234}_{91}Pa \xrightarrow[1.14m]{\beta^-} {}^{234}_{92}U + {}^0_{-1}e$$

$$^{234}_{92}U \xrightarrow[2.69\times10^5Y]{\alpha} {}^{230}_{90}Th + {}^4_2He$$

$$^{230}_{90}Th \xrightarrow[8\times10^4Y]{\alpha} {}^{226}_{88}Ra + {}^4_2He$$

$$^{226}_{88}Ra \xrightarrow[1620Y]{\alpha} {}^{222}_{86}Rn + {}^4_2He$$

表 9-5　金屬鈾的化學反應

反應物質	溫度(℃)	反應生成物
H_2	250	UH_3
C	1800～2400	UC，U_2C_3，UC_2
N_2	700	UN，UN_2
P	1000	U_3P_4
O_2	150～350	UO_2，U_3O_8
S	500	US_2
F_2	250	UF_6
Cl_2	500	UCl_4，UCl_5，UCl_6
Br_2	650	UBr_4
I_2	350	UI_3，UI_4
H_2O	100	UO_2
$HF_{(g)}$	350	UF_4
$HCl_{(g)}$	300	UCl_3
NH_3	700	$UN_{1.75}$
H_2S	500	US，U_2S_3，US_2
NO	400	U_3O_8
N_2O_4	25	$UO_2(NO_3)_2 \cdot 2NO_2$
CH_4	635～900	UC
CO	750	$UO_2 + UC$
CO_2	750	$UO_2 + UC$

①鐳：鐳屬於週期表 II_A 族元素，化學性質與鋇相似，鐳
離子與其他鹼土金屬的離子一樣為二價的陽離子。電解
氯化鐳可得金屬鐳。初造的鐳具白色金屬光澤，但在空
氣中黑化為氮化鐳，Ra_3N_2。鐳與水反應生成氫。熔點為
960°C。鐳的鹵化物易溶於水，但碳酸鹽難溶於水。鈾
226 為放射強度的標準，1 克鐳每秒有 3.7×10^{10} 衰變，任
何放射性物質每秒有 3.7×10^{10} 衰變的，其放射強度為 1
居里。鐳可做 Ra-Be 中子源或密封於細玻璃管中做醫療
之用。

②氡：鈾蛻變系中產生的氡 222，雖然半生期只有 3.82
天，會與空氣中的水分及微塵結合成所謂的空浮微粒
(air-borne particulates)，隨風飄散到各地。氡 222 的半生
期短，放射強度較強，對環境的危害較大。在居住環境
中，地質或建材為花崗岩類的，含氡量較高。氡氣常靠
著擴散作用浸入土壤或多孔性岩石，甚至部分溶於水
中。地下室或密閉房屋常累積較多量的氡。氡 222 以
3.82 天半生期 α 衰變外，如圖 9-3 所示，其子孫核種，
如釙 218、鉛 214、鉍 214、釙 214 及鉛 210 等都是放射
性同位素。這些子孫原子都是固體微粒，能夠與灰塵或
煙霧結合，不慎吸入這些放射性同位素，堆集於肺部，
所放出的 α、β，及 γ 射線均能破壞肺部組織，故氡是
僅次於抽煙而造成肺癌的危險因子之一。國際規定室內
空氣中含氡量的低限值為 4pci/L。

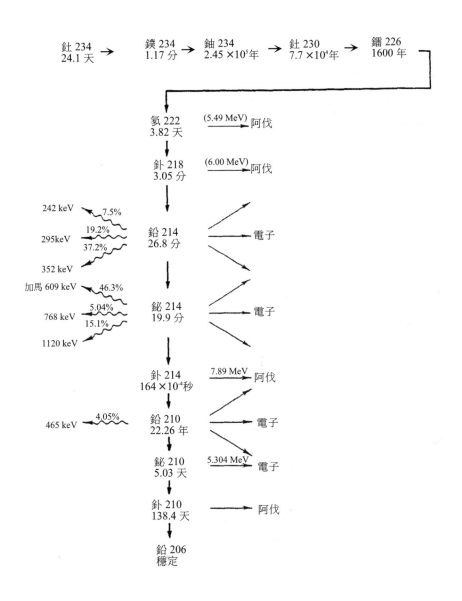

圖 9-3　氡蛻變系

9-1.2 釷蛻變系

目前為止，已知放射性同位素中半生期最長的是釷232，半生期為 1.39×10^{10} 年。以 $^{232}_{80}\text{Th}$ 為母核，經 6 次 α 衰變及 4 次 β⁻ 衰變到穩定的 $^{208}_{82}\text{Pb}$ 的稱為釷蛻變系(thorium decay series)圖 9-4 為釷蛻變系。釷蛻變系的每一原子之質量數均可被 4 整除，故稱為 4n 系。

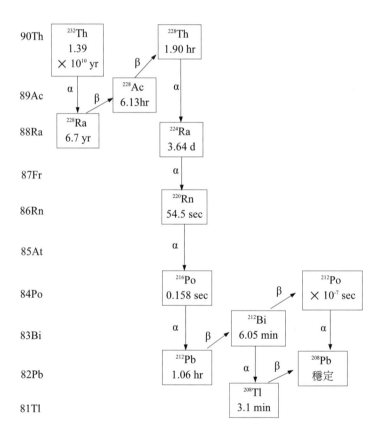

圖 9-4 釷蛻變系

$$^{232}_{90}\text{Th} \xrightarrow[1.4 \times 10^{10}\text{Y}]{\alpha} {}^{228}_{88}\text{Ra} + {}^{4}_{2}\text{He}$$

$$^{228}_{88}\text{Ra} \xrightarrow[5.7\text{Y}]{\beta^-} {}^{228}_{89}\text{Pa} + {}^{0}_{-1}\text{e}$$

$$^{228}_{88}\text{Pa} \xrightarrow[6.31\text{h}]{\beta^-} {}^{228}_{90}\text{Th} + {}^{0}_{-1}\text{e}$$

$$^{228}_{90}\text{Th} \xrightarrow[1.9\text{Y}]{\alpha} {}^{224}_{88}\text{Ra} + {}^{4}_{2}\text{He}$$

$$^{224}_{88}\text{Ra} \xrightarrow[3.64\text{d}]{\alpha} {}^{220}_{86}\text{Rn} + {}^{4}_{2}\text{He}$$

(1)釷

釷在地球上的分布與鈾相似，在酸性火成岩中含釷量較多（約 13×10^{-6}g/g），鹼性火成岩中含釷量較少（約 3.9×10^{-6}g/g）。地殼外殼平均含釷量為 12ppm，而鉛為 16ppm，兩者相差不多，因此釷並不是稀有元素。海水中含釷量為 $2 \times 10^{-6} \sim 5 \times 10^{-7}$g/g。表 9-6 為代表性的釷礦物及其成分。

表 9-6　釷礦物

名　　　　　稱	成　　　　　分	ThO_2含量（%）
磷酸鈰釷礦 cheralite	(Th, Ca, Ce)(PO_4，SiO_4)	30
單斜矽酸釷礦 huttonite	Th(SiO_4)	81.5
變質黑鈾釷礦 pilbarite	$ThO_2 \cdot UO_3 \cdot PbO \cdot 2SiO_2 \cdot 4H_2O$	31
方釷礦 thorianite	ThO_2	67.47
矽酸釷礦 thorite	Th(SiO_4)	81.5
矽酸鈾釷礦 thorogummite	Th(SiO_4)$_{1-x}$(OH)$_{4x}$	24～58
鈮鈦酸釔鈰礦 eschynite	(Ce, Ca, Fe, Th)(Ti, Nb)$_2O_6$	～17
磷酸鈰釷礦 monazite（俗名為獨居石）	(Ce, Y, La, Th)(PO_4)	～30

獨居石為釷及稀土元素的磷酸鹽，為釷資源的代表性礦物。釷金屬由鈣在高溫時還原氧化釷方式製得。

$$ThO_2 + 2Ca \xrightarrow[\triangle]{950°C} Th + 2CaO$$

表 9-7 為釷的物理常數表。由表可知釷為熔點很高，相當於鈦，密度相當於鉛的重金屬元素。

表 9-7　釷的物理常數

性　質	數　據
熔點	1750°C
密度	11.724g/cm^3
蒸發熱	$\triangle H_{298} = 130$kcal/mole
蒸氣壓	$10^{-7.4}$atms，2000°k
熔化熱	4.6kcal/mole
熱膨脹係數(25～1000°C)	12.5×10^{-6}/°C

金屬釷為銀白色金屬光澤的固體。在空氣中其金屬光澤能保持一段較長時間。釷易溶於鹽酸，難溶於稀硫酸及稀過氯酸，在加熱下可溶於濃酸。釷能夠與多數金屬形成合金。例如：Al、Be、Bi、Ce、La、Cr、Co、Cu、Au、Hf、Fe、Pb、Mg、Mn、Hg、Ni、Nb、Ag、Ta、Ti、W、U、V、Zn 及 Zr 等金屬的釷合金已製成並研究其特性。

釷母牛(thorium cow)為最早用於同位素發電器的俗名。如圖 9-6 所示，將 ThO_2 水溶液裝於玻璃容器。使用的放射性核種為 $^{232}_{90}Th$ 經一次 α 衰變及二次 β$^-$ 衰變所生成的 $^{228}_{90}Th$。$^{228}_{90}Th$ 放出 α 粒子衰變為 $^{224}_{88}Ra$，再放出 α 粒子衰變為放射性惰性氣體的 $^{220}_{86}Rn$。此氡 220 從釷氫氧化物漏出，發散並充滿於容器。氡 220 的半生期只有 55.6 秒，放出 α 粒子衰變之結果，生成荷強正電的釙 216 因 α 反跳(alpha-recoil)震丟核外電子。將帶負電的 Pt 電極插入於容器時，釙反跳原子集中於電極並以 0.15 秒半生期立即衰變為 ^{212}Pb 。

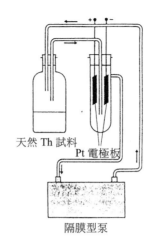

天然 Th 試料

Pt 電極板

隔膜型泵

圖 9-6　釙母牛同位素發電器

$$^{220}_{86}\text{Rn} \xrightarrow{\alpha} {}^{218}_{84}\text{Po} \xrightarrow{\alpha} {}^{212}_{82}\text{Pb} \xrightarrow{\beta^-} {}^{212}_{83}\text{Bi}$$

$$^{212}_{83}\text{Bi} \begin{cases} \xrightarrow[\;36\%\;]{\alpha} {}^{208}_{81}\text{Tl} \xrightarrow{\beta^-} \\ \xrightarrow[\;64\%\;]{\beta^-} {}^{212}_{84}\text{Po} \xrightarrow{\alpha} \end{cases} {}^{208}_{82}\text{Pb}$$

　　鈾 233 為核分裂性核種，惟在天然鈾中不存在。熱中子照射不起核分裂的釷 232，由釷鈾循環(thorium-uranium cycle)變換為可做核燃料的 ^{233}U 。

$$^{232}\text{Th}(n,\gamma)^{233}\text{Th} \xrightarrow[23m]{\beta^-} {}^{233}\text{Pa} \xrightarrow[27d]{\beta^-} {}^{233}\text{U}$$

9-1.3 鈾蛻變系

　　自 $^{235}_{92}$U 開始，經 7 次 α 衰變及 4 次 β⁻ 衰變到穩定的 $^{207}_{82}$Pb

的稱為錒蛻變系(actinium decay series)。錒蛻變系的每一原子的質量數以 4 整除後尚剩 3，故錒蛻變系又稱為 4n＋3 系。圖 9-7 為錒蛻變系。

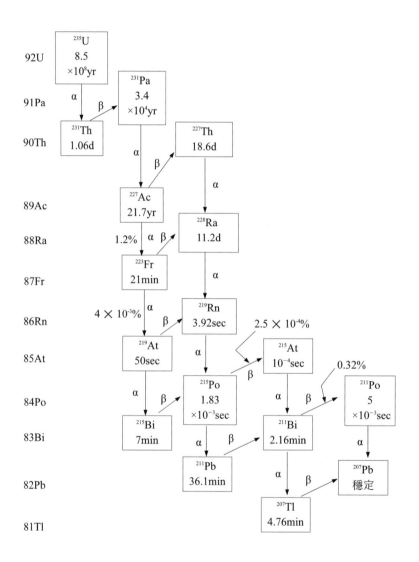

圖 9-7　錒蛻變系

原子序 89 的錒的同位素中錒 227 的半生期最長(22.0Y)，在自然界由鈾 235 的衰變可得錒 227，因此 4n ＋ 3 系，雖然從鈾 235 出發，但稱為錒蛻變素。

$$\ce{^{235}_{92}U} \xrightarrow{\alpha} \ce{^{231}_{90}Th} + \ce{^{4}_{2}He}$$

$$\ce{^{231}_{90}Th} \xrightarrow[1.06d]{\beta^-} \ce{^{231}_{91}Pa} + \ce{^{0}_{-1}e}$$

$$\ce{^{231}_{91}Pa} \xrightarrow[22\ Y]{\alpha} \ce{^{227}_{89}Ac} + \ce{^{4}_{2}He}$$

(1)錒

錒 227 為鈾 235 的衰變生成物，因此存在於所有的鈾礦中。鈾 235 在天然鈾中只有約 0.7 ％的存在率，因此錒的存在量很稀少。純粹的瀝青鈾礦 1 噸中，只含 0.15 毫克的錒 227 而已。從天然物分離痕跡量的錒很困難，可是<u>彼得生</u>(Peterson)以實驗製得人造錒 227。

$$\ce{^{226}_{88}Ra}(n,\gamma)\ce{^{227}_{88}Ra}$$
$$\quad \llcorner \xrightarrow[41.2m]{\beta^-} \ce{^{227}_{89}Ac}$$

錒的化學性質與鑭相似，在水溶液中以 3 ＋離子存在。

(2)鏷

在錒蛻變系中半生期最長的是鏷 231，半生期為 3.2×10⁴年。因為鏷是錒的母原子，因此英文稱為protactinium，符號 Pa。鏷能夠從瀝青鈾礦通入五氧化二鉭(Ta_2O_5)產生沈澱回收鏷。惟回收的鉭中只含 0.01 ％的鏷而已。<u>艾耳遜</u>(Elson)等從精鍊鈾時以載體及溶劑萃取法分離鏷的氧化物。圖 9-8 為分離程序圖。

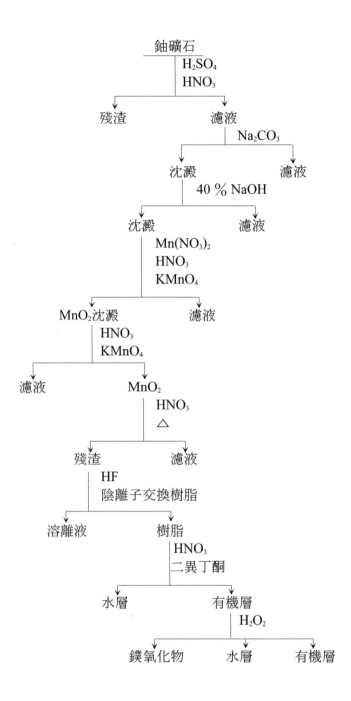

圖 9-8　使用載體及溶劑萃取從鈾礦分離鎂

鎂與鋼不同，在水溶液中以 4 價或 5 價離子存在，尤其 5 價的 PaO_2^+ 為最穩定。

9-1.4 錼蛻變系

天然產生 4n＋2 系的鈾蛻變系，4n 系的釷蛻變系及 4n＋3 系的錒蛻變系等被發現及探討後，很自然的科學家在尋找 4n＋1 系的元素，最初沒有找出，只發現人造方式以 ^{233}U 為中間體製成。

$$^{238}_{92}U(\alpha,n)^{241}_{94}Pu$$
$$\xrightarrow[14Y]{\beta^-} \ ^{241}_{95}Am \ + \ ^{0}_{-1}e$$
$$\xrightarrow[475Y]{\alpha} \ ^{237}_{93}Np \ + \ ^{4}_{2}He$$
$$\xrightarrow[2.2 \times 10^6Y]{\alpha} \ ^{233}_{92}U \ + \ ^{4}_{2}He$$

後來科學家自鈾礦分離得 ^{237}Np ，為鈾礦中的鈾 238 受宇宙線的中子衝擊而產生的。

$$^{238}U(n,2n)^{237}U$$
$$\xrightarrow[6.75d]{\beta^-} \ ^{237}Np$$

另外 ^{235}U 亦起下列反應生成 ^{237}Np

$$^{235}U(n,\gamma)^{236}U(n,\gamma)^{237}U$$
$$\xrightarrow{\beta^-} \ ^{237}Np$$

圖 9-9 為錼蛻變系。由錼 237 開始，經 7 次 α 衰變，4 次 β⁻ 衰變到穩定的鉍 209。前 5 個衰變過程為：

$$^{237}_{93}Np \ \xrightarrow[2.2 \times 10^6Y]{\alpha} \ ^{233}_{91}Pa \ + \ ^{4}_{2}He$$

$$^{233}_{91}\text{Pa} \xrightarrow[27.4\text{d}]{\beta^-} \ ^{233}_{92}\text{U} \ + \ ^{0}_{-1}\text{e}$$

$$^{233}_{92}\text{U} \xrightarrow[1.6 \times 10^5 \text{Y}]{\alpha} \ ^{229}_{90}\text{Th} \ + \ ^{4}_{2}\text{He}$$

$$^{229}_{90}\text{Th} \xrightarrow[7 \times 10^3 \text{Y}]{\alpha} \ ^{225}_{88}\text{Ra} \ + \ ^{4}_{2}\text{He}$$

$$^{225}_{99}\text{Ra} \xrightarrow[14.8\text{d}]{\beta^-} \ ^{225}_{89}\text{Ac} \ + \ ^{0}_{-1}\text{e}$$

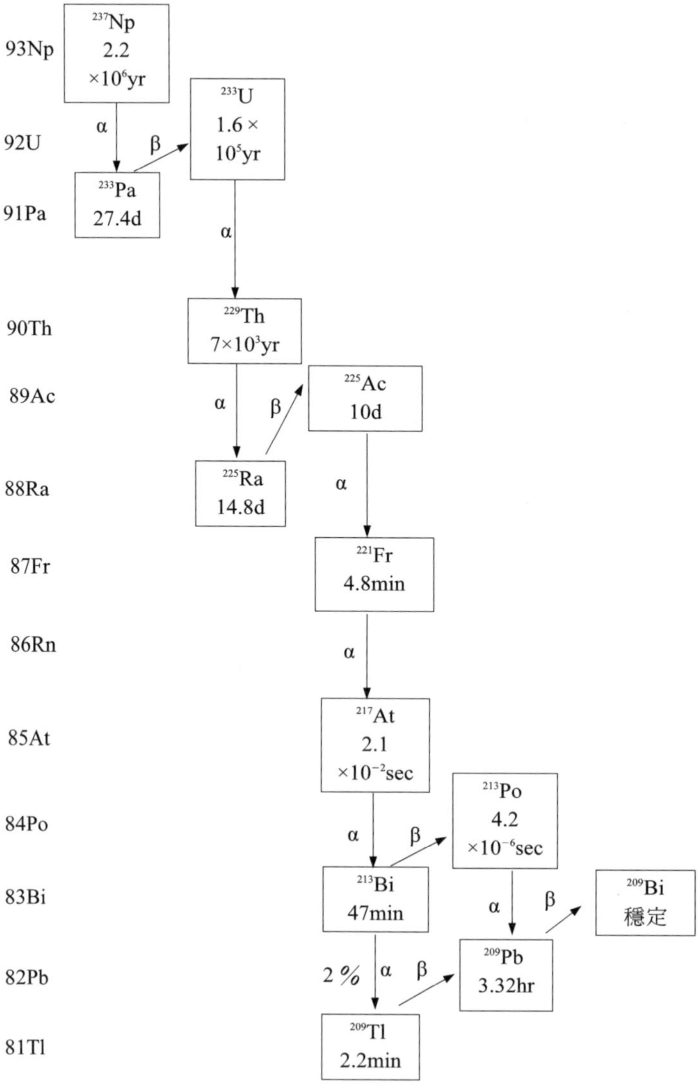

圖 9-9 錼蛻變系

金屬錼爲銀白色光澤固體，其展性與鈾相似。錼易溶於1M鹽酸。在水溶液中錼以＋3價的Np^{3+}，＋4價的Np^{4+}，＋5價的NpO_2^+及＋6價的NpO_2^{2+}等離子方式存在，其中最穩定的是NpO_2^+。

9-1.5 不成蛻變系的原始放射性元素

天然存在原子序6到81間的放射性核種都是壽命很長，通常與穩定的同位素混合在一起存在。表9-8爲這些核種，半生期及所放出的射線。這些核種與穩定同位素在一起，但其放射性通常不影響所屬元素的化學性質。

表 9-8　原始放射性同位素($Z \leqq 81$)

原子序	核　種	存在率(%)	半生期（年）	衰變換式
19	^{40}K	0.0119	1.3×10^9	β^-，EC
23	^{50}V	0.25	4×10^{14}	EC
37	^{87}Rb	27.85	6.15×10^{10}	β^-
49	^{115}In	95.77	6×10^{14}	β^-
57	^{138}La	0.089	2×10^{11}	β^-，EC
60	^{144}Nd	23.87	1.5×10^{15}	α
62	^{147}Sm	15.07	1.25×10^{11}	α
71	^{176}Lu	2.6	2.1×10^{10}	β^-，EC
75	^{187}Re	62.93	5×10^{10}	β^-

(1)鉀 40

鉀40的放射性較早被發現。^{40}K的88％放出β^-射線衰變爲^{40}Ca，剩下12％的^{40}K以電子捕獲衰變爲^{40}Ar。雖然^{40}K在鉀元素的存在率不多，可是鉀化合物在地球上的廣泛分布，^{40}K 在地球熱平衡方面擔任很重要的角色。1 克鉀的核能只有 2.6×10^{-6} 卡／年，鉀與其子孫核種平衡時放出 0.73 卡／年，釷與其衰變生成物爲 0.2 卡／年。可是，花崗岩中含鉀約 3.5 ％，含鈾只 4×10^{-4}％，含釷只 15×10^{-4}％，其他岩石所含三者的比率亦很相似。因此在矽酸鹽岩石，鉀能夠供應 0.9 卡／年・克，鈾與釷供應 3 卡／年・克。此三天然放射性同位素保持地球的溫暖狀態。

(2)鉫 87

鉫 87 爲 1906 年坎貝耳(N. R. Campbell)與伍德(A. Wood)發現 ^{87}Rb 能夠放射弱的β射線。^{87}Rb 衰變爲 ^{87}Sr，因此鉫一鍶法用於決定性質年代，本書將於 14 章討論。

9-2　宇宙線誘導放射性同位素

宇宙線與大氣的交互作用而產生的放射性同位素稱爲宇宙線誘導放射性核種(cosmogenic radionuclide)。

9-2.1　氚

宇宙線高能量的中子（約 4.5MeV）與空氣成分的氮及氧原子核交互作用產生氚(tritium)。

$$_{0}^{1}n \ + \ _{7}^{14}N \ \longrightarrow \ _{6}^{12}C \ + \ _{1}^{3}H \ （或 T）$$

$$_{0}^{1}n \ + \ _{8}^{16}O \ \longrightarrow \ _{7}^{14}N \ + \ _{1}^{3}H \ （或 T）$$

據估計，由此兩反應每年生成約 75×10^{15}Bq 的氚，相當地表面每一平方公分每秒 0.25 個氚原子。生成的氚，以 HT，HTO等分子或化合物方式廣泛分散於地球的每一角落。特別HTO混入於雨水、河水、湖水及海水中。水中天然氚的含量約 0.1mBq/mLH$_2$O，相當於 70kg 體重的人體內有 4×10^9 個天然氚原子的存在。

氚的β射線能量只有 0.018MeV，普通一張紙就能擋住。蓋革計數器無法測出其放射強度，需用液體閃爍計數器。氚可做為示蹤劑，追蹤氫化合物在生物、物理、化學及工程的舉動。利用測定氚含量亦可決定酒類的年代。

9-2.2 碳14

碳的放射性同位素碳 14 為宇宙線的中子，被適當減速後與空氣中的氮交互作用產生的。

$$\,^{1}_{0}n \; + \; ^{14}_{7}N \; \longrightarrow \; ^{14}_{6}C \; + \; ^{1}_{1}H$$

此核反應與上述生成氚的核反應為競爭反應，其生成速度為氚的約十倍之 2.3^{14}C・cm^{-2}・s^{-1}。整個地球來講為 8.5×10^{18}Bq。生成的 ^{14}C 很快與空氣中的氧化合成 ^{14}CO$_2$，與二氧化碳一起進入地球上碳的循環。在一切生物、碳酸鹽等都含有 ^{14}C，並以 5560 年的半生期 β^{-} 衰變為 ^{14}N。

$$\,^{14}_{6}C \; \longrightarrow \; ^{14}_{7}N \; + \; ^{\;\;0}_{-1}e$$

一般生物體無論是動物或植物，含 ^{14}C 的放射性比度為 16dpm/gC。惟生物體枯死後不能再攝取 ^{14}C 進入體內，只是體內的 ^{14}C 以 5560 年半生期衰變而減少其放射性比度。故可做年代測定。

9-2.3 宇宙線誘導放射性核種的分布

表 9-9 表示宇宙線誘導放射性核種的特性及在地球的分布。

表 9-9　宇宙線誘導放射性核種

核　　種	^3H	^7Be	^{14}C	^{22}Na
半生期	12.3Y	53.5d	5736Y	2.6Y
生成速度 （原子／平方厘米・秒）	0.25	8.1×10^{-2}	2.3	8.6×10^{-5}
存在量(pBq)	1300	37	8500	0.4
平流層含量（％）	7	60	0.3	25
對流層含量（％）	1	11	1.6	2
生物圈含量（％）	27	8	4	21
海水含量（％）	35	20	2.1	44
深海含量（％）	30	0.2	92	8

Chapter 10

超 鈾 元 素

原子序超過天然存在最重的鈾（原子序 92）的元素稱為超鈾元素(transuranium elements)。第一個超鈾元素的發現為 1930 年代的中葉，惟到目前為止不到 70 年中，已發現近 20 超鈾元素。表 10-1 為超鈾元素的發現有關的資料。由表 10-1 可知，超鈾元素的製造，基本上有兩種方法。

⑴重原子核捕獲中子後經 β⁻ 衰變增加原子序。

⑵以荷電加速器加速荷電粒子撞擊重原子核。

10-1 鈾系元素

重原子核捕獲中子生成中子較多的原子核。此核經 β⁻ 衰變將中子轉變為質子及陰電子時，成為增加原子序的新原子核。

$$_{0}^{1}n \; + \; _{Z}^{A}X \; \longrightarrow \; _{Z}^{A+1}X \; + \; _{0}^{0}\gamma$$
$$\xrightarrow{\beta^-} \; _{Z+1}^{A+1}Y \; + \; _{-1}^{0}e$$

以此方法在原子爐或核爆炸試驗時，製得超鈾元素。

10-1.1 錼

1934 年，費米(E. Fermi)以熱中子照射鈾時發現有一種元素能夠與二氧化錳共沈(coprecipitated)。當時已知鈾相關的天然放射性元素都不能與二氧化錳共沈，因此費米獲得生成新元素的證據，取名此一元素為 ausonium(Ao)，原子序 93，化學性質與錳相似。惟費米的發現廣被批評，有人提出許多

表 10-1 超鈾元素之發現

原子序	元素	符號	質量數	最初確認同位素	發現者（年代）	核反應
93	錼(neptunium)	Np	237	239	E. M. McMillan & P. H. Abelson(1940)	^{238}U (n, γ) β⁻ →
94	鈽(plutonium)	Pu	242	239	G. T. Seaborg, McMillan, J. W. Kennedy, Wahl(1941)	^{238}U (d, 2n)→
95	鋂(americium)	Am	243	241	Seaborg, James, Ghiorso, Morgan(1944/45)	^{239}Pu (n, γ)→
96	鋦(curium)	Cm	248	242	Seaborg, James Ghiorso(1944)	^{239}Pu (α, n)→
97	鉳(berkelium)	Bk	249	243	S. G Thomson, Ghiorso, Seaborg(1949)	^{241}Am (α, 2n)
98	鉲(californium)	Cf	249	245	Thomson, Ghiorso, K. Street, Seaborg(1950)	^{242}Cm (α, n)
99	鑀(einsteinium)	Es	254	253	Ghiorso, Thomson, Higgins, Seaborg, Studier, Fields, Fried, Diamond, Mech, Pyle, Huizenga, Hirsch, Ncinnig, Browne, Smith, Spence(1952)	熱核爆炸中鈾的多重捕獲中子及 β 衰變
100	鐨(fermium)	Fm	253	255	同上(1953)	同上
101	鍆(mendelevium)	Md	256	256	Ghiorso, Herrey, Choppin, Thomson, Seaborg(1955)	^{253}Es(α,n)
102	鍩(nobelium)	No	254	254	Donets, Shchegolau, Ermakov Ghiorso, Sikkeland, Walton, Seaborg (1958)	^{238}U(^{22}Ne,6n)
103	鐒(lawrencium)	Lr	257	257	Ghiorso, Sikkeland, Larsh, Latimer(1961) Donets, Shchegoleu, Ermakou(1965)	$^{249-252}Cf$ + $^{10,11}B$
104	鑪(rutherfordium)	Rf	261	257	Harris, K. Escola, P. Escola(1969)	^{249}Cf(^{18}O,5n)
105	𨧀(dubnium)	Db	262	260	Ghiorso, Nurmia, K. Escola, Harris, P. Escola(1970)	^{249}Cf(^{15}N, 4n)
106	𨭎(seaborgium)	Sg	263	268	Ghiorso, Nitschke, Alonso, Nurmia, Seaborg, Hulet, Lougheed(1974)	^{249}Cf(^{18}O, 4n)
107	𨨏(bohrium)	Bh	262	261	Oganesyan, Demin, Danilov, Ivanov, Ilinov, Kolesnikov, Markov, Dlotko, Tretjakova, Flerov(1976)	$^{209}Bi\cdot(^{54}Cr$, 2n)
108	𨭆(hassium)	Hs	—	265	Münzenberg, Armbruster, Folger, Heßberger, Hofmann, Keller, Poppensieker, Reisdorf, Schmidt, Schött, Leino, Hingmann(1984)	^{208}Pb + ^{58}Fe
109	䥑(meitnerium)	Mt	—	266	Münzenberg, Armburster, Heßberger, Hofmann, Poppensieker, Reisdorf, Schneider, Schmidt, Sahm, Vermeulet(1982)	^{209}Bi + ^{58}Fe

中等原子量的元素亦能與二氧化錳共沈，原子序 93 元素的發現必須系統的除去已知的元素才能確認。1940 年麥克米蘭(E. McMillan)與阿貝耳孫(P. Abelson)以熱中子照射 ^{238}U 核，經放射化學分離後得到半生期 2.3 天的新元素並命名爲錼。因原子序 92 的鈾(uranium)取自行星的天王星(urane)，因此原子序 93 的元素取自海王星(neptune)稱爲錼(neptunium)。

錼的製造反應爲：

$$^{1}_{0}n \ + \ ^{238}_{92}U \ \longrightarrow \ ^{239}_{92}U \ + \ ^{0}_{0}\gamma$$

$$\xrightarrow[23m]{\beta^-} \ ^{239}_{93}Np \ + \ ^{0}_{-1}e$$

$$t_{\frac{1}{2}} = 2.3 \ d$$

1944 年馬格奴孫(L. B. Magnusson)及拉查普雷(T. J. Lachapelle)在原子爐的核分裂生成物中，分離得另一種較長壽命的錼。其核反應式爲：

$$^{238}U \ (n, \ 2n) \ ^{237}U$$

$$^{235}U \ (n, \ \gamma) \ ^{236}U \ (n, \ \gamma) \ ^{237}U \ \Big\} \ \xrightarrow[6.75d]{\beta^-} \ ^{237}_{93}Np \ + \ ^{0}_{-1}e$$

$$t_{\frac{1}{2}} = 2.14 \times 10^6 \ Y$$

上述核反應不但在原子爐的核燃料中進行，宇宙線與地球上的鈾礦亦會進行，因此 ^{237}Np 成爲天然放射蛻變系列中的 4n ＋ 3 系列之母核。

三氟化錼(NpF_3)或四氟化錼(NpF_4)加熱到 1200°C，以鋇蒸氣還原可得金屬錼。錼爲銀白色斜方晶體金屬元素。常溫時密度爲 20.45±0.03g/cm³。熔點爲 640±1°C。在水溶液中有＋3，＋4，＋5，＋6 價的離子存在而以＋5 價的 NpO_2^+ 最安定。

鈽

鈽(Plutonium)爲人造超鈾元素中第一個以常量製得的元素。鈽爲原子序 94 的放射性元素。在週期表歸於內過渡的鋼系元素中的第六個元素。

1941 年西保格(G. T. Seaborg)等，使用美國勞忍斯(Lawrence)研究所的 60 吋迴旋加速器加速重氫原子核到 16MeV 撞擊氧化鈾試樣。經放射化學分離得純的鎿238 並發現鎿238 能夠以兩天半生期衰變爲放出 α 粒子的新元素。化學實驗結果表示此一新元素的性質與鎿、鈾、釷或以重氫撞擊鈾所生成的其他元素都不相同，故命名爲鈽(plutonium)，與冥王星(pluto)相對。

$$^{238}U\,(\,d\,,\,2n)\,^{238}Np$$
$$\xrightarrow[2.0d]{\beta^-}\,^{238}Pu\;+\;_{-1}^{0}e$$
$$t_{\frac{1}{2}}=50\;Y$$

鈽238 的發現幾乎同一時期，西保格等從核燃料或鈾238 經捕獲中子所生成的鎿 239 中分離得較長壽命的鈽 239。

$$^{238}U\,(n,\,\gamma\,)\,^{239}U$$
$$\xrightarrow[23m]{\beta^-}\,^{239}Np\;+\;_{-1}^{0}e$$
$$\xrightarrow[2.3d]{\beta^-}\,^{239}Pu\;+\;_{-1}^{0}e$$
$$t_{\frac{1}{2}}=24360\;Y$$

目前為止，已知鈽有自質量數 232 到 246 的 15 同位素。其中鈽 239 與鈽 241 較為重要。圖 10-1 為鈽 239 及鈽 241 的半生期圖解。

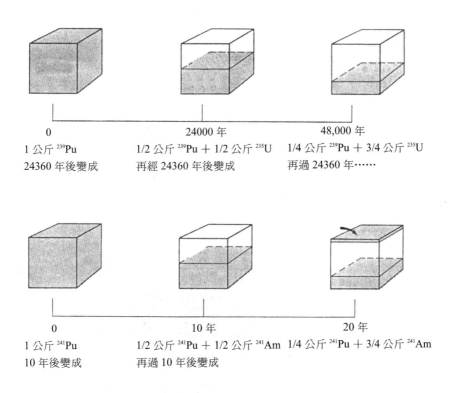

0

1 公斤 ^{239}Pu
24360 年後變成

24000 年

1/2 公斤 ^{239}Pu ＋ 1/2 公斤 ^{235}U
再經 24360 年後變成

48,000 年

1/4 公斤 ^{239}Pu ＋ 3/4 公斤 ^{235}U
再過 24360 年……

0

1 公斤 ^{241}Pu
10 年後變成

10 年

1/2 公斤 ^{241}Pu ＋ 1/2 公斤 ^{241}Am
再過 10 年後變成

20 年

1/4 公斤 ^{241}Pu ＋ 3/4 公斤 ^{241}Am

圖 10-1　兩個鈽同位素的半生期

鈽 239 具核分裂性質故可做為核能的重要來源。鈽 239 核捕獲中子，分裂成兩個質量中等的原子核並放出 2～3 個中子及能量。圖 10-2 為鈽 239 核捕獲中子分裂為鍶又氙原子核、3 個中子及能量之圖解。

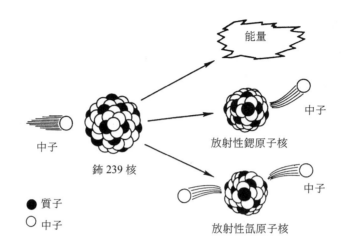

中子

鈽 239 核

● 質子
○ 中子

能量

放射性鍶原子核

中子

放射性氙原子核

中子

圖 10-2　鈽 239 之核分裂

　　鈽 239 核分裂所放出的能量相當大。1 磅鈽 239 核分裂
所放出能量相當於三百萬磅煤的化學能（圖 10-3）。

1 LB Pu

1 磅鈽相當於 25 台火車所載煤（3 百萬磅）的能量

圖 10-3　鈽與煤的能量比

　　原子爐的核燃料中含有鈽 239，因此必使鈽 239 與鈾及
核分裂生成物分離。此分離的化學過程雖然不是很困難的步
驟，可是實際上有兩個困難所在：

⑴很少量（克單位）的鈽必從巨量（噸單位）的鈾分離。

⑵保護操作人員不受放射強度極強的核分裂生成物的放射線損傷。圖 10-4 爲製造鈽 239 的流程。

在原子爐含鈾 238 的核燃料，經足夠時間的捕獲中子反應，生成一些量的鈽 239。將此核燃料元件自原子爐移出，放置在水槽中的 2 到 4 個月。在此冷卻期間(cooling period)，放射強度極強的核分裂生成物減衰其放射強度，同時生成的錼 239 都衰變爲鈽 239。冷卻過的核燃料元件送到溶解器(dissolver)。在溶解器先移去鋁外套，以適當溶劑溶解鈽、鈾及核分裂生成物成溶液。以選擇沈澱或溶劑萃取某化學分離法分離鈽 239。鈾 238 可進一步處理回收，核分裂生成物送出貯藏或再處理。鈽 239 以硝酸溶液方式分離後，以過氧化氫(H_2O_2)處理成過氧化物沈澱。再以氟化氫(HF)處理即生成四氟化鈽(PuF_4)化合物。四氟化鈽與還原劑的鈣共熱得金屬鈽。

鈽爲高活性的金屬，易與氧化合爲二氧化鈽(PuO_2)。

表 10-2　鈽的物理常數

原子序	94
鈽 239 原子量	239.06
鈽原子量 *	239.11
熔點	649°C
沸點	3327°C
蒸氣壓(1120～1520°C)	$\log P_{mm} = -\dfrac{17,420}{t + 273.18} + 7794$
汽化熱	79.7kcal/g-atom

鈽能夠溶解於濃鹽酸、氫碘酸及過氯酸。可是不受濃硫酸、濃硝酸及氫氧化鈉等鹼性溶液的影響。水溶液中的鈽以

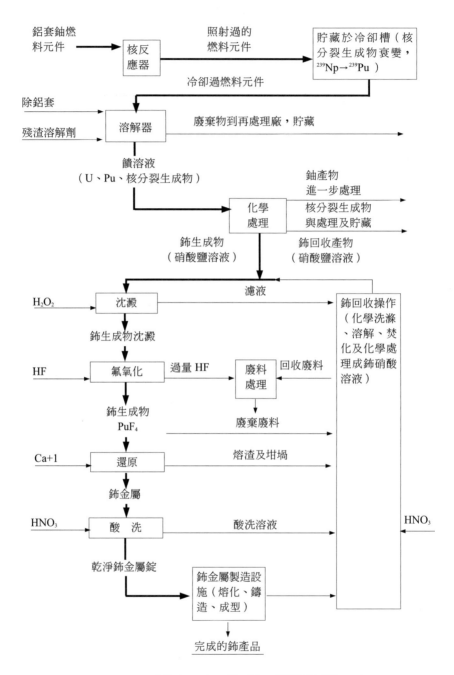

圖 10-4 鈽 239 製造流程

＋3 價的 Pu^{3+}，＋4 價的 Pu^{4+}，＋5 價的 PuO_2^+ 及＋6 價的 PuO_2^{2+} 等離子方式存在最安定的是 Pu^{4+}。

鈽雖然以製造核武器開始量產，可是在原子能和平用途上亦有很好的貢獻。鈽 239 具核分裂性並可量產純鈽，因此爲原子爐的核燃料。快中子反應器(fast neutron reactor)或滋生反應器(breeder reactor)等都是使用鈽 239 爲核燃料的原子爐。鈽 238 用於同位素發電器(isotope power generator)。將鈽 238 衰變的能量經熱電交換(thermoelectric conversion)轉換爲電能。該有兩種不同的金屬連接於一密閉線路，兩連結點的一金屬與其他金屬連結的保持不同溫度時，在線路內產生電流，這爲熱電交換的依據。

鈽可用於中子源。鈽 239 以 24360 年的半生期 α 衰變爲鈾 235 並放射 α 粒子（圖 10-5）。鈽與鈹可製 $PuBe_{13}$ 的合金。在此合金中，鈽所放出的 α 粒子與鈹反應生成中子及碳原子：

$$_2^4He \;+\; _4^9Be \;\longrightarrow\; _0^1n \;+\; _6^{12}C$$

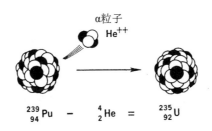

圖 10-5　鈽 239 之α衰變

因此鈽鈹合金可做很優異的中子源。

鈽可量產，因此以鈽為靶核，可製造原子序大於 94 的超鈽元素(transplutonium elements)。將於以後各節介紹。

10-1.3 鋂

原子序 95 的鋂(americium, Am)，在 1944 到 1945 年間，由西保格等人，以中子撞擊鈽 239 核的結果發現。其生成的反應為：

$$\ _{0}^{1}\text{n} \ + \ _{94}^{239}\text{Pu} \ \longrightarrow \ _{94}^{240}\text{Pu} \ + \ _{0}^{0}\gamma$$

$t\frac{1}{2} = 6580\ Y$，α 衰變

$$\ _{0}^{1}\text{n} \ + \ _{94}^{240}\text{Pu} \ \longrightarrow \ _{94}^{241}\text{Pu} \ + \ _{0}^{0}\gamma$$

$$\xrightarrow[t\frac{1}{2} = 13.2\ Y]{\beta^{-}} \ _{95}^{241}\text{Am} \ + \ _{-1}^{0}\text{e}$$

$t\frac{1}{2} = 458\ Y$

^{241}Am 放出 α 射線衰變，1 克 ^{241}Am 一分鐘可放出 7×10^{12} 個 α 粒子，對操作者能夠引起放射線傷害，因此設法製造半生期較長的 ^{243}Am。將 ^{241}Am 在原子爐以中子照射後可得 ^{242}Pu。分離 ^{242}Pu 再以中子照射成 ^{243}Pu，經 β^{-} 衰變為 ^{243}Am。

$$^{241}\text{Am}\ (\text{n, }\gamma)\ ^{242m}\text{Am}$$

$$\xrightarrow{\text{E.C.}} \ ^{242}\text{Pu}$$

$$^{242}\text{Pu}\ (\text{n, }\gamma)\ ^{243m}\text{Pu}$$

$$\xrightarrow[5.0h]{\beta^{-}} \ ^{243}\text{Am}$$

^{243}Am 的半生期為 7600Y，其放射強度較同重量的 ^{241}Am

低很多。在任何酸的水溶液中的鋂以＋3價的 Am^{3+} 離子存在。因此可利用鈽能的氧化為＋6價的 PuO_2^{2+} 而鋂以＋3價的 Am^{3+} 存在的性質分離兩者。將混合物以氟化物處理時，鈽以 PuO_2^{2+} 留在溶液中， Am^{3+} 即與氟離子反應為難溶性的 AmF_3 沈澱。氟化鋂以氫氧化鈉溶液處理後溶於酸成 Am^{3+} 的溶液。鋂雖然以 Am^{3+} 安定存在於水溶液中，但將其碳酸鹽溶液以次氯酸鹽溶液、臭氧或過氧二硫酸鹽氧化時可得＋5價的 AmO_2^{+} 離子。圖 10-6 表示以氧化還原循環精製鋂的系統圖。

10-2 錒系元素

雖然今日人們慣用美國西保格等人所提倡，由原子序89的錒到原子序 103 為止的元素為填充 5f軌域的內過渡元素的錒系元素。惟法國鐳研究所的海辛斯基(M. Haissinsky)等人卻提出不同的觀點。他們從化學研究結果，將錒系元素部分分為鈾系元素(uranides)及鋦系元素(curides)。表 10-3 為海辛斯基所提的元素週期表。

錒系元素的氧化數不像相對的鑭系元素只以安定的＋3價離子存在，錒系元素的氧化數可由＋3到＋6價。其中鈾系元素的鈾、錼、鈽及鋂的氧化數有＋3，＋4，＋5 及＋6。惟原子序 96 鋦以後的鉳、鉲、鑀、鐨、鍆、鍩及鐒等錒系元素只有＋3 氧化數。圖 10-7 為錒系元素的氧化數及在水溶液中的安定離子。

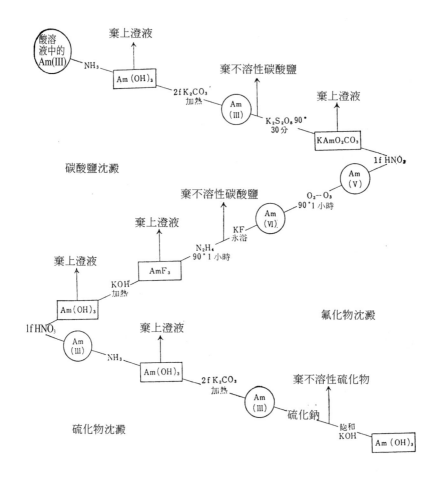

圖 10-6　氧化還原循環精製鋂

表 10-3　海辛斯基的元素週期表

Group / Period	aIb	aIIb	aIIIb	aIVb	aVb	aVIb	aVIIb	VIII	O
1	1 H 1.0080								2 He 4.003
2	3 Li 6.940	4 Be 9.013	5 B 10.82	6 C 12.010	7 N 14.008	8 O 16.000	9 F 19.00		10 Ne 20.183
3	11 Na 22.997	12 Mg 24.32	13 Al 26.97	14 Si 28.09	15 P 30.979	16 S 32.066	17 Cl 35.457		18 Ar 39.944
4	19 K 39.100	20 Ca 40.08	21 Se 44.96	22 Ti 47.90	23 V 50.95	24 Cr 52.01	25 Mn 54.93	26 Fe 55.85　27 Co 58.94　28 Ni 58.69	
	29 Cu 63.542	30 Zn 65.377	31 Ga 69.72	32 Ge 72.60	33 As 74.91	34 Se 78.96	35 Br 79.916		36 Kr 83.80
5	37 Rb 85.48	38 Sr 87.63	39 Y 88.92	40 Zr 91.22	41 Nb 92.91	42 Mo 95.95	43 Te 98.91	44 Ru 101.7　45 Rh 102.91　46 Pd 106.7	
	47 Ag 107.880	48 Cd 112.41	49 In 114.76	50 Sn 118.70	51 Sb 121.76	52 Te 127.61	53 I 126.91		54 Xe 131.3
6	55 Cs 132.91	56 Ba 137.36	57 La * 138.92	72 Hf 178.6	73 Ta 180.88	74 W 183.92	75 Re 186.31	76 Os 190.2　77 Ir 193.1　78 Pt 195.23	
	79 Au 197.2	80 Hg 200.61	81 Tl 204.39	82 Pb 207.21	83 Bi 209.00	84 Po 210	85 At 210		86 Rn 222
7	87 Fr 223	88 Ra 226.05	89 Ac 227　96 Cm*** 247	90 Th 232.12	91 Pa 231	92 U*8 238.07			

* 鑭系元素

57 La 138.92	58 Ce 140.13	59 Pr 140.92	60 Nd 144.27	61 Pm 145	62 Sm 150.43	63 Eu 152.0	64 Gd 156.9	65 Tb 159.2	66 Dy 159.2	67 Ho 164.94	68 Er 167.2	69 Tm 169.4	70 Yb 173.04	71 Lu 175.0

*** 錒系元素

** 鈾系元素

92 U 238.07	93 Np 237	94 Pu 244	95 Am 243	96 Cm 247	97 Bk 247	98 Cf 251	99 Es 254	100 Fm 253	101 Md 256	102 No 254	103 Lw 257

元 素	Ac	Th	Pa	U	Np	Pu	Am	Cm	Bk	Cf	Es	Fm	Md	No	Lr
原子序	89	90	91	92	93	94	95	96	97	98	99	100	101	102	103
氧化數	<u>3</u>	3	3	3	3	3	<u>3</u>	<u>3</u>	<u>3</u>	<u>3</u>	<u>3</u>	<u>3</u>	<u>3</u>	<u>3</u>	<u>3</u>
		<u>4</u>	4	4	4	<u>4</u>	4								
			<u>5</u>	5	<u>5</u>	<u>5</u>	5								
				<u>6</u>	6	6	6								

圖 10-7　錒系元素的氧化數

_____者為水溶液中最安定存在的

10-2.1 鋦

　　1944 年<u>西保格等</u>以 32MeV 的 α 粒子衝擊鈽 239 製得鋦 (curium)。其命名仍記念居里夫婦在放射性物質的卓越研究成果。

$$^{4}_{2}He + ^{239}_{94}Pu \longrightarrow ^{242}_{96}Cm + ^{1}_{0}n$$

$$t_{\frac{1}{2}} = 162.5\ d$$

在原子爐亦由下列核反應製得 ^{242}Cm。

$$^{241}Am\ (n,\ \gamma)\ ^{242m}Am$$

$$\xrightarrow[16.0h]{\beta^-}\ ^{242}Cm$$

　　^{242}Cm 因半生期較短，放射強度極強，1 毫克的 ^{242}Cm 每分鐘能放出約 7×10^{12} 個 α 粒子。設製得金屬塊狀的 ^{242}Cm，由所放出的 α 射線，結晶格子會損傷，同時因所放出的能量使金屬白熱化。^{244}Cm 的半生期為 19 年，因此較 ^{242}Cm 的放射性比度少到四十分之一。使用熱中子通量大的原子爐，可製得 ^{244}Cm。

$^{239}Pu\,(n,\,\gamma)\,^{240}Pu\,(n,\,\gamma)\,^{241}Pu\,(n,\,\gamma)\,^{242}Pu\,(n,\,\gamma)\,^{243}Pu\xrightarrow{\ \beta^-\ }{}^{243}Am$

$^{243}Am\,(n,\,\gamma)\,^{244}Am\xrightarrow{\ \beta^-\ }{}^{244}Cm$

鋦爲鋦系元素的第一個。科學家使用二鉻酸鉀、過錳酸鉀等強化氧化劑仍無法得到＋3價以上的鋦化合物。在溶液中能夠以氟化物、草酸鹽、磷酸鹽或氫氧化物方式沈澱，又能與稀土類共沈。鋦不以硝酸鹽、氯化物、硫酸鹽、過氯酸鹽或硫化物方式沈澱。

10-2.2 鉳

原子序 97 的鉳(berkelium)爲 1949 年底由湯普生(S. G. Thompson)在美國加州大學巴克萊分校，使用 60 吋迴旋加速器加速 α 粒子到 35MeV 打擊 ^{241}Am 核製得。

$$^{4}_{2}He\ +\ ^{241}_{95}Am\ \longrightarrow\ ^{243}_{97}Bk\ +\ 2^{1}_{0}n$$
$$t_{\frac{1}{2}}=4.5h$$

分離 Am 與 Cm 使用陽離子交換樹脂。無論是鑭系元素或鋦系元素，其離子半徑都有鑭系收縮(lanthanide contraction)或鋦系收縮(actinide contraction)，即原子序增加離子半徑收縮的現象。因此在陽離子交換樹脂的溶離液，原子序較大的先溶離出來，原子序較小的慢溶離。圖 10-8 爲 4 種超鈾元素的檸檬酸溶液的陽離子交換溶離曲線應以鑭系的相對元素溶離曲線爲比較之用。

10-2.3 鉲

原子序 98 的鉲(californium)與 97 號的鉳,幾乎同一時期由相同人員製成。

$$_2^4\text{He} \ + \ _{96}^{242}\text{Cm} \ \longrightarrow \ _{98}^{245}\text{Cf} \ + \ _0^1\text{n}$$

$$t_{\frac{1}{2}} = 44\text{m}$$

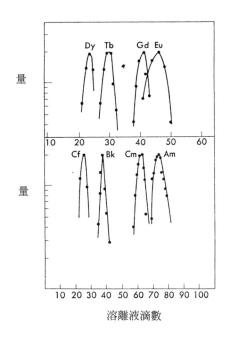

圖 10-8　稀土類及一些超鈾元素之溶離曲線

生成的鉲以陽離子交換樹脂分離並做化學確認。近年來以荷電加速器加速重離子打擊鈾靶核方式製得鉲同位素。例如,加速碳離子到 120MeV 衝擊鈾可得 ^{244}Cf 與 ^{246}Cf。加速碳離子或氮離子到 140MeV 衝擊鈾可得 ^{245}Cf,^{246}Cf,^{247}Cf 及 ^{248}Cf。典型的核反應例為: $_6^{12}\text{C} \ + \ _{92}^{238}\text{U} \ \longrightarrow \ _{98}^{246}\text{Cf} \ + \ 4_0^1\text{n}$

所生成的鉲之量不多。第一個發現鉲的確認實驗所用的鉲原子只有 5000 個，較當時加州大學學生數少一些。圖 10-9 為製造鉲化合物的超微量實驗。在此實驗中所製的氯化鉲 CfCl₃，氯氧化鉲 CfOCl，氧化鉲 Cf₂O₃ 等化合物以 X 射線]分析並用放射線照相術(radiography)確認。

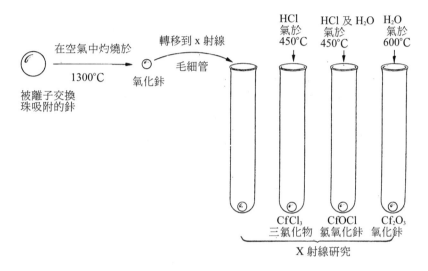

圖 10-9　超鈾元素鉲化合物製造的超微量實驗

10-2.4 *鑀與鑪*

原子序 99 及 100 的鑀(einsteinum)與鑪(fermium)的發現，不是在原子爐或荷電加速器而完全出於科學家的意料之外。1952 年 11 月美國在太平洋舉行熱核爆炸(thermonuclear explosion)實驗。以飛機收集大氣中的爆炸殘礫並收集附近環礁上的殘礫帶回美國亞岡國家研究所(Argone National Laboratory)及洛色拉莫士科學研究所(Los Alamos Scientific Laboratory)做化學研究。分析研究結果發現出於預期的鈽 244 及鈽 246 外，由於陽離子交換實驗發現原子序 99 及 100 的新元素鑀及鐨。圖 10-10 為鑭系元素及鋼系元素的三價離子與 α 羥基異丁酸銨在 Dowex-50 陽離子交換樹脂的溶離曲線。以此方式所得半生期 20 天，放出 6.6MeV α 射線的 99 號新元素的同位素為 ^{253}Es。半生期 22 小時，放出 7.1MeV α 射線的 100 號新元素的同位素為^{255}Fm。在熱核爆炸時，在一瞬間鈾接受極強大的中子照射而起多重中子捕獲(multiple neutron capture)產生質量數由 239 到 255 的重鈾同位素，再經過 β$^-$ 衰變而成鑀與鐨新元素。圖 10-11 為熱核爆炸實驗，生成鑀及鐨的核反應圖解。每一中子捕獲過程增加一質量數（水平箭號部分），每一 β$^-$ 衰變過程增加一原子序（垂直箭號部分）但質量數不變。

鐨的同位素 ^{254}Fm 可在原子爐製得。其核反應為

$$^{252}\text{Cf}(n,\gamma)^{253}\text{Cf}$$
$$\xrightarrow[20d]{\beta^-} \ ^{253}\text{Es} \ + \ _{-1}^{0}e$$
$$^{253}\text{Es}(n,\gamma)^{254}\text{Es}$$
$$\xrightarrow[36h]{\beta^-} \ ^{254}\text{Fm} \ + \ _{-1}^{0}e$$

^{254}Fm 以半生期 3.2 小時放出 7.2MeV α 射線衰變外，部分的 ^{254}Fm 以半生期 220 天超自發核分裂。自發核分裂為鐨的重要衰變過程，後來所製得的 ^{256}Fm 即以 3 小時半生期起自發核分裂。

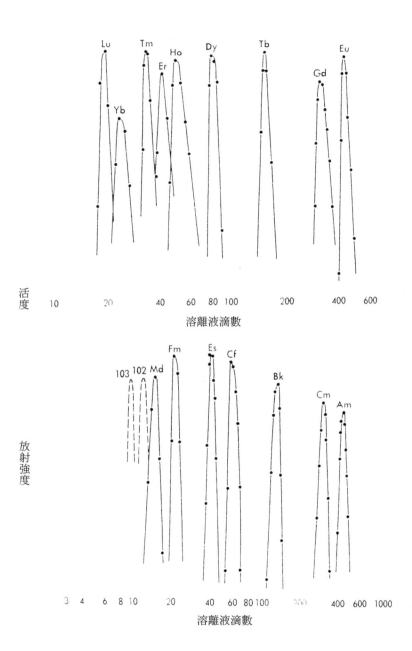

圖 10-10　三價鑭系及錒系陽離子的溶離曲線

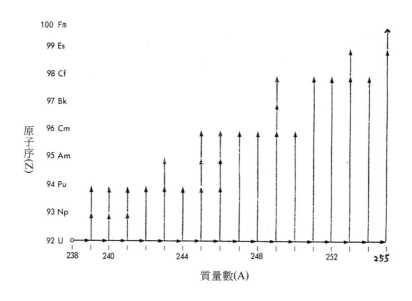

圖 10-11　熱核爆炸製鑀及鑪的核反應

10-2.5 鍆

原子序 101 的鍆(mendelevium)為利用巴克萊的 60 吋迴旋加速器加速 α 粒子到 40MeV 衝擊鑀 253 核製得。

$$^{4}_{2}He \ + \ ^{253}_{99}Es \ \longrightarrow \ ^{256}_{101}Md \ + \ ^{1}_{0}n$$

$$^{256}_{101}Md \ \xrightarrow[\sim 1.5h]{E.C.} \ ^{256}_{100}Fm$$

$$^{256}_{100}Fm \ \xrightarrow[\sim 160m]{} \ 自發核分裂$$

鍆為記念創造元素週期表蘇俄科學家門得列夫(Dmitri Mendeleev)命名。門得列夫的週期表不但將元素分門別類，預測未發現元素的化學性質，對於超鈾元素的發現有關鍵性的貢獻。開始時鍆的元素符號由發現者訂為 Mv，惟被國際負責命名的機構改為 Md。化學研究結果顯示鍆為典型的正三價錒系元素。

10-2.6 鍩

1957 年瑞典 諾貝耳 物理研究所(Nobel Institute for Physics)一群國際科學家宣佈原子序 102 的新元素鍩(nobelium)的誕生。他們以迴旋加速器加速碳 13 離子衝擊鋦 244 核製得半生期約 10 分鐘放出 8.5MeV α 射線的鍩 251。

$$^{244}Cm(^{13}C,6n)^{251}No$$

同一時期俄國 夫來樂普(G. N. Flerov)等人於莫斯科(Moscow)以迴旋加速器加速高能的氧 16 離子，衝擊鈽 241 核製得半生期 5 到 20 秒而放出 8.8MeV α 射線的新元素。此新元素以反跳技術(recoil technique)從靶核分離並以照像乳膠技術(photographic emulsion technique)測定 α 粒子質量，但不能做化學確認工作。

1958 年，加州大學一群科學家報告，使用重離子直線加速器（heavyion linear accelerator，簡寫為 HILAC）加速碳 12 離子衝擊鋦 254 核得鍩 254。

$$^{12}_{6}C \ + \ ^{246}_{96}Cm \ \longrightarrow \ ^{254}_{102}No \ + \ 4^{1}_{0}n$$

$$^{254}_{102}No \ \xrightarrow[\sim 3s]{\alpha} \ ^{250}_{100}Fm \ + \ ^{4}_{2}He$$

新元素由於其已知的子原子核 ^{250}Fm（$t_{\frac{1}{2}} = 30$ 分 $E\alpha = 7.43$ MeV）以陽離子交換方式做化學確認。

從靶核分離鍩、如圖 10-12 所示，核靶的鋦同位素混合物沈積於薄鎳箔，整個裝置密閉於充滿氦氣的容器裡。以高能量的 ^{12}C 離子衝擊鋦核，經 ^{246}Cm(^{12}C,6n)^{252}No 反應所生的 2 原子核受反跳自靶核跳出，與氦氣碰撞被吸收反跳能(recoil energy)。生成的帶正電 2 原子核被帶負電的金屬移動帶吸附並移動到帶更高負電位的捕獲箔(catcher foil)時，經 α 衰變所生成的子核 ^{248}Fm 再反跳，被捕獲箔吸引而附著於其上面。捕獲箔切成 5 片並以 α 粒子能量分析儀(α -particle energy analyzer)同時分析辨認在捕獲箔上的子原子。

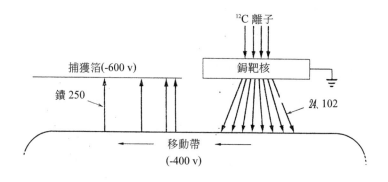

圖 10-12　二重反跳法分離②及鐨

10-2.7　鐒

在 1961 年春巴克萊的一群研究者發現並確認原子序 103 的新元素鐒(Lawrencium)。微克量的鉲同位素在重離子直線加速器受加速的硼 10 及硼 11 週期性的衝擊，生成的鐒原子由靶核反跳到充滿氦空間並被吸附於帶負電鍍銅的塑膠帶上。此塑膠帶自動轉動到聚矽氧-金的 α 放射線偵測器前，每數秒測定放射速率及所放出 α 射線能量。

$$^{11}_{5}\text{B} + ^{252}_{98}\text{Cf} \longrightarrow ^{257}_{103}\text{Lr} + 6^{1}_{0}\text{n}$$

$$^{10}_{5}\text{B} + ^{252}_{98}\text{Cf} \longrightarrow ^{257}_{103}\text{Lr} + 5^{1}_{0}\text{n}$$

圖 10-13 表示另一生成 $^{257}_{103}\text{Lr}$ 的核反應。圖 10-14 為反跳法製造及收集鐒並辨認的裝置。

$$^{11}_{5}\text{B} + ^{250}_{98}\text{Cf} \longrightarrow \left[^{261}_{103}\text{Lr}\right]^{*} \longrightarrow ^{257}_{103}\text{Lr} + 4^{1}_{0}\text{n}$$

鐒 257 以約 8 秒半生期放出 8.6MeV 能量的 α 粒子。因為半生期太短無法做化學辦理工作，只是核性質的證據。

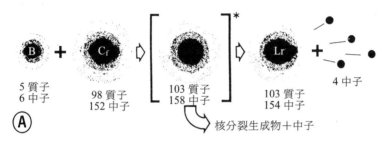

圖 10-13 生成 $^{257}_{103}\text{Lr}$ 的核反應圖解

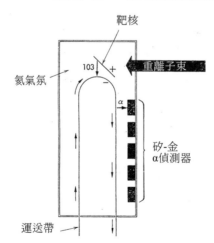

圖 10-14 反跳法鐒的製程

10-2.8 鈽在製造超鈾元素之角色

鈽為目前能夠以公斤單位可製得的超鈾元素。以鈽 239 為靶核，在高中子通量的原子爐受中子照射時，約 70 ％起核分裂，約 30 ％的 ^{239}Pu 能夠起多重的捕獲中子反應而生成 ^{240}Pu ， ^{241}Pu ， ^{242}Pu ，及 ^{243}Pu 。雖然比率不多， ^{243}Pu 生成後立刻起 β⁻ 衰變為 ^{243}Am 。 $_{243}$Am 捕獲中子成 ^{244}Am 並經 β⁻ 衰變為 ^{244}Cm 。鎘 244 繼續捕獲多數中子到生成 ^{249}Cm 。 ^{249}Cm 再 β⁻ 衰變為 ^{249}Bk ，如此捕獲中子與 β⁻ 衰變的循環到 ^{252}Cf 。圖 10-15 表示 ^{239}Pu 開始製造重超鈾元素的過程及起核分裂的百分率。圖 10-16 為美國原子能委員會的超鈾元素製造系統。

鈽 239 在美國原子能委員會的沙芬那河工廠(Savannah River Plant)受中子照射到 ^{242}Pu 生成為止。在化學處理廠分離 ^{242}Pu 及核分裂生成物及 ^{243}Am 、 ^{244}Cm 、稀土類等三部分。 ^{242}Pu 送到靶核製造廠製成靶核後送到高通率同位素反應器（high flux isotope reactor 簡寫 HFIR）受中子照射。中子照射過的核靶送到橡嶺國家研究所（Oak Ridge National Laboratory 簡寫為 ORNL）的超鈾元素處理廠（transuranium processing facility 簡寫為 TPF）。化學處理廠分離的 ^{243}Am 、 ^{244}Cm ，稀土類亦在超鈾元素處理廠處理。據報導從 1 公斤鈽 239 可得克單位的鋂，百毫克單位的鎄，10 毫克單位的鑀，毫克單位的鐨。

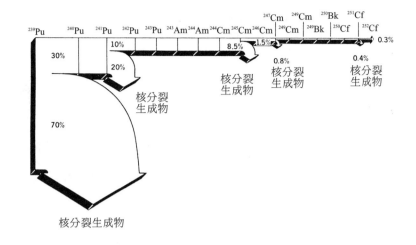

圖 10-15　從鈽 239 製造重超鈾元素

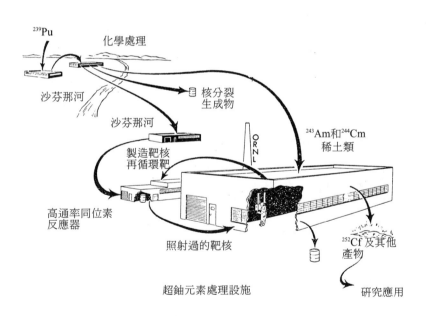

圖 10-16　美國國家製造超鈾元素系統

10-3 超錒系元素

原子序 103 的鐒為元素週期表錒系元素的最後一個元素，內過渡的 5f 副殼的電子已填滿。原子序 104 以後的元素回到週期表第 7 週期繼續填充 6d 副殼的位置。這些超錒系元素(transactinoides)的生成必須使用重的離子為衝擊粒子，其反應可分為：

(1)高溫核熔合（hot fusion 又稱熱核熔合）即以 ^{12}C 到 ^{22}Ne 為入射粒子衝擊錒系元素核的。

(2)低溫核熔合（cold fusion 又稱冷核熔合）以 ^{54}Cr ，^{58}Fe 或 ^{64}Ni 等重離子為入射粒子衝擊鉛或鉍核的。

此兩種核反應模式所生成的核種為缺乏中子的短壽命原子核，無法以化學方法辨認，只以自動化的物理測定方式辨認。圖 10-17 為超鈾元素最長壽命同位素的半生期隨原子序的增加而減少的相關曲線。

10-3.1 鑪

原子序 104 的鑪(rutherfordium)1969 年由兩組人員幾乎同時發表新元素的發現。一組為茲帕拉(Zvara)所代表的科學家，以加速的 ^{22}Ne 衝擊 ^{242}Pu 核所得並命名為 Ku(kurchatobium)。其核反應為 $^{242}Pu(^{22}Ne,4n)^{260}Ku$ 。另一組為吉而索(Ghiorso)所代表的科學家，以加速的 ^{12}C 衝擊 ^{249}Cf 核所得並

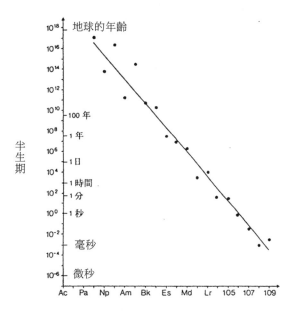

圖 10-17　超鈾元素半生期與原子序相關曲線

命名為 Rf(rutherfordium)。其核反應為 $^{249}Cf(^{12}C,4n)^{257}Rf$。經負責命名的國際委員會決定以 Rf 為原子序 104 新元素的符號。Rf 為高溫核熔合結果生成的。以 Rf 最長壽命同位素 ^{261}Rf 的生成反應為例，說明高溫核熔合反應。

以 ^{18}O 離子衝擊 ^{248}Cm 時，起下列核反應：

$$^{18}O + {}^{248}Cm \longrightarrow [{}^{266}104]^* \nearrow 核分裂$$
$$E \approx 100MeV \qquad \qquad \searrow {}^{261}Rf + 5{}_0^1n$$

複合核
壽命～ 10^{-14} 秒
激發能～50MeV

為了勝過庫侖障壁入射粒子的 ^{18}O 必具極高能量（約一百百

萬電子伏特）。^{18}O 與 ^{248}Cm 核反應生成激發能極高的複合核 ^{266}104*。此複合核在極短時間（$< 10^{-14}$ 秒）去激發(de-excitation)連續放出 5 個中子。在放出中子的階段有一部分起核分裂。圖 10-18 表示重離子反應的機構。

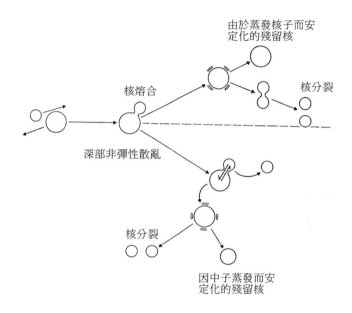

由於蒸發核子而安定化的殘留核

核熔合

核分裂

深部非彈性散亂

核分裂

因中子蒸發而安定化的殘留核

圖 10-18　重離子高溫核熔合及分裂機構

10-3.2　𨧀

原子序 105 的𨧀(dubnium)亦為高溫熱熔合反應製成。

$$^{15}_{7}N + ^{249}_{98}Cf \longrightarrow ^{260}_{105}Db + 4^{1}_{0}n$$

$$^{22}_{10}Ne + ^{243}_{95}Am \longrightarrow ^{261}_{105}Db + 4^{1}_{0}n$$

10-3.3 饎、鈹、鏢、錂

原子序 106 到 109 的 鎴(seaborgium)，鏷(bohrium)、鑕 (hassium)及 鐽(meitnerium)等新元素以低溫核熔合反應製成。低溫核熔合以原子序 23 的釩到原子序 26 的鐵為入射粒子，衝擊穩定而最重的原子核，無論入射粒子的能量高到數百百萬電子伏特，生成複合核所具的激發能相當低，因此稱為低溫核熔合。例如，原子序 108 的 鑕以下列反應生成：

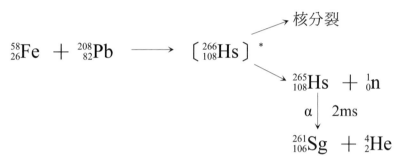

$^{58}_{26}\text{Fe} + ^{208}_{82}\text{Pb} \longrightarrow [^{266}_{108}\text{Hs}]^{*}$

核分裂

$^{265}_{108}\text{Hs} + ^{1}_{0}\text{n}$

$\alpha \downarrow 2\text{ms}$

$^{261}_{106}\text{Sg} + ^{4}_{2}\text{He}$

$^{58}_{26}\text{Fe}$ 的能量需 300MeV，但生成的複合核具很低的激發能，去激發時只放出 1 個中子而已。

以 299MeV 的 ^{58}Fe 衝擊 ^{209}Bi 核時經 $^{209}\text{Bi}(^{58}\text{Fe,n})$ ^{266}Mt 反應，生成 $^{266}_{109}\text{Mt}$ 。 $^{266}_{109}\text{Mt}$ 經 α 衰變生成 $^{262}_{107}\text{Bh}$ ， $^{262}_{107}\text{Bh}$ 再放出 α 粒子生成 $^{258}_{105}\text{Db}$ 。

$^{266}_{109}\text{Mt} \xrightarrow{\alpha} ^{262}_{107}\text{Bh} \longrightarrow ^{258}_{105}\text{Db}$

圖 10-19 為 ^{58}Fe 與 ^{209}Bi 的低溫核熔合反應的生成物與其衰變過程。

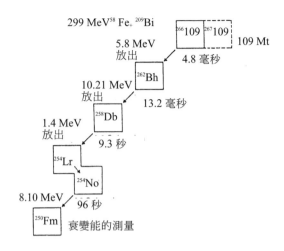

圖 10-19　低溫核熔合製① 266 及其衰變

10-3.4 原子序 110 之後的元素

　　原子序 110 之後的元素，如 2-2.3 節所述沈於不穩定核的海平面下，雖有原子序 110、111、112 元素在 1994 到 1996 年製成的報告，惟尚未獲得國際負責命名元素之委員會之命名。1999 年 7 月出版的自然(Nature)第 400 期刊登蘇、德、意、斯及日等五個國家的研究群，成功的合成原子序 114 的新元素。它們以 230～235MeV 的 ^{48}Ca 核衝擊 ^{242}Pu 靶核，製得 ^{287}114 及 3 個中子。

$$^{48}_{20}\text{Ca} + {}^{242}_{94}\text{Pu} \longrightarrow {}^{287}114 + 3{}^{1}_{0}\text{n}$$

原子序 114 的新元素為不穩定核之海中突出的島嶼（參閱圖 2-6 ），以 5 秒的半生期放出 α 粒子，衰變為 ^{283}112 。

另外一個較長壽命的 $^{289}114$ （半生期 20 秒）即以 $^{244}_{94}$Pu 為靶核，由 5.3×10^{18} ^{48}Ca 離子束照射 34 天而得。使用偵測器可偵測 $^{289}114$ 在約 34 分鐘內所進行的 3 個鏈 α 衰變及自發核分裂。

10-3.5 原子序 110 元素之命名

二十世紀為止被公認的化學元素為原子序 109 的 䥑 (Mt)，1999 年發現原子序 114 的超重元素(super heavy element)後美國亦發表原子序 116 及 118 的新元素發現的消息，惟均未被承認。原子序 110 的元素原稱為 Uun 即 un(1)＋un(1)＋nil(0)，在 2003 年經 IUPAC 公認未命名為 Darmstradium，其符號為 Ds，惟目前為止我國尚未訂出其中文名稱。

10-4 超鈾元素之應用

超鈾元素在放射化學領域的應用，皆根據各元素同位素的特性而不是依賴元素固有的化學性質。^{239}Pu 具有高截面的核分裂特性，過去用於製造原子武器，現用於高速滋生反應器的核燃料。阿波羅計畫(Apollo program)登陸月球能使用 ^{238}Pu 或 ^{244}Cm 的同位素電池(isotope battery)。^{252}Cf 可做中子源（約 10^7n/cm^2 · sec）使用於醫學、科學及工學領域。最近以極小量 ^{241}Am 製成的煙霧偵檢器對於早期發現火災靈敏度很高。

Chapter 11

熱原子化學

放射衰變及核反應都是物質的原子核變換過程，與其核外電子無關，即與物質的化學狀態無關。可是經過科學家仔細的研究發現，一放射性物質放出放射線時，顯然隨著起分子的變化。例如，以熱中子衝擊氯甲烷(CH_3Cl)，C、H 及 Cl 原子各具有兩個核反應截面因此生成不同的同位素，但只限於 ^{35}Cl 來討論時，可能有三種核反應產生：

$$^{1}_{0}n + ^{35}_{17}Cl \longrightarrow ^{36}_{17}Cl + ^{0}_{0}\gamma$$

$$^{1}_{0}n + ^{35}_{17}Cl \longrightarrow ^{35}_{16}S + ^{1}_{1}H$$

$$^{1}_{0}n + ^{35}_{17}Cl \longrightarrow ^{32}_{15}P + ^{4}_{2}He$$

問題在於生成的 ^{36}Cl, ^{35}S 及 ^{32}P 的化學狀態是怎樣的？例如，^{36}Cl 是不是留在 CH_3Cl 中 ^{35}Cl 的原來位置，或從分子脫離而成自由離子呢？硫、磷的原子價與氯不同，它們的原子價到底是多少？因此在廿世紀中葉開始放射化學家注目於隨原子核變化的化學效應(chemical effects of nuclear transformation)。能夠起核變化的原子，能量在 1eV 到 1MeV 相當於 $10^4 \sim 10^{10}$ cal/mole，稱為熱原子(hot atom)，而研究熱原子在核變化的化學效應的科學稱為熱原子化學(hot atom chemistry)。

熱原子具有下列特性：

⑴化學鍵的破裂。

⑵氧化數的變化。

⑶核內荷電數的改變而產生電子的激發。

⑷ γ 射線的內轉變所產生核電荷的變化。

⑸再結合。

11-1 熱原子的反跳效應

　　1934 年<u>西拉德</u>(L. Szilard)與<u>查麥士</u>(T. A. Chalmers)以中子照射碘乙烷(C_2H_5I)。經 $^{127}I(n,\gamma)^{128}I$ 反應得到放射性同位素的 ^{128}I，並發現 ^{128}I 能夠由有機層萃取到水層。由此他們發現 ^{128}I 不是存在於碘乙烷分子中而成離子存在。因在碘乙烷的碘為共價結合的分子，不會溶於水。但捕獲中子而生成 ^{128}I 時，^{128}I 與乙烷基(C_2H_5-)間的化學鍵顯然已破裂而能夠被水萃取。他們發表研究結果後，<u>費米</u>闡明碘捕獲中子而放出 γ 射線時，^{128}I 核受 γ 射線的反跳而切斷化學鍵。化學鍵的破裂仍因反跳效應(recoil effect)而起的。在捕獲中子時因 γ 射線的反跳所起化學鍵的變化效應稱為西拉德‧查麥士效應(Szilard-Chalmers effect)。

11-1.1 放出 α 粒子的反跳能

　　圖 11-1 表示原子核 A 放出 α 粒子而轉變為子核 B。A 核放出 α 粒子的速度為 V_α，α 粒子質量為 m_α，子核 B 的反跳速度為 V_R，質量為 m_R 時，因動量守恆

$$m_R V_R = m_\alpha V_\alpha$$

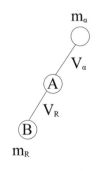

圖 11-1　α 衰變的反跳

各平方得 $m_R^2 V_R^2 = m_\alpha^2 V_\alpha^2$

兩邊各以 $2m_R$ 除：$\dfrac{1}{2} m_R V_R^2 = \dfrac{m_\alpha^2 V_\alpha^2}{2m_R}$

$$\because E_R = \frac{1}{2} m_R V_R^2$$

$$E_R = \frac{1}{2} m_\alpha V_\alpha^2 \cdot \frac{m_\alpha}{m_R}$$

$$E_R = E_\alpha \frac{m_\alpha}{m_R}$$

$$\therefore E_R = \frac{m_\alpha E_\alpha}{m_R} \qquad\qquad (11\text{-}1)$$

Ex.1

計算 ^{226}Ra 放出 α 粒子衰變爲 ^{222}Rn 時，^{222}Rn 所受的反跳能。

Sol：

查附錄 3 得 ^{226}Ra 所放出 α 粒子的能量爲 4.8MeV。代入 (11-1)式得

$$E_R = \frac{m_\alpha E_\alpha}{m_R} = \frac{4 \times 4.8}{222} = 0.086 \text{ (MeV)}$$

$$= 86,000 (\text{eV})$$

化學鍵能約 $1\sim10$eV 而 ^{226}Ra 放出 α 粒子時 ^{222}Rn 所受的反跳能有 86,000eV，遠超過化學鍵能，因此任何化學鍵都能夠破裂。

11-1.2 放出 β 粒子的反跳能

放出 β 粒子時反跳能的計算，需考慮根據相對論電子質量之增加。這是因飛離原子核 $β^-$ 粒子的速度接近於光速而起，因此子原子核所受的反跳能以(11-2)式表示：

$$E_R = \frac{537}{m_R}(E_\beta^2 + 1.02E_\beta) \qquad (11\text{-}2)$$

式中 E_β 爲 MeV 單位，E_R 爲 eV 單位

例如，質量數 100 的放射性同位素，放出 2MeV 的 β 粒子時，子核所受的反跳能 E_R 爲：

$$E_R = \frac{537}{100}(2^2 + 1.02 \times 2) = 32.43 \text{ (eV)}$$

原子核放出 β 射線時，子核所受的反跳能爲 10~100eV 比 α 射線少很多。同時 β 射線的能量譜爲連續譜，因此反跳的能量譜也是連續譜。考慮 β 粒子的平均能時，反跳能與化學鍵能量很接近。

在 β 衰變時反跳原子的質量數愈大，反跳能愈小。例如 氚(^{3}H)與鈽241(^{241}Pu)具有相似的 β^- 衰變能，即 $E_\beta = 20$ KeV。

^{241}Pu β 衰變時，子核所受的反跳能爲：

$$E_R = \frac{537}{241}(0.02^2 + 1.02 \times 0.02) = 0.046(eV) = 4.4(kJ/mol)$$

^{3}H β 衰變時，子核所受的反跳能爲：

$$E_R = \frac{537}{3}(0.02^2 + 1.02 \times 0.02) = 3.7(eV) = 355.6(kJ/mol)$$

在同樣能量的 β 射線，氚所受的反跳能較鈽所受的反跳能約大 100 倍。

11-1.3 放出 γ 射線的反跳能

一原子核放出 γ 射線時，給予子核的反跳能爲：

$$E_R = 537\frac{E\gamma^2}{m_R} \qquad\qquad (11\text{-}3)$$

(11-3)式中 E_γ 的單位爲 MeV， E_R 的單位爲 eV。

例如， ^{137}Cs 放出 0.66MeV 的 γ 射線時，其子核所受的反跳能爲：

$$E_R = 537\frac{(0.66)^2}{137} = 1.71\ (eV)$$

表 11-1 爲經各型衰變子原子核所受的最大反跳能及反跳譜。

表 11-1　反跳能

衰變型式	反跳譜	最大反跳能 E_R（eV）	
α	線光譜	$m_\alpha \cdot E_\alpha/m_R$	$\sim 10^5$
β^-，β^+	連續光譜	$537E_\beta(E_\beta + 1.02)/m_R$	~ 100
電子捕獲	線光譜	$140.2(W_v^2 - v^2)/m_R$	~ 50
同質異構過渡	線光譜	$537E_\gamma^2/m_R$	~ 1

W_v 爲微中子的能量以 mc^2 (0.51MeV)單位表示。

v 爲微中子的質量以 mc^2 單位表示。

11-1.4　反跳能的分配

反跳原子在分子內時，反跳能的一部分爲內部能方式給予分子做爲激發分子之用。表 11-2 表示反跳能的分配。

表 11-2　反跳能 E_R 之分配

	外部能	內部激發能	
		放射性原子 的化學鍵	其他化學鍵
原　子	E_R	0	
2 原子分子	$m_R \cdot E_R/M$	$(M - m_R)E_R/M$	0
多原子分子	$m_R \cdot E_R/M$	$F(M - m_R)E_R/M$	$(1 - F)(M - m_R)E_R/M$

m_R 爲反跳原子質量，M 爲分子量，F 爲給予結合於放射性原子的內部激發能的比率。

　　一分子起化學鍵破裂的比率，主要與原子所受的反跳能有關，此外分子的立體結構，構成分子的原子質量及鍵能亦影響化學鍵的破裂與否。哥達士(Gordus)設分子爲彈簧所結合的粒子之集合體，使用古典力學計算由反跳的多原子分子之內部激發能，求得使化學鍵破裂所需反跳能的低限值 E_R^0。表 11-3 爲以氚取代氫的烷化合物，經 β^- 衰變所成 $C\text{-}He^+$ 鍵破裂所需之反跳能的低限值 E_R^0。

表 11-3　破裂 $C\text{-}He^+$ 所需反跳能低限值 E_R^0

母分子	E_R^0 (eV)	$\dfrac{E_v^0}{E_R^0}$ (%)	$\dfrac{E_\gamma^0}{E_R^0}$ (%)	$\dfrac{E_N^0}{E_R^0}$ (%)	$\dfrac{E_M^0}{E_R^0}$ (%)	$\dfrac{E_{Mi}^0}{E_R^0}$ (%)	F^0	不破裂比率 (%)	
								計算值	實驗值
CH_3T	0.073	67.41	1.40	2.78	13.89	14.52	0.826	1.7	0.6
C_2H_5T	0.060	83.71	0.09	0.88	8.50	6.82	0.925	1.2	0.2
$CH_3CH_2CH_2T$	0.055	90.36	0.00	0.42	6.10	3.12	0.967	1.0	0.2
CH_3CHTCH_3	0.056	88.76	0.00	0.42	6.10	4.72	0.950	1.0	0.2

E_v^0，E_γ^0 爲給予反跳原子所結合化學鍵的振動能及轉動能（ $E_v^0 + E_\gamma^0 =$ 鍵能），E_N^0 爲反跳原子 ^3He 的動能，E_M^0，E_{Mi}^0 爲解離所生成碎片的動能及內部能，F^0 爲給予化學鍵結之內部能比率。

由表 11-3 可知與反跳原子結合的碎片之質量愈大，破裂鍵結所需的能量愈小。

西拉德‧查麥士效應在放射性同位素的製造很有用。許多有機鹵化物，如 CH_3Cl、CCl_4、$C_2H_4Cl_2$、C_6H_5Cl、CH_3Br、C_2H_5Br、C_4H_9Br、CH_2Br_2、$CHBr_3$、CH_3I、CH_2I_2、C_4H_9I 及 C_6H_5I 等分子受中子照射起核轉變為放射性鹵素的原子。此原子因受 γ 射線的反跳能，化學鍵破裂進入水層。未起(n, γ)反應的鹵素原子仍以鹵烷分子狀態存在於有機層。因此可得放射性比度高的放射性鹵素原子。同樣氯酸鹽、過氯酸鹽、溴酸鹽、碘酸鹽及過碘酸鹽等經(n, γ)反應後都能還原為氯化物，溴化物及碘化物。

11-2 熱原子的電子激發與離子化

11-2.1 隨 β 衰變的電子激發過程

含熱原子的分子，因 α 射線的反跳，化學鍵會破裂。但放出 β⁻ 射線時的反跳能並不大，因此隨 β 衰變的化學效應，重點在於探討 β 衰變時子原子的電子激發及離子化過程。表 11-4 為外士拉(S. Wekler)所發表隨 β 衰變的電子激發過程。

表 11-4　隨 β 衰變的電子激發過程

1. 因核電荷之急激變化，電子殼的震動(shaking)。
2. 子原子核的反跳。
3. β 粒子與軌道電子的碰撞。
4. 鄂惹效應(Auger effect)。
5. 因放出軌道電子，靜電場急劇變化引起的電子雲之震動。
6. 內部制動輻射的內部轉換。
7. 內部制動輻射的內部電子對轉換。
8. 子原子電子軌道捕獲 β 粒子。

原子序 Z 的原子放出 $β^-$ 粒子所生成子原子的核電荷增加爲 Z ＋ 1，可是因隨放出粒子的核外過程，子原子的電子被激發或離子化。在 β 衰變最重要的激發來源爲非絕熱攝動(nonadiabatic perturbation)或由電子雲的震動所起的電子轉移。

11-2.2 鄂惹效應

從放射性原子核所放出的 β 粒子（或 γ 射線）與 K 軌道電子碰撞，K 軌道被放出成二次電子。這時在 K 軌道產生電子空位(electron vacancy)，立即有較高能階的（L 軌道及 M 軌道）電子遞補 K 軌道電子空位，並將能階差的能量以電磁輻射線（即 X 射線）方式放出。因遞補 K 軌道電子空位，L 軌道及 M 軌道亦生成電子空位，同時所放出的 X 射線亦有機會碰撞 N 或 O 軌道電子並將其彈出。因此一有 K 軌道電子被彈出，立即產生多數電子的空位串級(vacancy cascade)，結果損失多數原子的外殼電子，母原子即帶很多正電荷，此一效應稱爲鄂惹效應(Auger effect)。

11-3 氣相的熱原子實驗

在氣相測定平均電荷及荷電譜，已成爲研究隨放射衰變的化學效應之基本研究手段。從實驗結果瞭解放射衰變對軌道電子的影響及鄂惹效應的過程。

11-3.1 平均電荷的測量

放射衰變原子的平均電荷以圖 11-2 所示平均電荷測定用游離箱測量。將已知衰變數的放射性氣體試樣導入游離箱，以振動容量測電計測定流通於兩電極間的微弱電流。表 11-5 爲各以此游離箱所測衰變原子的平均電荷數。

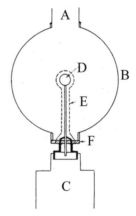

A：連眞空泵　　B：游離箱（陽極銅）
C：振動容量測電計
D：離子捕集電極（陰極）
E：柵極　　　　F：絕緣體

圖 11-2　平均電荷測定用游離箱

表 11-5 平均電荷

試樣	衰變型式	平均電荷（e 單位）
$^3H_2$	β^-	0.9 ± 0.1
$^{14}CO_2$	β^-	1.0 ± 0.2
^{41}Ar	β^-	1.0 ± 0.1
^{37}Ar	EC	3.41 ± 0.14
^{88m}Kr	IT	7.7 ± 0.4
$C_2H_5^{80m}Br$	IT	10 ± 2
^{131m}Xe	IT	8.5 ± 0.3

在 β^- 衰變不顯著，隨放射衰變而起子原子的離子化，但電子捕獲衰變(EC)及同質異構躍遷衰變(IT)，因鄂惹效應過程所生成的多電荷離子在平均電荷測定用游離箱觀測到。

11-3.2 荷電譜的測定

美國 橡嶺國家研究所(Oak Ridge National Laboratory)及亞岡國家研究所(Argonne National Laboratory)，各自開發改良質譜儀的荷電譜儀(charge spectrograph)。圖 11-3 為橡嶺國家研究所型的荷電譜議的結構。荷電譜儀由四大要件組成：

⑴使放射性氣體試樣衰變所生成的子原子離子有效導入於質量荷電分析器的離子源室。

⑵質量荷電分析器。

⑶設電子倍加管的離子檢測室。

⑷眞空泵。

圖 11-4, 11-5, 11-6 為該研究所所測得單原子分子，即放射性

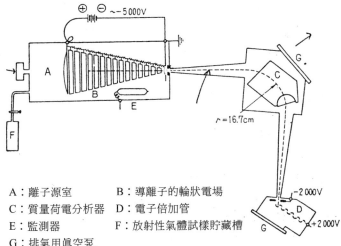

A：離子源室　　　B：導離子的輪狀電場
C：質量荷電分析器　D：電子倍加管
E：監測器　　　　　F：放射性氣體試樣貯藏槽
G：排氣用眞空泵

圖 11-3　荷電譜儀的結構

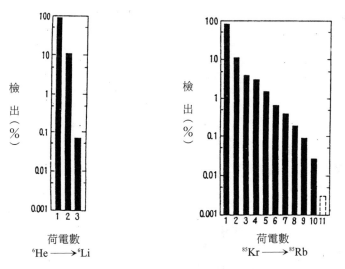

圖 11-4　　β⁻ 衰變的荷電譜

惰性氣體經衰變後所成子原子的荷電譜。如圖 11-4 所示在
β⁻ 衰變時，子原子的 80～90 ％以帶一正電荷的離子方式
存在。剩下的 10～20 ％爲由電子的震動效應而生成帶多

正電荷的離子。圖 11-5 的電子捕獲衰變，由於鄂惹效應的電子空位串級，子原子的最外殼產生多數電子空位，生成多重電荷的正離子。從圖 11-5 可實測到一部分 ^{37}Cl 外（M層）的電子都變空位。

同質異構過度衰變過程，對 K 殼、M 殼電子起內轉變而放出電子，結果與電子捕獲衰變一樣，因鄂惹效應所起的電子空位串級而生成多重正電荷的離子。圖 11-6 ^{131m}Xe 的衰變過程中，從荷電譜儀檢測出帶八個正電荷離子的最多，表示氙的最外殼（O 殼）電子的全部損失。此時不帶電荷的氙約只有 2 ％而已。

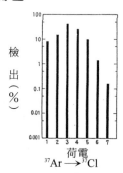

圖 11-5　EC 衰變的荷電譜

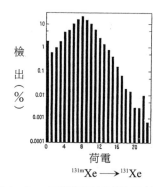

圖 11-6　同質異構躍遷的荷電譜

11-3.3 鄂惹爆炸

以 X 射線照射碘甲烷時可放出碘的 L 殼電子。繼續過程後在荷電譜儀觀測到如表 11-6 所示之離子及檢出率。

表 11-6　CH_3I 經 X 射線照射後的荷電離子

離子	檢出率	離子	檢出率
I^{1+}	0.20 ± 0.02	ΣI^{n+}	4.53 ± 0.05
I^{2+}	0.42 ± 0.02	C^{1+}	1.12 ± 0.05
I^{3+}	0.59 ± 0.02	C^{2+}	2.08 ± 0.07
I^{4+}	0.82 ± 0.02	C^{3+}	1.13 ± 0.05
I^{5+}	1.00	C^{4+}	0.10 ± 0.01
I^{6+}	0.62 ± 0.02	C^{5+}	< 0.01
I^{7+}	0.50 ± 0.02	ΣC^{n+}	4.43 ± 0.1
I^{8+}	0.24 ± 0.01	H^+	13.4 ± 0.3
I^{9+}, CH_2^+	0.10 ± 0.01	CH_3^+	< 0.1
I^{10+}	0.03 ± 0.01	CH^+	0.03 ± 0.02
I^{11+}	0.007 ± 0.03	CH_nI^+	< 0.1

表中的檢出率以 I^{5+} 為 1.00 的比較值。

檢出的離子以 C^{n+}, H^+ 及 I^{n+} 為最多，這些離子之檢出率之比為 $1：3：1$，即符合於 CH_3I 結構的原子比。為何會生成這麼多的荷電粒子，可由鄂惹爆炸(Auger explosion)解釋。

(1)碘內部軌道電子空位串級所產生鄂惹電子的震動結果生成多重正電荷。

(2)分子內電子的移動，使 C 原子，H 原子都帶正電。

(3)由於分子各部分都帶正電，因庫侖排斥力使分子內各部分互相排斥而破裂成各帶正電的離子。

(1)鄂惹電子震丟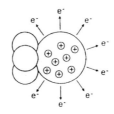

(2)電荷的移動

(3)庫侖排斥的鄂惹爆炸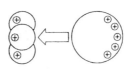

圖 11-7　CH₃I 分子的鄂惹爆炸機構

11-4　西拉德・查麥士反應

11-1 節介紹西拉德・查麥士反應。此反應，應用於放射性同位素的製造外，亦用於熱原子化學的基礎研究。

11-4.1　反跳分離的條件

同一元素因核變化所生成的反跳原子能夠與其他原子分離，必須符合下列條件。

(1)化合態

反跳後的放射性原子的化合態或原子價，必須與母原子的化合態或原子價不同。

(2)同位素交換

在熱平衡時，反跳原子不與非放射性原子起同位素交換反應。如下列各反應應不會產生：

電子交換反應 $*Fe^{2+} + Fe^{3+} \rightleftharpoons Fe^{2+} + *Fe^{3+}$

原子或離子交換反應 $C_4H_9I + *I^- \rightleftharpoons C_4H_9*I + I^-$

(3)安定

生成的化合物必須是化學安定及對放射線安定的。

11-4.2 濃化因數與留存率

反跳分離的程度以濃化因數(enrichment factor)表示。濃化因數為分離過的放射性元素之放射性比度與照射後生成物（即未分離的）放射性比度之比率。西拉德‧查麥士反應甚至可得 10^6 的高濃化因素的放射性同位素。濃化因數隨照射時間及照射方法而改變。例如在原子爐照射時，生成物的一部分因放射線分解作用而分離非放射性的碘，因此放射性碘的放射性比度降低，濃化因數亦減小。

留存率(retention)為核轉變所生成的放射性核種能夠以原來分子相同化學型態留存的比率。表 11-7 為熱原子化學反應生成物與留存率之例。

西拉德‧查麥士反應的分離法特別對有機鹵素化合物有用。因為在有機化合物中的鹵素將轉變成無機離子而能夠被水萃取。同樣對於有機金屬化合物，金屬羰基化合物或安定的金屬錯合物等都通用。

表 11-7　熱原子化學反應生成物與留存率

照射物質	(n, γ) 過程 反跳原子	溶於水後 生成物	留存率(%)
$KMnO_4$	^{56}Mn	Mn^{2+}, MnO_2	22
K_2CrO_4	^{51}Cr	Cr^{2+}, Cr^{3+}	60
$NaClO_4$	^{38}Cl	Cl^-, ClO_3^-	0
KIO_4	^{128}I	I^-, I_2, IO_3^-	4
K_2ReCl_6	^{186}Re	ReO_2, ReO_4^-	63

　　無機化合物中含有過渡金屬的特別有使用價值，因為過渡金屬元素具有多種安定氧化態之故。其中 CrO_4^{2-}、MnO_4^-、PO_4^{3-} 或 ClO_3^- 等具氧化性的陰離子很適合，因能很快分離為低原子價狀態的反跳原子，同時高低兩原子價的離子間（如 CrO_4^{2-} 與 Cr^{3+}）不起同位素交換反應。

11-4.3 反跳反應的應用

⑴合成新化合物

　　β^- 衰變時，子原子的原子價增加 1。

$$_Z A^{n+} \longrightarrow \; _{Z+1}A^{(n+1)-} + e^-$$

放射性原子為某分子的構成成分而不會因反跳來離開時，由 β^- 衰變所起 Z 的變化會影響到鄰元素 $_{Z+1}A$ 的類似化合物。結果以此方法可製造無載劑的未知所化合物。由反跳而合成化合物的方法稱為反跳合成(recoil synthesis)。

例如，科學家一直懷疑二苯鎝〔bis-benzene technetium, Tc$(C_6H_6)_2$〕錯合物的存在，因為相應（ⅦB 族）的二苯錸

〔Re(C₆H₆)₂〕能安定存在而二苯錳卻不安定。爲了要研究
鉻錯合物的安定性，以 ^{99}Mo 合成二苯鉬，期望因 β⁻ 衰變
生成二苯鍀。實際上以 80～90 ％產率分離得 ^{99m}Tc 標識的
二苯鍀錯合物。假設出發物質不安定時，因獲得電子能轉
變爲安定的低原子價狀態。新化合物的乙醯丙酮酸錯
〔Praseodymium acetylacetonate,Pr(C₅H₇O₂)₃〕由類似的乙
醯丙酮酸鈰的 β⁻ 衰變反跳合成所得。

$$^{99}Mo(C_6H_6)_2 \xrightarrow{\ \beta^-\ } {}^{99m}Tc(C_6H_5)_2^+$$

$$^{144}Ce(C_5H_7O_2)_3 \xrightarrow{\ \beta^-\ } {}^{144}Pr(C_5H_7O_2)_3^+ \xrightarrow{\ +e^-\ } {}^{144}Pr(C_5H_7O_2)_3$$

⑵反跳標識

利用反跳原子標識有機化學物的過程稱爲反跳標識(recoil
labelling)。氚反跳原子的有機化合物的標識通常使用
^{6}Li(n,α)^{3}H 反應。此反應的截面較大，因此可得較大量的
氚，而且所得的放射性比度亦較高。在中子通量 10^{12} n・cm⁻²
・sec⁻¹ 原子爐照射 1 毫莫耳鋰(6.9mg)1 小時，可得約 1.7×10^{14}
氚原子，相當於 3,000,000Bq。將欲標識的化合物與鋰化合
物一起送入原子爐，受中子照射後生成的氚之 5～30 ％進
入有機化合物中成爲氚標識的有機化合物。表 17-8 爲由
^{6}Li(n,α)^{3}H 所生成氚的反跳標識。

表 11-8　經 $^6Li(n,\alpha)^3H$ 的氚反跳標識

照射化合物	氚來源	照射物中放射化學產率(%)	放射強度(Bq-Tmg^{-1}H)
菸鹼酸 nicotinic acid	10 % Li_2SO_4	6	1.2×10^4
膽固烷 cholestane	10 % Li_2CO_3	19	5.2×10^4
葡萄糖 glucose	50 % Li_2CO_3	10	1.5×10^3
利血平 reserpine	3 % Li_2CO_3	18	5.2×10^4
L(+)丙胺酸 alanine	3 % Li_2CO_3	12	15.5×10^4

　　熱原子化學為核化學及放射化學領域最熱門的探究主題之一。化學為研究物質的科學。隨核變化的化學效應可推廣到所有物質的大範圍，跟放射線化學一起將成為兩大探究物質的主流。

Chapter 12

放射線化學

放射線通過物質時，放射線的能量被物質吸收。研究物質吸收放射線能量所起化學變化的科學稱為放射線化學或輻射化學。放射線化學的起源於 19 世紀末葉。侖琴發現 X 射線、貝克勒發現鈾的放射現象及居里夫人的發現鐳。X 射線或放射線能夠透過光線透不過的黑紙，使照相軟片感光，亦使空氣導電等現象，使當時科學家認為由於放射線所引起的化學作用仍是因產生離子而起的。1912 年林得(Lind)從 α 射線與氧氣交互作用生成的臭氧的研究，獲得一離子對有 0.5 分子臭氧生成的結果，由此導出離子對產率（ion pair yield，簡寫為 M/N）的概念。M 代表變化的分子數，N 代表生成離子對數。離子對產率往往大於 1，因此林得提出離子集團說(ion-cluster theory)解釋。在中性氣體分子中，放射線照射生成的離子變為一個核，其周圍的中性分子受核電荷的極化力(polarization force)影響產生弱的作用力，被離子吸收產生離子集團(ion cluster)。此離子集團與電子或離子中和時，中和熱分配到集團內的各分子間而起所有分子的反應。例如，以 α 射線照射乙炔氣體時，乙炔起聚合反應成丘普平(cuprene)固體($C_{40}H_{40}$)，其離子對產率為 20。根據離子集團說，反應以三個步驟進行：

$$C_2H_2 \ \rightsquigarrow \ C_2H_2^+ + e^- \quad \text{生成離子對}$$

$$C_2H_2^+ + 19C_2H_2 \longrightarrow (19C_2H_2 \cdot C_2H_2^+) \quad \text{離子集團}$$

$$(19C_2H_2 \cdot C_2H_2^+) + e^- \longrightarrow C_{40}H_{40} \quad \text{中和生成丘普平}$$

1936 年艾林(Eyring)提出放射線化學反應的主要角色不

是離子，而是由離子或激發分子所生成的自由基(free radical)，放射線化學反應能夠由自由基機構解釋。今日對此兩說採集修正及折中的方式處理，即離子與自由基反應兩者並行。有時一方（如離子）擔任主角，另一（如自由基）擔任配角，有時相反交替，並加激發分子來說明放射線化學反應機構。

12-1 離子及激發分子

放射線照射在物質時與核外電子交互作用而生成離子對或激發分子。這些初級物質的生成量與物質所吸收的能量有關。氣相的分子裡生成離子對與激發分子的數大約相等。生成的離子對或激發分子即被破壞或與化學物質反應而起化學變化。自激發分子或離子化的分子所生成的自由基在所起的化學變化擔任重要的任務。此地先討論激發分子及離子。

$$A \xrightarrow{} A^+ + e^-$$
$$A \xrightarrow{} A^*$$

12-1.1 激發分子

(1)成因

游離性放射線能夠直接在物質中生成激發分子，或由生成的離子與電子的中和，間接產生激發分子。

$$A \xrightarrow{} A^*$$

$$A \; \rightsquigarrow \; A^+ + e^- \; 〔或 (A^+)^* + e^- 〕$$

$$A^+ + e^- \longrightarrow A^{**} \longrightarrow A^*$$

離子與電子中和所生成的高激發分子(A^{**})，往往與其他分子的碰撞而消失一部分能量而變一般的激發分子(A^*)。此外，有的分子吸收紫外線或可視光亦可成為激發分子。

$$A + h\nu \longrightarrow A^*$$

⑵激發分子恢復至基態的過程

①放出螢光：激發分子放出螢光轉換為基態。螢光比原所吸收的光波長較長，也就是發光帶比吸收帶的波長較長。

$$A^* \longrightarrow A + h\nu$$

②內轉變(internal conversion)：激發分子從激發狀態到基底狀態的無發光內轉變。

③系間交叉(intersystem crossing)：對不同多重態激發的無發光轉變。

④無發光能量轉移：從一激發分子到周圍的另一分子，電子激發能的無發光能量轉移。

$$A^* + B \longrightarrow A + B^*$$

B 之激發能$\leq$A 之激發能時可進行。

⑤單分子反應(unimolecular reaction)：

a.分子重排(molecular rearrangement)：激發的多原子分子，重排分子方式恢復至安定狀態。例如：

$$\begin{array}{ccc} \diagdown & \diagup H & & \diagdown & \diagdown \\ C = C & \longrightarrow & C = C \\ \diagup H & \diagdown & & H \diagup & \diagdown H \end{array}$$

trans-（反-）　　　　　　　　cis-（順-）

b. 解離為自由基(dissociation to free radical)：如激發分子

具足夠能量時，分子的共價鍵解離而生成自由基。

$(R : S)^* \longrightarrow R \cdot + S \cdot$

例如：$CH_3COCH_3^* \longrightarrow CH_3CO \cdot + \cdot CH_3$

c. 分解為其他分子：

$CH_3(CH_2)_2COCH_3^* \longrightarrow CH_3CH = CH_2 + CH_3COCH_3$

$C_2H_6^* \longrightarrow C_2H_4 + H_2$

⑥雙分子反應(bimolecular reaction)：激發分子能夠與其他

分子直接反應，生成新化學物質。可分為下列方式進

行。

a. 電子轉移(electron transfer)：激發分子與其他分子或離

子間起電子轉移反應。

$A^* + B \longrightarrow A^+ + B^-$（或 $A^- + B^+$）

例如，亞鐵離子(Fe^{2+})可使水溶液中的亞甲藍(methy-

lene blue)的螢光消失。此過程仍由亞鐵離子在碰撞

時，將電子轉移給激發亞甲藍分子（以 D*表示）所

起的。

$D^* + Fe^{2+} \longrightarrow D \cdot^- + Fe^{3+}$
　　　　　　　　　自由基陰離子(radical anion)

$D \cdot^- + H^+ \longrightarrow DH \cdot$
　　　　　　　　自由基(radical)

$$2DH\cdot \longrightarrow D + DH_2$$

b. 氫原子取代反應(H atom substitution)：氫原子取代反應通常包括激發分子的還原，生成物多為自由基。

$$A^* + RH \longrightarrow AH\cdot + R\cdot$$

例如：激發的 *38、41、*-2,6-二磺酸離子（anthraquinone-2, 6-disulfonic acid ion，簡寫為 Q*）能夠使中性或酸性溶液中的乙醇氧化為乙醛，但其本身還原為氫 *41、*(hydroquinone)。

$$Q^* + CH_3CH_2OH \longrightarrow QH\cdot + CH_3\overset{\bullet}{C}HOH$$

$$CH_3\overset{\bullet}{C}HOH + Q \longrightarrow CH_3CHO + QH\cdot$$

$$2QH\cdot \longrightarrow Q + QH_2$$

c. 加成反應(additional reaction)：加成反應為三重態(triplet)激發的特徵。例如三重態激發的氧與三重態激發的線狀多核芳香族碳氫化合物之 *38、* 反應，生成過氧化跨環 *38、*(transannular anthracene peroxide)。

38、   過氧化跨環 *38、*

此反應的通式為：$A^* + B \longrightarrow AB$

d. 史吞-佛摩反應(Stern-Volmer reaction)：兩物質分子或一物質分子被激發的分子間之原子交換反應。通式為：

$$A^* + B \longrightarrow P + Q$$

$$或 \quad 2A^* \longrightarrow P + Q$$

例如： $2H_2O^* \longrightarrow H_2 + H_2O_2$

12-1.2 離子

⑴成因

物質吸收放射線能量時，產生離子對。

$$A \quad \leadsto \quad A^+ + e^-$$

或 $A \quad \leadsto \quad (A^+)^* + e^-$

有時以電子衝擊物質亦可生成離子

$$A + e^- \longrightarrow A^+ + 2e^-$$

例如： $H_2 + e^- \longrightarrow H_2^+ + 2e^-$

⑵離子的反應

a. 離子對之再結合：離子的壽命很短，通常在 10^{-5} 秒內起再結合反應或與其他物質反應。

$$A^+ + e^- \longrightarrow A^{**}$$

或 $A^+ + A^- \longrightarrow A^* + A$

b. 解離(dissociation)：由放射線的游離化，較分子最低游離能更大能量時，生成的陽離子亦被激發。被激發的多原子離子將起解離或重新排列。解離的通式為：

$$(A^+)^* \longrightarrow M^+ + N$$

或 $(A^+)^* \longrightarrow R\cdot^+ + S\cdot$

例如： $(C_2H_6^+)^* \longrightarrow C_2H_4^+ + H_2$

c. 電荷轉移(charge transfer)：陽離子與鄰近的中性分子碰撞，從中性分子取得 e^- 而轉移電荷。

$$A^+ + B \longrightarrow A + B^+$$

此時 A 的游離能必等於或大於 B 的游離能($I_A \geq I_B$)，電荷轉移反應才能進行。例如：

$$He^+ + Ne \longrightarrow He + Ne^+$$

游離能：　21.6V　　　　24.6V

兩個中性分子（或原子）的游離能不同時，在電荷轉移過程裡放出其差異的能量，使生成物振動及殘留為電子能量。此過程出現於能量差小的一邊，所放出的能量足夠使新生成的離子解離。

$$Ar^+ + CH_4 \longrightarrow Ar + \cdot CH_3^+ + \cdot H$$

游離能：　13.0V　　　　15.8V

d. 離子-分子反應(ion-molecular reaction)：離子-分子反應為離子與其周圍的中性分子間所起的反應。在多數化合物的放射線分解裡離子-分子反應占一重要階段。離子-分子反應的反應極快（約 10^{-11} 秒），活化能等於 0 而反應熱等於 0 或只有放熱反應。離子-分子反應通式為：

$$A^+ + B \longrightarrow C^+ + \cdot D$$

依照反應型式可再分為：

(i)氫原子取代：

$$HBr^+ + HBr \longrightarrow H_2Br^+ + Br\cdot$$

$$H_2O^+ + H_2O \longrightarrow H_3O^+ + \cdot OH$$

$$CH_4^+ + CH_4 \longrightarrow CH_5^+ + \cdot CH_3$$

(ii)質子〔H^+〕或氫負離子〔H^-〕轉移：

$$H_2^+ + O_2 \longrightarrow HO_2 \cdot^+ + H\cdot$$

$$C_3H_5^+ + neo-C_5H_{12} \longrightarrow C_3H_6 + C_5H_{11}^+$$

(iii)碳-碳鍵的生成或切斷：

$$CH_3^+ + CH_4 \longrightarrow C_2H_5^+ + H_2$$

$$C_2H_4^+ + C_2H_4 \longrightarrow C_3H_5^+ + \cdot CH_3$$

(3)電子的反應

放射線照射物質時，生成陽離子與電子。多數物質捕獲電子成陰離子，有時包括分子的解離。

$$A + e^- \longrightarrow A^-$$

或　$$A + e^- \longrightarrow B^- + C$$

鹵素及有機鹵化合物、氧、水及乙醇等電子親和力較大的物質均進行上述反應。

$$I_2 + e^- \longrightarrow I^- + I\cdot$$

$$C_2H_5I + e^- \longrightarrow \cdot C_2H_5 + I^-$$

$$O_2 + e^- \longrightarrow O_2^-$$

$$H_2O_{aq} + e^- \longrightarrow OH_{aq}^- + \cdot H$$

有時物質捕獲電子時生成離子對

$$A + e^- \longrightarrow B^+ + C^- + e^-$$

例如：$$C_2H_5Cl + e^- \longrightarrow C_2H_5^+ + Cl^- + e^-$$

此反應仍由 9eV 的電子就能進行，惟氯乙烷的最低游離能為 11.2eV 而所起的反應為：

$$C_2H_5Cl + e^- \longrightarrow C_2H_5Cl^+ + 2e^-$$

(4)電荷中和反應

電荷中和反應如前所提：

$$A^+ + e^- \longrightarrow A$$

或　$A^+ + e^- + M \longrightarrow A + M$

尚有分子離子與電子的中和

$$AB^+ + e^- \longrightarrow (AB^*) \longrightarrow A + B$$

如　$H_2^+ + e^- \longrightarrow H + H$

分子離子與陰離子之中和

$$AB^+ + C^- \longrightarrow AB + C$$

或　$AB^+ + C^- \longrightarrow A + B + C$

12-2　自由基

具有一個或更多能成化學鍵的不成對電子(unpaired electron)的原子、離子或分子稱為自由基。通常自由基為電中性的，但有的自由基帶電荷。例如：$\cdot O_2^-$ 為帶負電的自由基陰離子(radical anion)，$\cdot CH_4^+$ 為帶正電的自由基陽離子(radical cation)。

在放射線化學，激發分子的解離及離子的反應（解離，離子-分子反應，中和等）生成自由基。在自由基濃度高的區域，自由基與自由基反應外，未反應的自由基擴散到全體的媒質與受質(substrate)反應。自由基在放射化學反應機構裡擔任很重要的角色。

12-2.1 自由基的生成

　　除了放射線效應所生成的自由基外，尚有多種自由基的生成途徑。

(1)熱解離(thermal dissoiation)

　　共價化合物加熱到足夠高溫時，共價鍵破裂而生成自由基。例如，加熱碘分子到 1700°C 以上時，碘分子完全解離為碘自由基。此反應為可逆反應，在 1 氣壓 700°C 以下溫度時，反應完全向左進行。

$$I_2 \; \underset{700°C}{\overset{1700°C}{\rightleftharpoons}} \; 2I \cdot$$

共價鍵較弱的分子於適當溫度條件下，均可分解為自由基，因此可做自由基源(radical source)。

　　有機過氧化物具有弱的 −O−O− 鍵結，無論是氣態或溶液中都能成為自由基源。

　　例如：在氣相過氧化雙第三丁基(di-t-butyl peroxide)加熱 120～200°C 可成為甲基自由基(methyl radical)的來源。

$$(CH_3)_3CO-OC(CH_3)_3 \xrightarrow{120~200°C} 2(CH_3)_3CO \cdot \longrightarrow$$

$$2 \cdot CH_3 \;+\; 2CH_3COCH_3$$

過氧化乙醯(acetyl peroxide)或過氧化苯甲醯(benzoyl peroxide)在溶液中能夠做自由基的來源

$$CH_3CO-O-O-OCCH_3 \xrightarrow{95~100°C} 2CH_3COO \cdot \longrightarrow$$

$$2 \cdot CH_3 \;+\; 2CO_2$$

$$\bigcirc\text{-COO-OOC-}\bigcirc \xrightarrow{\text{約 70℃}} 2\ \bigcirc\text{-COO}\cdot$$

(2)光解離(photodissociation)

分子吸收光能而被激發並解離為自由基。例如，丙酮無論在氣相或溶液中都能夠做為光化學的甲基自由基之來源。

$$CH_3COCH_3 \xrightarrow{\ h\nu\ } CH_3CO\cdot + \cdot CH_3$$

$$CH_3CO\cdot \longrightarrow \cdot CH_3 + CO$$

由熱解離能夠成自由基的化合物，多數都能在室溫時由紫外線照射而解離為自由基。不吸收普通使用波長範圍光線的分子，亦能夠從適當光線所激發的原子，轉換能量而解離為自由基。例如，氫的光敏解離(photosensitized dissociation)使用汞為光敏原子。

$$Hg + h\nu \longrightarrow Hg*$$

$$Hg* + H_2 \longrightarrow Hg + 2H\cdot$$

(3)氧化還原反應

氧化還原反應裡，兩反應體間有電子轉移以生成自由基。芬頓試劑(Fenton reagent)為過氧化氫與硫酸亞鐵的混合試劑，因氧化還原反應生成氫氧自由基。

$$H_2O_2 + Fe^{2+} \longrightarrow Fe^{3+} + \cdot OH + OH^-$$

過氧二硫酸根離子(peroxo disulfate ion, $S_2O_8{}^{2-}$)及有機過氧化物亦起同樣的反應。

$$R-O-O-H + Fe^{2+} \longrightarrow Fe^{3+} + RO\cdot + \cdot OH^-$$

氧化還原反應能生成自由基的尚有下面例

$$NH_3OH^+ + Ti^{3+} \longrightarrow Ti^{4+} + \cdot NH_2 + H_2O$$

$$Br^- + Ce^{4+} \longrightarrow Ce^{3+} + Br\cdot$$

$$\text{⬡}{-}CHO + Co^{3+} \longrightarrow Co^{2+} + \text{⬡}{-}\overset{\bullet}{C}O + H^+$$

(4)紫外線照射的電子轉移

紫外線照射水合陽離子或陽離子與陰離子之較弱結合時產生自由基。其通式為：

$$M^{Z+}H_2O \xrightarrow{\ h\nu\ } M^{(Z+1)+}OH^- + H\cdot$$

$$Fe^{3+}X^- \xrightarrow{\ h\nu\ } Fe^{2+} + X\cdot$$

M 代表 Fe, Cr, V, Ce 等。

X 代表 F, Cl, Br, OH, N_3, C_2O_4 等。

(5)電解

電氣分解亦可生成自由基。例如羧酸鹽水溶液電解時，在陽極生成 RCOO・自由基。

$$RCOO^- \xrightarrow{\ -e^-\ } RCOO\cdot$$

12-2.2 自由基的性質

自由基因具有不成對電子，故其本質不安定。不成對電子易與其他自由基的不成對電子結合電子對，或以電子轉移反應而消滅。自由基在普通條件下具強反應性的稱為反應性自由基。反應性自由基通常為原子或較小的分子所生成的，在普通條件只過渡性存在。例如：H・、・OH、・Cl、・CH_3、C_6H_5・等都是反應性自由基。

另一面，由大的分子構成的自由基，雖然具有不成對電子，但反應性較弱，因此稱為安定自由基。例如：

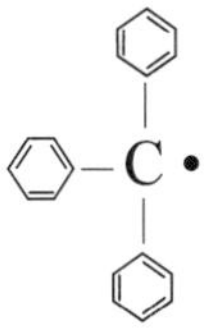

三苯甲基　　　　　　半苯 *41*、　　　　　　　二苯三硝基苯 *42*、
(triphenyl methyl radical)　(semiquinone)　　（ diphenyl pierylhydrazyl 簡寫 DPPH ）

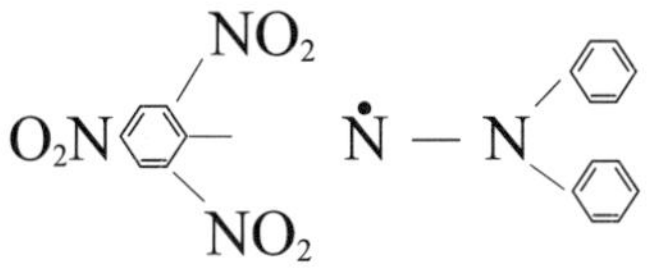

不成對電子通常分布於大的分子容積中，立體因素使自由基
安定性增加。此外一氧化氮(NO)，二氧化氮(NO_2)因各具一
個不成對電子，可歸於安定自由基領域。

12-2.3 自由基的反應

⑴自由基重排(radical rearrangement)

　　通式為 AB・ ⟶ BA・

　　反應性自由基經重排而轉變為安定的結構。常見的芳香核
　　與鹵素原子的重排。例如 β, β, β -三苯乙基(β, β, β-trip-
　　henylethyl)苯核的重排。

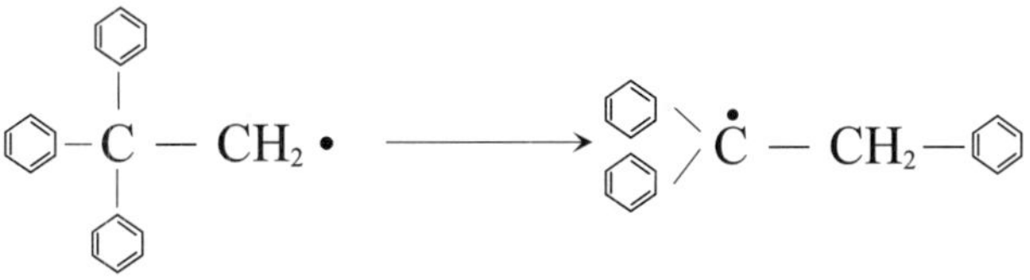

　　氯原子重排為安定自由基：

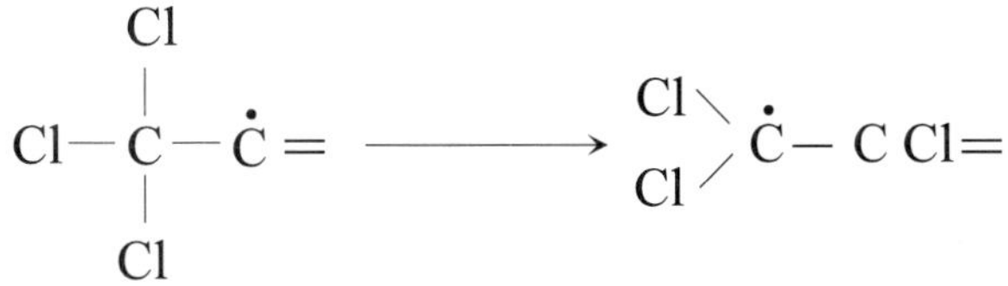

⑵自由基解離(radical dissociation)

自由基能夠解離爲更小的自由基與不飽和化合物。通式爲：

$$AB \cdot \longrightarrow A \cdot + B$$

例如：$Br_2CH - \overset{\bullet}{C}H\,Br \longrightarrow Br \cdot + Br - CH = CH - Br$

$(CH_3)_3CO \cdot \longrightarrow \cdot CH_3 + CH_3COCH_3$

$CH_3CO_2 \cdot \longrightarrow \cdot CH_3 + CO_2$

$CH_3CO \cdot \longrightarrow \cdot CH_3 + CO$

⑶自由基攻擊受質

自由基攻擊其周圍的受質(substrate)，產生加成反應(addition reaction)或摘取反應(abstraction reaction)。

①加成反應：自由基攻擊未飽和化合物之加成反應爲自由基特性之一。

$$A \cdot + \diagup_\diagdown C = C \diagdown^\diagup \longrightarrow -\overset{\overset{A}{|}}{C} - C \cdot$$

例如：鹵化 $\quad Br \cdot + R - CH = CH_2 \longrightarrow$

$$R - \overset{\bullet}{C}H - CH_2Br$$

聚合化 $\quad - CH_2 - \overset{\bullet}{C}HR + CH_2 = CHR \longrightarrow$

$$- CH_2 - CHR - CH_2 - \overset{\bullet}{C}HR$$

所生成的自由基較攻擊的自由基安定。

②摘取反應：摘取反應可用 $A \cdot + BC \longrightarrow AB + C \cdot$ 表示，爲自由基與飽和有機化合物的典型反應。被摘取的(B)一般都是 1 價原子的氫或鹵素等。

$$\cdot OH + CH_3OH \longrightarrow H_2O + \cdot CH_2OH$$

$$H\cdot + CH_3I \longrightarrow HI + \cdot CH_3$$

生成的自由基通常較攻擊的自由基安定。

12-2.4 自由基消滅過程

⑴組合反應(combination)

組合反應為分子解離為自由基的逆反應。

$$R\cdot + \cdot S \longrightarrow R:S$$

組合反應幾乎沒有活化能並放出與生成鍵的解離能相同的能量，因此易產生的反應。例如甲基自由基組合成乙烷的反應在氣相只要自由基互相碰撞即產生。

$$2 \cdot CH_3 \longrightarrow C_2H_6$$

自由基組合反應所放出的能量較離子對再結合所放出的能量低。例如：

$$H\cdot + \cdot OH \longrightarrow H_2O + 116 \; Kcal/mol(5.0eV)$$

$$H_2O^+ + e^- \longrightarrow H_2O + 291 \; Kcal/mol(12.6eV)$$

⑵不均化反應(disproportionation)

兩個自由基組合成一個安定分子外，某原子（通常為氫）從一自由基轉移到其他自由基，生成兩個安定的分子，其中一個為未飽和的分子，此過程稱為不均化反應。

$$2RH\cdot \longrightarrow RH_2 + R$$

$$2 \cdot C_2H_5 \longrightarrow C_2H_6 + C_2H_4$$

$$CH_3\dot{C}HOH \longrightarrow CH_3CH_2OH + CH_3CHO$$

$$\cdot CH_3 + \cdot C_2H_5 \longrightarrow CH_4 + C_2H_4$$

(3)電子轉移反應(electron transfer reaction)

自由基能夠由一個電子轉移來生成相同的反應，自由基亦可因一個電子的轉移來消滅。

$$R\cdot + M^{Z+} \longrightarrow M^{(Z+1)+} + R^-$$

$$\cdot OH + Fe^{2+} \longrightarrow Fe^{3+} + OH^-$$

電子轉移不一定能消滅自由基。例如在水溶液中鹵素離子與氫氧自由基間的電子轉移，生成鹵原子。

$$\cdot OH + Br^- \longrightarrow Br\cdot + OH^-$$

(4)捕獲自由基(radical scavenging)

捕獲自由基為在正常自由基反應系中，加一種能與自由基優先反應的化合物為捕獲劑(scavenger)，使正常的自由基反應停止的過程。使用捕獲劑的目的為：辨認參加反應的自由基及決定總反應中的那一部分（被捕獲的）是自由基的反應等。

用做捕獲劑的物質為安定自由基，由電子轉移反應能夠除去自由基的化合物，與自由基反應能夠生成比較安定自由基的化合物等。最廣用的是碘分子。

$$R\cdot + I_2 \longrightarrow RI + I\cdot$$

生成的碘原子比較安定，最後能夠互相結合成碘分子。

此外，烯類化合物、NO、乙烯基、$FeCl_3$、DPPH 等亦常用做自由基捕獲劑。

12-3 無機化合物的放射線化學

無機化合物中共價鍵結的，被放射線照射時起離子反應及自由基反應的機會較多。但在離子鍵結的無機化合物，即以放出及捕獲電子而起的氧化還原反應為主。

12-3.1 氣體

⑴氫

①氫受放射線照射後，仲氫(para hydrogen)能轉變為正氫(ortho hydrogen)。其機構為：

開始時　　　$H_2 \rightsquigarrow H_2^+ + e^-$

　　　　　　$H_2 \rightsquigarrow H_2^*$

　　　　　　$H_2^* \longrightarrow 2H\cdot$

　　　　　　$H_2^+ + H_2 \longrightarrow H_3^+ + H\cdot$

　　　　　　$H_3^+ + e^- \longrightarrow 3H\cdot$

　　　　　　$H_2^+ + e^- \longrightarrow 2H\cdot$

鏈反應過程　$H\cdot + P\text{-}H_2 \longrightarrow O\text{-}H_2 + H\cdot$

停止過程　　$H\cdot \longrightarrow \frac{1}{2}H_2$

②氫與重氫混合系經放射線照射起交換反應。

$$H_2 + D_2 \longrightarrow 2HD$$

開始時 $\quad H_2 \longrightarrow H_2^+ + e^-$

$$H_2^+ + H_2 \longrightarrow H_3^+ + H \cdot$$

成長過程 $\quad H_3^+ + D_2 \longrightarrow HD_2^+ + H_2$

$$HD_2^+ + H_2 \longrightarrow H_2D^+ + HD$$

$$H_2D^+ + D_2 \longrightarrow HD_2^+ + HD$$

⑵氧

放射線照射氧時,以下列機構生成臭氧。

$$O_2 \leadsto O_2^+ + e^-$$

$$O_2 \leadsto O_2^*$$

$$O_2^* \longrightarrow 2O$$

$$O_2 + e^- \longrightarrow O_2^-$$

$$O_2^+ + O_2^- \longrightarrow O + O_3$$

$$O + O_2 + M(O_2) \longrightarrow O_3 + M(O_2)$$

$O + O_2 \longrightarrow O_3^*$ 的反應為放熱反應,因此生成的臭氧具過剩的能量之 O_3^* 而起 $O_3^* \longrightarrow O + O_2$ 的分解反應。惟分解前與其他分子 $M(O_2)$ 碰撞, $M(O_2)$ 即其他氧分子能夠分取過剩的能量而安定化。

$$O_3^* + O_2 \longrightarrow O_3 + O_2$$

⑶空氣

空氣受放射線照射可生成二氧化氮。

$$N_2 \leadsto 2N$$

$$N + O_2 \longrightarrow NO + O$$

$$2NO \ + \ O_2 \ \longrightarrow \ 2NO_2$$

此反應顯示使用原子爐時，將來有工業製造硝酸的可能性存在。

12-3.2 水及水溶液

⑴水

水為簡單組成的化合物而且是最廣用的溶劑。水的放射線分解的最終生成物為氫及過氧化氫。可是氫自由基、氫氧自由基擔任先軀體(precursor)角色，此外尚生成銒離子(hydronium ion)及水合電子(hydrated electron)。

放射線照射水分子時，產生如圖 12-1 所示滋生粒子團(spur)。在滋生粒子團的氫原子（自由基）與氫氧自由基以下列反應生成。

$$H_2O \ \rightsquigarrow \ H_2O^+ \ + \ e^-$$

$$H_2O \ \rightsquigarrow \ H_2O^*$$

$$H_2O^+ \ + \ H_2O \ \longrightarrow \ H_3O^+ \ + \ \cdot OH$$

$$H_2O^* \ \longrightarrow \ H\cdot \ + \ \cdot OH$$

氫離子在水中以銒離子存在一樣，水游離所生成的電子亦與水分子結合成水合電子(e^-_{aq})。

$$e^- \ + \ nH_2O \ \longrightarrow \ e^-_{aq}$$

在滋生粒子團周圍分布，一部分與銒離子反應生成氫自由基：$H_3O^+ \ + \ e^- \ \longrightarrow \ H\cdot \ + \ H_2O$

其結果滋生粒子團中有 $H\cdot$, e^-_{aq}, $\cdot OH$ 在某時間內共存，

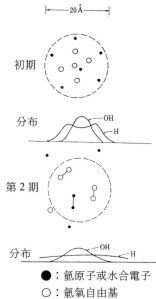

初期

分布 ——OH
——H

第 2 期

分布 ——OH
——H

●：氫原子或水合電子
○：氫氧自由基
●－●：氫分子
○－○：過氧化氫

圖 12-1 水的滋生粒子團

隨時間經過向外擴散。質量較大的・OH 擴散較慢分布於中央部分，質量較小的 H・及 e⁻ 的分布較廣。滋生粒子團的大小約 20Å，以 1MeV γ 射線照射水所生成的滋生粒子團互相之距離約 5000Å。滋生粒子團內起自由基結合反應生成水、氫及過氧化氫。

$$H \cdot + \cdot OH \longrightarrow H_2O$$

$$2H \cdot \longrightarrow H_2$$

$$2 \cdot OH \longrightarrow H_2O_2$$

水的放射線分解可歸納為：

$$H_2O \xrightarrow{} H_3O^+, e_{aq}^-, \qquad H\cdot, \cdot OH, \qquad H_2, H_2O_2$$

$$\text{離子生成物} \qquad \text{自由基生成物} \qquad \text{分子生成物}$$

⑵夫力克劑量計

　　夫力克劑量計(Fricke dosimeter)為夫力克在 1929 年所創，以放射線照射亞鐵溶液，從定量亞鐵氧化生成的鐵離子求輻射劑量的化學劑量計(chemical dosimeter)。夫力克劑量計的組成為：0.001 莫耳硫酸亞鐵，0.001 莫耳氯化鈉及 0.4 莫耳硫酸，加水成一升溶液。將溶液放在直徑 1 公分以上的容器，經放射線照射後，溶液移到分光光度計的測定槽中，測定 304nm 波長的吸光度(OD)。設放射線照射前及照射後的吸光度差為△OD 時，Fe^{3+} 的增加為：

$$\triangle Fe^{3+} = \frac{\triangle OD}{\varepsilon} \text{(mol/L)} \tag{12-1}$$

ε 為 Fe^{3+} 離子的莫耳吸光係數(L mol^{-1}cm^{-1})，試樣槽的厚度為 1 公分。放射線照射生成物為△M(mol/L)或△m(mol/L)，所生成物的 G 值為：

輻射劑量以 d eV/mL 表示時，

$$G = \frac{\triangle M(mol/L) \times N_0}{1000(mL)} \times \frac{100(eV)}{d(eV/mL)}$$
$$= 6.02 \times 10^{22} \frac{\triangle M}{d} \tag{12-2}$$

輻射劑量以 δ eV/mL 表示時，試樣的比重為 ρ 表示，因 δ = d/ρ

$$G = 6.02 \times 10^{22} \frac{\triangle M}{\rho \delta} = 6.02 \times 10^{25} \frac{\triangle m}{\delta} \tag{12-3}$$

G 值(G-value)為輻射化學產率(radiation chemical yield)的單

位即吸收 100eV 能量所變化的分子數。

輻射劑量以 Drad 表示時(12-2), (12-3)式可改為：

$$G = \frac{\triangle M \times N_0}{1000(mL) \times \rho} \times \frac{100(eV)}{D \times 6.24 \times 10^{13}(eV)}$$

$$= 0.965 \times 10^9 \frac{\triangle M}{\rho D} \qquad (12\text{-}4)$$

$$= 0.965 \times 10^{12} \frac{\triangle m}{D} \qquad (12\text{-}5)$$

在夫力克劑量計，Fe^{3+} 的增加量由(12-1)可求。將 Fe^{3+} 生成的 G 值代入(12-4)式，可得劑量計所吸收的劑量D(rad)為：

$$D = \frac{\triangle OD}{\varepsilon \rho G} \times 0.965 \times 10^9 \text{ (rad)} \qquad (12\text{-}6)$$

夫力克劑量計使用 0.8N H_2SO_4 水溶液在常溫時的比重 ρ = 1.024。鈷 60 的 γ 射線之 $G(Fe^{3+})$ = 15.6。Fe^{3+} 的莫耳吸光係數 ε 隨溫度改變。表 12-1 為 Fe^{3+} 的莫耳吸光係數。如不在表 12-1 的溫度可用實驗式(12-7)求得。

$$\varepsilon = 15t + 1882 \qquad (12\text{-}7)$$

t 為測定時的試樣溫度。

表 12-1　Fe^{3+} 莫耳吸光係數

t(°C)	ε_{304nm} (L mol^{-1}cm^{-1})
20	2121
22	2152
24	2182
26	2212

改變放射線時，Fe^{3+} 的 G 值亦改變。表 12-2 表示各種放射線與 $G(Fe^{3+})$ 之關係。

表 12-2　夫力克劑量計的 $G(Fe^{3+})$ 值

放射線	能量(MeV)	$G(Fe^{3+})$
^{60}Co γ 射線	1.25（平均）	15.6
X 射線	60KeV	13.1
^{32}P β 射線	0.7	15.4
^{210}Po α 射線	5.3	5.1
重氫	18	11.2
質子	8.4	11.28

夫力克劑量計中亞鐵離子氧化為鐵離子的反應機構為：

$$H_2O \xrightarrow{\quad\quad} H\cdot , \cdot OH , H_2 , H_2O_2 , H^+ , e^-$$

$$H\cdot + O_2 \longrightarrow HO_2\cdot$$

$$HO_2\cdot + Fe^{2+} + H^+ \longrightarrow Fe^{3+} + H_2O_2$$

$$H_2O_2 + Fe^{2+} \longrightarrow Fe_{3+} + \cdot OH + OH^-$$

$$\cdot OH + Fe^{2+} \longrightarrow Fe^{3+} + OH^-$$

加氯化鈉的目的在於抑制有機不純物的影響。有機物(RH)只要微量存在時，因下列反應 Fe^{2+} 被氧化的增加。

$$\cdot OH + RH \longrightarrow R\cdot + H_2O$$

$$R\cdot + O_2 \longrightarrow RO_2\cdot$$

$$RO_2\cdot + Fe^{2+} + H^+ \longrightarrow Fe^{3+} + RO_2H$$

$$RO_2H + Fe^{2+} \longrightarrow Fe^{3+} + RO\cdot + OH^-$$

$$RO\cdot + Fe^{2+} + H^+ \longrightarrow Fe^{3+} + ROH$$

或　$RO\cdot + RH \longrightarrow RA + ROH$

由於添加氯離子，使 $\cdot OH$ 自由基轉換為 $Cl\cdot$ 自由基。$Cl\cdot$ 對有機物的摘取反應較 $\cdot OH$ 的慢，因此可抑制 $\cdot OH + RH$

$$\longrightarrow \text{R} \cdot + \text{ H}_2\text{O} \text{ 反應} 。$$

$$\cdot \text{OH} + \text{Cl}^- \longrightarrow \text{OH}^- + \text{Cl} \cdot$$

$$\text{Cl} \cdot + \text{RH} \longrightarrow \text{R} \cdot + \text{HCl}$$

12-4 有機化合物的放射線化學

有機化合物以共價鍵結合的較少，故受放射線照射時的效應較顯著。

12-4.1 有機氣體化合物

有機氣體化合物受放射線照射後，初期生成的離子對可由質譜儀測定，最終生成物亦使用氣體層析儀辨認及定量。

⑴甲烷

甲烷受放射線照射後，由質譜儀測出其質譜。圖 12-2 為甲烷氣體受放射線照射所生成的離子及其生成率。

$$\text{CH}_4 \xrightarrow{\quad\quad} \text{CH}_4^+ + \text{e}^- \quad 48\%$$

$$\text{CH}_4 \xrightarrow{\quad\quad} \text{CH}_3^+ + \text{H} + \text{e}^- \quad 40\%$$

$$\text{CH}_4 \xrightarrow{\quad\quad} \text{CH}_2^+ + \text{H}_2 + \text{e}^- \quad 8\%$$

$$\text{CH}_4 \xrightarrow{\quad\quad} \text{CH}^+ + \text{H}_2 + \text{H} + \text{e}^- \quad 4\%$$

$$\text{CH}_4 \xrightarrow{\quad\quad} \text{C}^+ + 2\text{H}_2 + \text{e}^- \quad 1\%$$

$$^{13}\text{CH}_4 \xrightarrow{\quad\quad} {}^{13}\text{CH}_4^+ + \text{e}^- \quad < 1\%$$

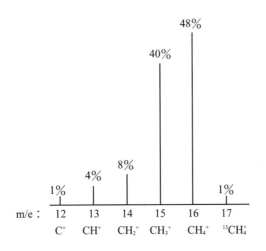

圖 12-2　CH$_4$ 受放射線照射後的質譜

表 12-3 為 CH$_4$ 與 CH$_4$ ＋ NO（自由基捕獲劑）經快電子或 γ 射線照射所生成物質及其 G（生成物）值。

表 12-3　甲烷的放射線分解

生成物	G（生成物）	
	純甲烷	CH$_4$ ＋ NO
H$_2$	6.4	3.6
C$_2$H$_4$	0.13	0.64
C$_2$H$_6$	2.1	0.32
C$_3$H$_6$	0	0.03
C$_3$H$_8$	0.26	0.01
n-C$_4$H$_{10}$	0.13	0
i-C$_4$H$_{10}$	0.06	0
i-C$_5$H$_{10}$	0.05	0

甲烷的放射線分解結果，生成氫外由於離子-分子反應及自由基反應，生成較大分子量的乙烷、丙烷甚至到戊烯。惟

加自由基捕獲劑的 NO 時，自由基結合被抑制而產率減

少。反應機構為：

$$CH_4^+ + CH_4 \longrightarrow CH_5^+ + \cdot CH_3$$

$$CH_3^+ + CH_4 \longrightarrow C_2H_5^+ + H_2$$

$$CH_2^+ + e^- \longrightarrow \cdot CH_2$$

$$CH_5^+ + e^- \longrightarrow \cdot CH_3 + H_2$$

$$C_2H_5^+ + e^- \longrightarrow \cdot C_2H_5$$

或　$$C_2H_5^+ + e^- \longrightarrow C_2H_4 + H \cdot$$

繼續進行自由基反應

$$H \cdot + CH_4 \longrightarrow \cdot CH_3 + H_2$$

$$2 \cdot CH_3 \longrightarrow C_2H_6$$

$$2 \cdot C_2H_5 \longrightarrow C_4H_{10}$$

或　$$2 \cdot C_2H_5 \longrightarrow C_2H_6 + C_2H_4$$

$$\cdot CH_3 + \cdot C_2H_5 \longrightarrow C_3H_8$$

或　$$\cdot CH_3 + \cdot C_2H_5 \longrightarrow CH_4 + C_2H_4$$

$$2 \cdot CH_2 \longrightarrow C_2H_4$$

$$\cdot CH_2 + \cdot CH_4 \longrightarrow C_2H_6$$

$$\cdot R + C_2H_4 \longrightarrow R - CH_2 - CH_2 \xrightarrow{C_2H_4} 聚合體$$

$\cdot R$ 代表氫原子或有機自由基。

(2)乙烷、乙烯及乙炔

表 12-4 為乙烷、乙烯及乙炔受放射線照射後生成物的比

較。乙烯與乙炔較飽和碳氫化合物對放射線敏感，生成物

的 G 值較大。

表 12-4　乙烷、乙烯及乙炔的放射線效應

生成物	G（生成物）		
	乙　烷 （γ　射 線）	乙　烯 （快電子線）	乙　炔 （^{3}H 的 β 射線）
原始氣體		15.5	71.9
H_2	6.8	1.28	
CH_4	0.61	0.12	
C_2H_2	0	1.46	
C_2H_4	0.05	—	
C_2H_6	—	0.27	
C_3H_6	0	0.23	
C_3H_8	0.54	0.11	
丁烯類	0	0.40	
丁烷類	1.1	0.48	
戊烯類	0.54	—	
戊烷類		0.06	
己烷類		0.13	苯 5.1
聚合體		約 11*	丘普平 57*

*吸收 100eV 能量時變成聚合體的原始氣體分子數。

乙烷的放射線效應與甲烷相似。在質譜儀所測得從乙烷放射線分解所生成的離子為：$C_2H_4^+$、$C_2H_3^+$、$C_2H_6^+$、$C_2H_5^+$、$C_2H_2^+$、C_2H^+ 等，再起離子-分子反應及自由基反應。

$$C_2H_3^+ + C_2H_6 \longrightarrow C_3H_5^+ + CH_4$$

$$\bullet H + C_2H_6 \longrightarrow \bullet C_2H_5 + H_2$$

$$\bullet CH_3 + C_2H_6 \longrightarrow \bullet C_2H_5 + CH_4$$

$$\bullet CH_3 + \bullet C_2H_5 \longrightarrow C_3H_8$$

乙烯受放射線照射所生成的離子為 $C_2H_4^+, C_2H_3^+, C_2H_2^+, C_2H^+,$

C_2^+ 等。經離子-分子反應

$$C_2H_4^+ + C_2H_4 \longrightarrow C_4H_7^+ + H\cdot$$

或　$C_2H_4^+ + C_2H_4 \longrightarrow C_3H_5^+ + \cdot CH_3$

$$C_2H_3^+ + C_2H_4 \longrightarrow C_2H_5^+ + C_2H_2$$

$$C_2H_2^+ + C_2H_4 \longrightarrow C_4H_5^+ + H\cdot$$

或　$C_2H_2^+ + C_2H_4 \longrightarrow C_3H_3^+ + \cdot CH_3$

另外 $C_2H_4 + e^- \longrightarrow C_2H_2^+ + H_2 + 2e^-$

$$C_2H_4 + e^- \longrightarrow C_2H^+ + H_2 + H\cdot + 2e^-$$

再經過自由基反應產生生成物。

乙烯與乙烷不同的是經自由基而起的聚合反應。以 R· 代表氫原子或有機自由基。

$$R\cdot + CH_2 = CH_2 \longrightarrow$$

$$R - CH_2 - CH_2\cdot \xrightarrow{CH_2 = CH_2} (CH_2 - CH_2)_n$$

乙炔的放射線效應顯然不同。乙炔受放射線照射時生成苯及聚合體的丘普平($C_{40}H_{40}$)，其相對比率約 1 比 5。

$$C_2H_2 \rightsquigarrow C_2H_2^*$$

$$C_2H_2^* + C_2H_2 \longrightarrow (C_2H_2)_2^* \longrightarrow C_6H_6$$

cuprene 的成因除了前述「離子集團說」之外，自由基的鏈反應

$$H\cdot + C_2H_2 \longrightarrow CH = CH\cdot \longrightarrow C_{40}H_{40}$$

$$\cdot C_2H + C_2H_2 \longrightarrow HC \equiv C - CH - CH \cdot \longrightarrow C_{40}H_{40}$$

cuprene 爲黃色粉末，不溶於普通溶劑，不著火，不熔化或升華。放在空氣中可吸附氧之外其他化學性質仍不清楚。將來或許可做良好的熱電絕緣體。

12-4.2 聚合物的放射線效應

聚合物受放射線照射所起的化學變化分爲交錯連接型(crosslinking type)及降級型(degradation type)兩大類。

⑴交錯連接型聚合物

交錯連接型又稱架橋型，幾個各別的長鏈分子因放射線照射，互相連接爲單一分子，其結果聚合物的平均分子量增加。

$$
\begin{array}{ccc}
-A-A-A-A-A- & & -A-A-A-A-A- \\
& & \qquad\quad | \qquad\quad | \\
-A-A-A-A-A- & \longrightarrow & -A-A-A-A-A- \\
& & \qquad\quad | \\
-A-A-A-A-A- & & -A-A-A-A-A-
\end{array}
$$

例如：聚乙烯的架橋，經長時間放射線照射後變成巨大分子。

$$
\begin{array}{ccccc}
 & & & \text{H}\cdot & \\
-CH_2-CH_2-CH_2-CH_2- & -CH_2-CH_2-\overset{\cdot}{C}H-CH_2- & -CH_2-CH_2-CH-CH_2- & \\
\longrightarrow & & \longrightarrow & \;\; | \qquad\qquad +H_2 \\
-CH_2-CH_2-CH_2-CH_2- & -CH_2-CH_2-\overset{\cdot}{C}H-CH_2- & -CH_2-CH_2-CH-CH_2- \\
 & & & \text{H}\cdot
\end{array}
$$

聚乙烯爲白色粉末，熔點低，加熱到 80°C 變軟，115°C 熔化。經放射線照射，輻射劑量到 5×10^6 雷得以前架橋的不多，外觀及物理性質未變。5×10^6 雷得開始架橋機會增加，顏色由白變黃色，熔點亦可增加到 300°C，劑量增

加到 90×10^6 雷得以上時變成玻璃狀硬及脆弱的固體，因為內部結晶結構被破壞。如能控制輻射劑量以放射線照射聚乙烯時，可改良其品質做為電絕緣器具及熱收縮性包裝材料。

(2)降級型聚合物

降級型聚合物又稱為分解型聚合物。經放射線照射，化學鍵斷裂而分子量降低並不再結合的聚合物屬於降級型。此型聚合物經放射線照射後機械性降低、塊狀破裂，有的變液態等現象產生。

$$-A-A-A-A-A-A-A-A- \quad \rightsquigarrow \quad -A+A+A-A-A+A-A-A-$$

例如，放射線照射聚甲基丙烯酸酯(polymethylacrylate)時，起不均化反應生成。

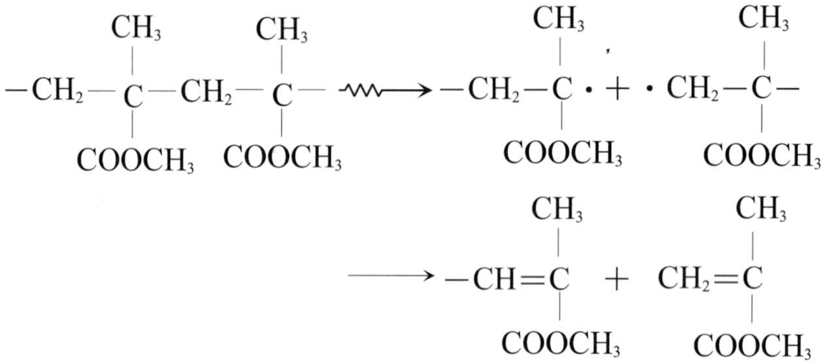

(3)交錯連結型與降級型的結構

交錯連結型聚合物與降級型聚合物的分子結構，大約可由下式表示。

R_1，R_2 都是氫原子或至少有一個氫原子的為交錯連結型聚合物。 R_1，R_2 都不是氫原子的為降級型聚合物。表 12-5 為交錯連結型及降級型聚合物之例。圖 12-3 為聚乙烯經放射線照射交錯連結的圖解。

表 12-5　交錯連結型及降級型聚合物

交錯連結型聚合物		降級型聚合物	
聚乙烯 (polyethylene)	$+CH_2-CH_2+_n$	聚異丁烯 (polyisobutylene)	$\left(CH_2-\underset{CH_3}{\overset{CH_3}{C}}\right)_n$
聚丙烯 (polypropylene)	$\left(CH_2-\underset{CH_3}{\overset{H}{C}}\right)_n$	聚 α 甲基苯乙烯 (poly α methylstyrene)	$\left(CH_2-\underset{C_6H_5}{\overset{CH_3}{C}}\right)_n$
聚苯乙烯 (polystyrene)	$\left(CH_2-\underset{C_6H_5}{\overset{H}{C}}\right)_n$	聚甲基丙醯胺 (polymetacryl amide)	$\left(CH_2-\underset{CONH_2}{\overset{CH_3}{C}}\right)_n$
聚氯乙烯 (polyvinyl chloride)	$\left(CH_2-\underset{Cl}{\overset{H}{C}}\right)_n$	聚四氟乙烯 (polytetrafluoro ethylene)	$+CF_2-CF_2+_n$
聚乙烯醇 (polyvinyl alcohol)	$\left(CH_2-\underset{OH}{\overset{H}{C}}\right)_n$		

放射線化學除了研究反應機構及定量生成物外，在工業、農業、醫藥方面發揮很大的功效。例如利用放射線的化學合成、放射線滅菌、抑制發芽等，將於其他章節介紹。

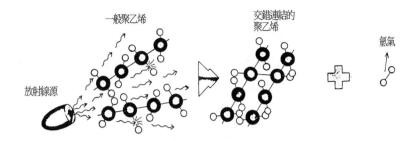

一般聚乙烯

交錯連結的
聚乙烯

氫氣

放射線源

圖 12-3　聚乙烯的放射線交錯連接

Chapter 13

放射現象於分析化學的應用

放射線同位素雖然是痕量存在，但放出穿透力強的放射線。放射線偵測器的靈敏度亦很高，可測出痕量放射性同位素的存在。因此放射性同位素在分析化學具有其他分析方法無法跟隨的優點，尤其，在超微量分析方面發揮其威力。

13-1 同位素稀釋分析

一試樣的分析成分(analyte)無法從試樣定量的分離，但可純粹的分離一部分時，可使用同位素稀釋法(isotope dilution method)定量。同位素稀釋分析可分為三類。

13-1.1 直接稀釋法

直接稀釋法仍依靠測量放射性物質進入未知量分析成分時，放射性比度的改變來定量分析成分的。

設試樣（ Ws 重）中分析成分為 Wx（ g 單位或 m•mol 單位）。使用適當的放射性同位素調製，化學型態與分析成分相同的標識化合物(labelled compound)。稱取一定量(Ws)試樣溶解於適當溶劑中，成為試樣溶液。稱取一定量的標識化合物(W_1)，測定其放射強度(A_1)，求得放射性比度 $S_1 = A_1/W_1$。將此標識化合物加入於試樣溶液中，稀釋並混合均勻。以適當化學分離法，從混合溶液中純粹的分離分析成分之一部分，稱其重(W_2)，以同一偵測器測定其放射強度(A_2)，計算放射性比度 $S_2 = A_2/W_2$。從上述各數值可得下列關係式。

	重量	放射性比度	總放射強度
定量的分析成分	Wx	0	0
所加標識化合物	W_1	S_1	S_1W_1
混合物	$Wx + W_1$	S_2	$S_2(Wx + W_1)$

$$S_1W_1 = S_2(Wx + W_1)$$

$$Wx = (\frac{S_1}{S_2} - 1)W_1 \qquad\qquad (13\text{-}1)$$

設 $Wx \gg W_1$ 時

$$Wx = \frac{S_1}{S_2}W_1 \qquad\qquad (13\text{-}2)$$

Ex.1

有一試樣重 10 克，含有分析成分 m 物質，溶解後加 0.05 克，放射強度為 1950cps 的 ^{32}P 標識磷酸鈉，混合均勻後分離得 0.1 克的純粹磷酸鈉，其放射強度為 60cps。試計算試樣含 m 的百分率。

Sol：

$$Wx = m$$

$$W_1 = 0.05$$

$$S_1 = \frac{1950}{0.05} = 39000\text{cps/g}$$

$$S_2 = \frac{60}{0.1} = 600\text{cps/g}$$

代入(13-1)式

$$m = (\frac{S_1}{S_2} - 1)W_1 = (\frac{39000}{600} - 1)0.05$$

$$= 3.20 \text{ gram}$$

$$\% \, m = \frac{3.2}{10} \times 100 = 32 \, \%$$

13-1.2 逆稀釋法

逆同位素稀釋分析(reverse isotope dilution analysis)為混合物所含放射性化合物的量(Wx)不明，但放射性比度 S_0 已知時，將其以已知量(W_1)的非放射性載劑稀釋方式來定量的。從稀釋混合物分離純粹化合物重(W_2)，放射性比度(S_2)可得下列關係。

	重量	放射性比度	總放射強度
定量的分析成分	Wx	S_0	S_0Wx
所加非放射性化合物	W_1	S_0	0
混合物	$Wx + W_1$	S_2	$S_2(Wx + W_1)$

$$Wx = \frac{S_2}{S_0 - S_2}W_1 = \frac{1}{S_0/S_2 - 1}W_1 \tag{13-3}$$

13-1.3 二重稀釋法

實際上，混合物中放射性成分之量(Wx)及放射性比度(S_0)的兩者都未知的機會較多。此時進一步將此成分與已知量(W_3)同一的非放射性載劑稀釋，解聯立方程式時可求得(Wx)，此方法稱為二重稀釋分析(double dilution analysis)。

第一次稀釋：

	重量	放射性比度	總放射強度
定量的分析成分	Wx	S_0	S_0Wx
所加非放射性物質	W_1	0	0
混合物(I)	$Wx + W_1$	S_2	$S_2(Wx + W_1)$

第二次稀釋：

	重量	放射性比度	總放射強度
混合物（Ⅰ）	Wx ＋ W₁	S_2	$S_2(Wx ＋ W_1)$
所加非放射性物質	W_3	0	0
混合物（Ⅱ）	Wx ＋ W₁ ＋ W₃	S_3	$S_3(Wx ＋ W_1 ＋ W_3)$

對總放射強度：

$$S_0 Wx ＝ S_2(Wx ＋ W_1)$$

$$S_0 W_1 ＝ S_3(Wx ＋ W_1 ＋ W_3)$$

解式得：

$$Wx ＝ \frac{S_3(W_1 ＋ W_3) － S_2 W_1}{S_2 － S_3} \qquad (13\text{-}4)$$

$$S_0 ＝ \frac{S_2 S_3 W_3}{S_3(W_1 ＋ W_3) － S_2 W_1} \qquad (13\text{-}5)$$

同位素稀釋分析在胺基酸、黴菌類及稀土類的分析方面有廣大的用途。

13-2 放射定量分析

放射定量分析(radiometric analysis)為使用已知放射強度的放射性試劑 R* 能夠與未知量的物質 U 定量結合，生成帶放射性的 R*U。從測量 R*U 的放射強度求原來物質 U 的含量。放射定量分析可分為放射定量法(radiometric method)及放射定量滴定法(radiometric titration)兩類。

13-2.1 放射定量法

放射定量法應用於放射性試劑為沈澱劑。例如鹵素離子能與 ^{110}Ag 沈澱，銀離子與 ^{131}I 沈澱，硫酸根離子或鉻酸根離子與 ^{212}Pb 或 ^{131}Ba 沈澱。另外陽離子的 Al、Be、Bi、Ga、In、Th、U、Zr 及稀土類能夠與 $^{32}PO_4^{3-}$ 反應沈澱。

設有 $A + B^* \longrightarrow AB_s^*$

以一定量的試劑 B 沈澱未知量的 A 時，加已知放射強度與 B 相同，少許放射性同位素於試劑 B，A 與 B 混合均勻產生 AB 沈澱。過濾後，測定沈澱 AB* 的放射強度或濾液中過剩的 B* 的放射強度，即可算出參加反應 B* 的量及與其化合 A 之量。

13-2.2 放射定量滴定法

典型的放射定量滴定為以放射性標準溶液滴定未知量物質的溶液，生成放射性沈澱來定量未知物質的。圖 13-1 表示

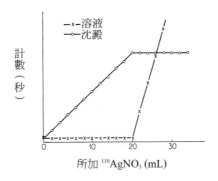

圖 13-1　　$^{110}AgNO_3$ 與 NaCl　滴定曲線

以 $^{110}AgNO_3$ 為標準溶液滴定 NaCl 的例。滴定過程不必一滴一滴的滴入被滴液中。圖 13-1 表示一次加 2mL $^{110}AgNO_3$ 後過濾，測濾液及沈澱放射強度所畫的滴定曲線。圖 13-2 為滴定液具放射性(a)，被滴定液具放射性(b)，滴定液及被滴定液兩者都具放射性(c)的沈澱滴定之滴定曲線。兩者均具放射性時的滴定終點較顯明。

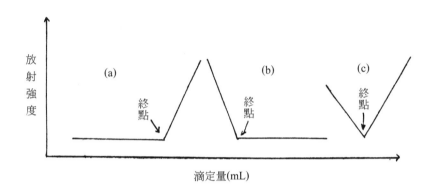

圖 13-2　放射定量滴定的滴定曲線

13-3　放射活化分析

　　19世紀的英雄拿破崙(B. Napoleon)之死因曾被世人所懷疑，直到廿世紀中葉放射化學家以放射活化分析(radioactivation analysis)將其在大英博物館所存的拿破崙頭髮，以中子照射，使頭髮中的砷活化成放射性砷，從偵測其放射強度來定量砷以解開謎底。

13-3.1 放射活化分析原理

　　放射活化分析是將無放射性的分析試樣，以中子、質子、α 粒子或 γ 射線等照射，使分析成分活化而帶放射性。根據該試樣所放出放射線能量、半生期及放射強度來分析並定量的。圖 13-3 為放射活化分析的圖解。

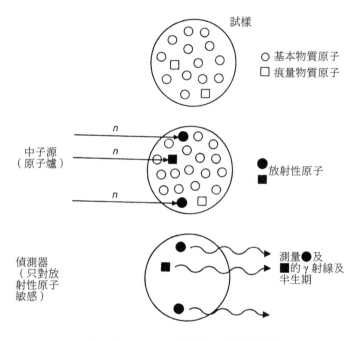

圖 13-3　放射活化分析圖解

試樣中分析成分活化後的放射強度(A)可由下式求得：

$$A = Nf\sigma s = Nf\sigma(1 - e^{-\lambda t}) \qquad (13\text{-}6)$$

A：照射 t 時間後的放射強度（dps 單位）

N：試樣中分析成分之原子數

f：照射粒子束通量（粒子數／平方厘米・秒）

σ ：核反應截面（cm^2 單位）

λ ：生成放射核種之衰變常數

t：照射時間（與半生期 $t_{\frac{1}{2}}$ 同單位）

s：飽和係數 $= 1 - e^{-\lambda t}$

設分析成分原子質量為 W 克，原子量為 M 時，

$$N = 6.02 \times 10^{23} \times \frac{W}{M}$$

(13-6)式改為

$$A = 6.02 \times 10^{23} \times \frac{W}{M} \times f \times \sigma \times (1 - e^{\frac{-0.693}{t_{\frac{1}{2}}} \cdot t})$$

$$\therefore W = \frac{A \times M}{6.02 \times 10^{23} \times f \times \sigma \times (1 - e^{\frac{-0.693}{t_{\frac{1}{2}}} \cdot t})} \qquad (13\text{-}7)$$

(13-7)式中 A 及 t 為實測值，M, σ , $t_{\frac{1}{2}}$ 為已知常數從附錄 2 表中可查出。f 為實際用粒子發生裝置固有數值，例如清華原子爐臨界運轉時的熱中子通量為 4.8×10^{12} n/cm^2 • sec。故從 A 及 t 可求出分析成分 W 之量。以上所述的方法稱為絕對法。絕對法計算較繁雜。實際上使用相對法。相對法仍另配製一定重量的標準試樣（例如 1μg 的砷於濾紙），與分析試樣一起送入原子爐。在同一條件下受中子照射後，以同一偵測器在同一位置測計數率。因計數率與衰變率成正比，因此以 Ws 代表標準試樣分析成分之重量， As 代表其放射線計數率， Wx 代表試樣中分析成分之重量， Ax 代表其放射線計數率即

$$Wx = \frac{AxM}{6.02 \times 10^{23} \times f \times \sigma (1 - e^{-\lambda t})}$$

$$Ws = \frac{AsM}{6.02 \times 10^{23} \times f \times \sigma(1 - e^{-\lambda t})}$$

$$\frac{Wx}{Ws} = \frac{Ax}{As}, \quad Wx = Ws\frac{Ax}{As} \tag{13-8}$$

13-3.2 放射活化分析使用的核反應

一般使用中子與試樣所含分析成分原子核的核反應。因為中子不帶電，故易與靶核起核反應。表 13-1 為放射活化分析用的中子來源。

表 13-1　放射活化分析用的中子線源

線　源	中子通量 （ n・cm^{-2}・sec$^-$	中子能量
原子爐	$10^9 \sim 10^{13}$	$\sim$10MeV，可減速至 0.025eV
^{252}Cf	$10^6 \sim 10^7$	1$\sim$3MeV，可減速至 0.025eV
^{241}Am$-$Be	$10^4 \sim 10^5$	0.5
		0.5$\sim$5MeV
		可用 ^{238}Pu，^{227}Ac，^{226}Ra 代替 ^{241}Am
D-T 中子發生裝置	$10^8 \sim 10^{10}$	14MeV

利用原子爐的中子照射試樣較方便。硝酸鹽、銨鹽或有機化合物及液體試樣等易分解的物質則在較低的中子通量下照射。不使用原子爐時使用超鈾元素的 ^{252}Cf 為中子線源在一般分析已足夠。^{241}Am$-$Be 等(α, n)反應型的中子線源可供較低的中子通量。

使用荷電粒子為照射線源時，粒子的能量必須勝過粒子與靶核間的庫侖障壁。庫侖障壁隨靶核原子序的增加而增加，因此使用荷電粒子爲照射粒子束的放射活化分析，只對原子序較小的靶核有利。

放射活化分析的靈敏度

放射活化分析爲靈敏度極高的超微量分析。圖 13-4 爲以中子通量 5×10^{13} n・cm⁻²・s⁻¹ 照射到飽和係數等於 1，偵測底限爲 3.7Bq 條件下所做各元素之中子放射活化分析之定量之檢出限值。多數元素的原子在 10^{-6} 到 10^{-10} 克就能定量。表 13-2 爲放射活化分析及一般儀器分析能定量之檢出限值之比較。由表可知放射活化分析的靈敏度較其他分析大的很多。

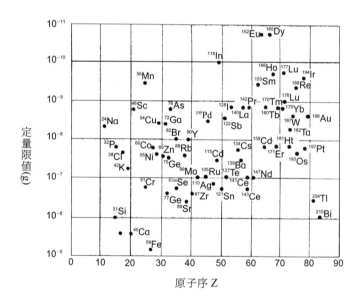

圖 13-4　中子放射活化分析各元素定量限值

表 13-2 放射活化分析與其他分析定量限值比較（μg/mL）

原子序	元素	活化分析	銅 極 電化法	碳極直流 弧 光 法	焰 光 光度法	比色分析	電 流 滴定法
11	Na	0.007	0.1	20	0.002		
12	Mg	0.6	0.01	0.1	1	0.06	
13	Al	0.001	0.1	0.2	20	0.002	
15	P	0.02	20	50		0.01	300
19	K	0.08	0.1		0.01		15
25	Mn	0.0006	0.02	0.2	0.1	0.001	100
29	Cu	0.007		0.2	0.1	0.03	0.0003
30	Zn	0.04	2	20	2000	0.016	10
33	As	0.002	5	10		0.1	10
46	Pd	0.005	0.5		1	0.1	0.4
47	Ag	0.11		0.1	0.5	0.1	
49	In	0.0001	1		1	0.2	1
63	Eu	0.00003	0.02				100
66	Dy	0.00003	0.5				
74	W	0.003	0.5			0.4	
77	Ir	0.0003	5			2	
78	Pt	0.1	0.02			0.2	
79	Au	0.003	0.2		200	0.1	
80	Hg	0.13	5	2	100	0.08	
92	U	0.01	1		10	0.7	

提高放射活化分析靈敏度，由(13-7)式可知，提高 f, σ 及 $(1 - e^{-\lambda t})$ 愈有利。

⑴照射粒子的通量 f 要大

　照射試樣的粒子通量愈大，生成的放射強度愈強。以同一偵測器測定時的靈敏度愈高。如表 13-1 所示，使用原子爐可得較大的中子通量，因此檢出的靈敏度亦高。

⑵選擇放射活化截面較大的核反應

　放射活化截面愈大時，起核反應的機率愈大。通常(n, γ)反應的截面比(n, p)反應的截面大。以荷電粒子照射的放射活化截面較中子照射的放射活化截面小，因此放射活化分析以熱中子照射試樣較有利。

⑶取大的飽和係數

照射時間以半生期爲單位的飽和係數值表示於表 8-3。雖然無限久的照射可得S＝1而分析靈敏度最大。惟由表 8-3可知，照射 3 個半生期以上時，飽和係數增加的不多，通常以 1～2 半生期照射已足夠。

13-3.4 放射活化分析的實驗

(1)非破壞性分析

分析一試樣時，通常將試樣溶解於適當溶劑成試樣溶液後，再進行的所謂破壞性分析(destructive analysis)及將試樣不必處理而直接進行分析的所謂非破壞性分析(non-destructive analysis)兩類。放射活化分析因根據放射衰變特性（半生期、放射線能量及放射強度），從事辨認及定量經放射活化的元素，因此往往不必經化學分離可進行非破壞分析。惟放射活化試樣中生成兩種或兩種以上放射性同位素而其放射衰變特性很接近時需要做化學分離的破壞性分析。圖 13-5 表示放射活化分析的實驗程序。左側爲非破壞性分析，右側爲破壞性分析。

(2)定性分析

將試樣密封於照射容器，從氣送管將試樣送到原子爐核心部分受熱中子照射。照射完的試樣從原子爐移出後，放在測定皿，以脈衝高度分析器(pulse height analyzer)測 γ 射線譜。從 γ 射線譜的能量與追蹤衰變曲線所得的半生期，可辨認經放射活化的元素。設 γ 射線譜兩條或更多的峰很接

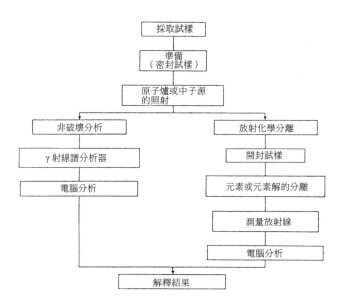

```
              採取試樣
                │
              準備
           （密封試樣）
                │
          原子爐或中子源
            的照射
         ┌──────────┴──────────┐
      非破壞分析              放射化學分離
         │                      │
    γ射線譜分析器              開封試樣
         │                      │
      電腦分析              元素或元素解的分離
         │                      │
         │                   測量放射線
         │                      │
         │                   電腦分析
         └──────────┬──────────┘
              解釋結果
```

圖 13-5　放射活化分析實驗程序

近而無法辨認能量及追蹤半生期時，必須依照普通化學分
離方法做分離操作。測定各分離成分，測定能量及半生期
以辨認各元素。

(3)定量分析

配製一定量的標準溶液滴在分析濾紙上，烘乾後與定量試
樣密封於照射容器。經氣送管送入原子爐核心部分受熱中
子照射。照射完後將試樣及標準試樣分別放在測定皿，以
同一條件下測 γ 射線譜及放射強度。使用(13-8)式求試樣
中分析成分之量或百分率。

13-3.5 放射活化分析的優缺點

放射活化分析的優點為：

(1)超微量分析

如前述放射活化分析為目前靈敏度最佳的超微量分析法。

(2)非破壞性分析之可能

古物之分析及司法裁判時的證據等不能用破壞性分析即將試樣溶解方式分析。放射活化分析仍根據活化原子核的放射線特性來分析，與成分元素之化學性質無關。一般分析法很難分離及定量的內過渡元素，例如鏑(Dy)、銪(Eu)、釤(Sm)及鑭(La)等元素，因放射活化所成的放射性同位素之放射衰變特性都不同，不必分離而可個別定量。

(3)放射活化分析的缺點

放射活性分析不能測量 $Z < 10$ 的元素。有機化合物含量最多的C、H、O、N等元素因放射活化截面都很小，不能用放射活化分析定量。此外，放射活化分析是測量放射強度來定量的。如 5-3 節所述，放射性物質所放出之 α、β、γ 射線，在一定時間內很雜亂，必須用統計處理。因此放射活化分析的誤差範圍較廣，一般容許 2 ％之內。

13-3.6 放射活化分析的特殊應用

(1)拿破崙的頭髮

如前述拿破崙的頭髮經放射活化分析結果表示有含砷 10.38ppm 之多。一般人頭髮中之含砷量為 0.5～1.3ppm 而已。拿破崙頭髮中砷較多部分的分布有 9 公分之長。由此科學家推測拿破崙體內數個月期間累積砷而砷中毒。此含砷量可逃過一般的馬西試砷法(Marsh test)，但逃不過放射活化分析。

(2)埃及神像來源

考古學亦使用放射活化分析。離開開羅 650 公里亞斯文(Aswan)的兩大法老王三世神像，經放射活化分析鉨、鐵及鈷的含量，證實不是當地的亞斯文產而與開羅採石場的岩石相同成分。五千年前埃及人怎樣將約 750 噸的神像，以甚麼方法由開羅運到離開羅 650 公里的亞斯文成為考古學家另一個推測的問題。

(3)貨幣工人的枉死

1124 年英王亨利一世下令處死數百人貨幣鑄造工人。因為他懷疑這些工人將錫混入金製造金幣，850 年後經中子放射活化分析結果，該金幣確實為純金所製。製造貨幣工人被枉死不久恢復其名譽。

Chapter 14

放射測定
年代法

太空人從月球帶回來的岩石有多少年代？購買的古代藝術品是真的或假的？從金字塔發掘的木乃伊是經過多少年？這陳年葡萄酒是不是真的有一百年代？這些問題常常遇到，但以一般物理或化學測定年代法，很難得到正確的答案。惟自 20 世紀中葉，由於放射測定年代法之開發，這些問題容易解決了。

14-1 放射測定年代法原理

放射性物質的放射衰變現象為放射性核種自發的衰變現象，與其所處的物理狀態或化學狀態無關。無論放射性核種以固體、液體或氣體，元素或化合物存在，其半生期或衰變常數都不因古代或現代而改變。

設 N_o 表示 $t = 0$ 即開始時所存在放射性原子的數目

　N 表示經過 t 時間後仍存在的放射性原子的數目

　λ 表示此放射性原子的衰變常數

$$N = N_o e^{-\lambda t}$$

任何時間試樣中，常有母原子與子原子共同存在。如果經過時間短，母原子數較子原子數多。設經過年代愈久，母原子數較子原子數少。分析現在試樣中所含的母原子與子原子數，可算出所經過的年代。

$$N_o = N + D$$

$$N = (N + D)e^{-\lambda t}$$

解開得　$t = \dfrac{1}{\lambda} \cdot \ln(1 + D/N)$　　　　　　　　　(14-1)

或　　$t = \dfrac{t_{\frac{1}{2}}}{0.693} \cdot \ln(1 + D/N)$　　　　　　　　　(14-2)

D 爲子原子數＝衰變的母原子數

$t_{\frac{1}{2}}$ 爲母原子的半生期，因衰變的原子核並不是消失而轉變爲其他原子核。這新原子核捕獲電子成爲新原子。圖 14-1以砂計時器表示此關係。在此密閉系中，砂只是由頂部流到底部而已。衰變生成的子原子只是留在砂計數器底部而已。

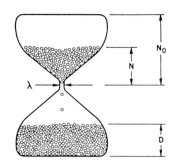

圖 14-1　砂計時器表示母、子核種關係

14-2　碳 14 測定年代法

14-2.1　碳 14 定年法原理

碳 14 的衰變爲砂計時器只有頂部的最佳例，並爲應用最多的測定年代法，稱爲碳 14 定年法(carbon-14 dating)。碳14 是宇宙線所含的中子與地球外層大氣中的氮反應而生成的。

$$\mathrm{^{1}_{0}n} + \mathrm{^{14}_{7}N} \longrightarrow \mathrm{^{14}_{6}C} + \mathrm{^{1}_{1}H}$$

生成的 ^{14}C 與空氣中的二氧化碳起同位素交換成 $^{14}CO_2$,並為地球上所有的生物體(包括動物與植物)吸收。碳14以5560年的半生期經 β^- 衰變回到氮14。

$$\mathrm{^{14}_{6}C} \longrightarrow \mathrm{^{14}_{7}N} + \mathrm{^{0}_{-1}e}$$

地球上至少有五萬年之久,^{14}C 是以一定的速率生成而如砂計時器的頂部的砂,一經狹頸流到底部時,立刻由大氣所製造的 ^{14}C 遞補頂部,因此生成 ^{14}C 與 ^{14}C 的衰變速率相等成循環的平衡狀態(圖 14-2 左圖)。

生物體均具有一定比例的 ^{14}C 。設此碳—氮循環平衡被打斷——例如森林枯死或海洋中的貝殼或魚類死亡,不會有新 ^{14}C 進入此系統,但留在砂計時器頂部的砂仍繼續流下底部。從頂部所剩的 ^{14}C ,可計算經過的年代。圖 14-2 表示

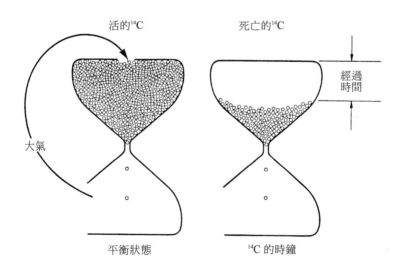

圖 14-2　^{14}C 與 ^{14}N 的循環與 ^{14}C 定年圖解

$^{14}C - ^{14}N$ 之循環平衡及 ^{14}C 定年圖解。

1947 年李比(W. F. Libby)報告空氣中的二氧化碳及海水中的碳酸均含有放射性碳 14，可利用生物體中含碳 14 之定量從事測定年代。生物體，無論是動物或植物，只要是活的，所含 ^{14}C 的濃度一定，其值為一克碳含碳 14～16dpm。設此生物體死亡，無法讓 ^{14}C 再進入體內而只有體內留存的 ^{14}C 以 5560 年半生期衰變。因此可由測定其一克碳所含 ^{14}C 的放射強度定其年代。埃及金字塔中法老王墳墓之樑，經碳化後測定放射強度得一克碳有 8dpm 的碳 14。由此可知，法老王墳墓的樑已有 ^{14}C 的半生期即 5560 年的年代了。

Ex.1

從一古代木材藝術品試樣所得一克碳有 7.00dpm 的碳 14，最近砍伐的木材經碳化後，以同一條件測得一克碳含碳 14 約 15.3dpm。試計算此木材藝術品的大約年代。

Sol：

^{14}C 的 $t_{\frac{1}{2}} = 5560Y$, $\lambda = \dfrac{0.693}{t_{\frac{1}{2}}} = \dfrac{0.693}{5560} = 1.2 \times 10^{-4}Y^{-1}$

$N = N_o e^{-\lambda t}$

$\log(\dfrac{N_o}{N}) = \dfrac{\lambda t}{2.303}$

$\log\dfrac{15.3dpm}{7.00dpm} = \dfrac{1.2 \times 10^{-4}Y^{-1} \times t}{2.303}$

$t = \dfrac{2.303 \log 2.19}{1.20 \times 10^{-4}Y^{-1}} = 6520Y$

此古代木材藝術品已有 6520 年的年代。

14-2.2 碳 14 的計測

碳 14 的計測，通常取已知重量的碳，使其變成氣體，計測氣體中 ^{14}C 的衰變率。看起來很簡單，可是做起來很不容易，因為碳中所含 ^{14}C 是那麼的微少，大部分的碳以 ^{12}C 及 ^{13}C 同位素存在。兩種基本的技巧為：

(1)碳在氧中燃燒為二氧化碳。

(2)化學處理成甲烷、乙烷或碳化鈣。因碳化鈣加水能夠產生乙炔。第一技巧較簡單，可是產生二氧化碳(CO_2)，一個分子中只含一個碳原子。第二技巧所產生的乙烷(C_2H_6)及乙炔(C_2H_2)一個分子中含兩個碳原子，因此乙烷與乙炔的放射性比度較高。多數實驗室使用乙烷或乙炔氣體，惟因有爆炸性因此使用時特別留意。無論使用那一氣體必須純化後貯藏於瓶中放置一個月。貯藏目的在於使鈾蛻變生成物的氡 222 衰變完。鈾的污染將影響低放射強度的 ^{14}C 之偵測。 ^{222}Rn 的半生期為 3.82 天，因此放置一個月可衰變至測不到的水準。貯藏過的試樣氣體導入比例計數器計測 ^{14}C 的放射強度。圖 14-3 為測定 ^{14}C 所用比例計數器。為了減少背景計數，以鋼管、汞及石蠟包圍，使宇宙線不易進入。

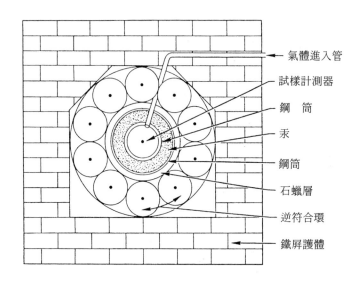

圖 14-3　測定碳 14 所用比例計數器

14-2.3　碳14定年法之應用

　　碳 14 定年法應用於測量地質年代。它已成為研究 5 萬多年來的考古學(archeology)及地質學(geology)的主要依據，並擴展應用到氣候學(climatology)、生態學(ecology)及地理學(geology)領域。圖 14-4 為古埃及婦人的頭髮，有 5020 ± 290 年之久。圖 14-5 祕魯人的繩子，有 2632 ± 200 年代。圖 14-6 為美國 俄勒岡東部洞穴所找到的 300 雙繩拖鞋之一，經 ^{14}C 定年法測定有 9035 ± 325 年之久。此外尚有木材、木炭、泥煤、五殼、貝殼、骨骼、布、蜜蠟、玉米軸等的根據 ^{14}C 年代測定的報告。

圖 14-4　埃及婦人的頭髮，5020 ± 290 年

圖 14-5　祕魯人的繩子，2632 ± 200 年

圖 14-6　美國古拖鞋，9035 ± 325 年

宇宙及地球化學試樣的測定年代

　　另一測定年代的方法是根據長壽命（半生期 10^9 年）放射性同位素，從事宇宙及地球化學試樣的年代測定。表 14-1 表示可使用於此目的的放射性同位素。

表 14-1　宇宙及地球定年用放射性同位素

同位素	放射線	衰變產物	半生期
鈾 238	8α, 6 β⁻	鉛 206	4.51×10^9 年
鈾 235	7α, 4 β⁻	鉛 207	7.13×10^8 年
釷 232	6α, 4 β⁻	鉛 208	14.1×10^9 年
銣 87	β⁻	鍶 87	4.8×10^{10} 年
鉀 40	EC	氬 40	1.3×10^9 年

14-3.1　銣-鍶法

　　銣 87 衰變為鍶 87 今日公認最確實的地質年代測定法。當然銣－鍶法能夠測定年代最起碼的條件為試樣必須含有鹼金屬的銣至少 100ppm 以上，Rb-Sr 才能進行。

$$\underset{37}{\overset{87}{Rb}} \xrightarrow[t_{\frac{1}{2}} = 4.8 \times 10^{10}Y]{\beta^-} \underset{38}{\overset{87}{Sr}} + \underset{-1}{\overset{0}{e}}$$

天然礦物的鍶中 ^{87}Sr 的存在率為 7.00 %。圖 14-7 為質譜儀所測兩種鍶的同位素質譜。左圖Ⓐ（見下頁）表示一般的鍶同位素質譜，右圖Ⓑ（見下頁）為從古礦物的鍶同位素質譜。

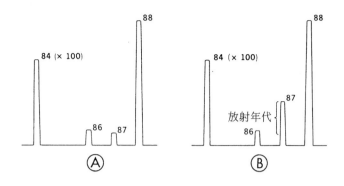

圖 14-7　鍶同位素的質譜

^{87}Sr 的質譜峰很顯然的古礦物的比一般的高很多。此現象表示，古礦物中由 ^{87}Rb 經 t 時間衰變所產生的 ^{87}Sr 使礦物的鍶含量增加。設有一古礦物，現在含有 ^{87}Rb 0.096 ％而過剩的 ^{87}Sr 0.004 ％。該古礦物生成(t ＝ 0)時所含 ^{87}Rb 量為 0.096 ％＋ 0.004 ％＝ 0.100 ％而 ^{87}Rb 的 0.004/0.100 ＝ 4 ％衰變到現在。

$$\frac{N}{N_o} = 0.96 \text{ 而 } t/t_{\frac{1}{2}} = 0.058 \quad \therefore t = 2.82 \times 10^9 \text{ 年}$$

14-3.2　鉀-氬法

鉀元素中含放射性 ^{40}K 0.019 ％。^{40}K 進行 β^- 衰變為 ^{40}Ca 及 EC 衰變為 ^{40}Ar。圖 14-8 為鉀 40 的衰變程序圖。

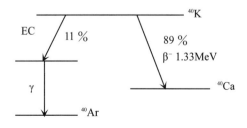

圖 14-8　鉀 40 衰變程序圖

$$^{40}\text{K} \longrightarrow {}^{40}\text{Ca} \qquad \lambda_\beta = 4.72 \times 10^{-10} \text{ 年}$$

$$^{40}\text{K} \longrightarrow {}^{40}\text{Ar} \qquad \lambda_{EC} = 5.7 \times 10^{-11} \text{ 年}$$

$$\lambda = \lambda_\beta + \lambda_{EC} = 5.29 \times 10^{-10} \text{ / 年}$$

$$^{40}\text{K 的半生期 } t_{\frac{1}{2}} = \frac{0.693}{5.29 \times 10^{-10}} = 1.3 \times 10^9 \text{ 年}$$

鉀－氬法乃根據古代礦物中的鉀 40 衰變為安定的氬來測定的。古礦物的年代可由(14-3)式求得：

$$t = \frac{t_{\frac{1}{2}}}{0.693} \ln \left[1 + \frac{\lambda}{\lambda_{EC}} \frac{N(^{40}\text{Ar})}{N(^{40}\text{K})} \right] \tag{14-3}$$

此方法適用於多數含鉀的礦物。惰性氣體中氬的量最多的原因仍是地球上含鉀化合物之 ^{40}K 衰變而來的。

14-3.3 鈾-鉛法及 ^{206}鉛- ^{207}鉛法

⑴鈾－鉛法

鈾礦的鈾 238 經 8α 及 6β 衰變為鉛 206。假設鈾礦生成時不含鉛而 ^{238}U 衰變所生成的 ^{206}Pb 完全沒有損失時，從測定 $^{206}\text{Pb} / {}^{238}\text{U}$ 的比值可求得該鈾礦的年代。

設有一鈾礦試樣，分析結果得 ^{238}U 1.667 克及 ^{206}Pb 0.277 克。假設 ^{206}Pb 都由 ^{238}U 蛻變來的，而 ^{238}U 的半生期為 4.5×10^9 年。由 ^{206}Pb 的重量求 ^{238}U 的重量為 $0.277 \times \dfrac{238}{206} = 0.319$（克）因此此鈾礦試樣生成時 ^{238}U 應有 $0.319 + 1.667 = 1.986$（克）

$$N = N_o e^{-\lambda t}$$

$$\lambda t = 2.303 \log \times \frac{N_o}{N}$$

$$\frac{0.693}{4.5 \times 10^9 \text{年}} \times t = 2.303\log \times \frac{1.986}{1.667}$$

計算結果 t $= 1.2 \times 10^9$ 年。鈾礦有 1.2×10^9 年的年代。

(2) ^{206}Pb$-^{207}$Pb 法

天然鈾中含 ^{238}U 及 ^{235}U，各蛻變後產生 ^{206}Pb 及 ^{207}Pb。設能夠精確測得 ^{206}Pb/^{207}Pb 時，可求得該鈾的年代如下：

$$^{206}\text{Pb} = {}^{238}\text{U}(e^{\lambda_{238}t} - 1) \tag{14-4}$$

$$^{207}\text{Pb} = {}^{235}\text{U}(e^{\lambda_{235}t} - 1) \tag{14-5}$$

以(14-5)除(14-4)得

$$\frac{^{206}\text{Pb}}{^{207}\text{Pb}} = \frac{^{238}\text{U}(e^{\lambda_{238}t} - 1)}{^{235}\text{U}(e^{\lambda_{235}t} - 1)} \tag{14-6}$$

(14-6)式中的

$\frac{^{238}\text{U}}{^{235}\text{U}} = 137.7$ 及 $\lambda_{238}, \lambda_{235}$ 都已知，因此只要以質譜儀測出 ^{206}Pb/^{207}Pb 時，可算出該鈾試樣之年代 t。圖 14-9 為 ^{206}Pb/^{207}Pb 與鈾礦年代的相關曲線。

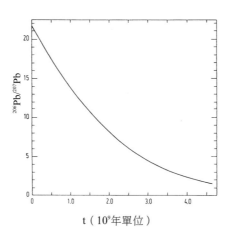

圖 14-9　　^{206}Pb/^{207}Pb 與年代相關曲線。

14-4 氚定年法

宇宙線與大氣的交互作用產生碳 14 外，產生氚。氚的半生期為 12.6 年，可用於葡萄酒的年代測定。

$$_0^1n + _7^{14}N \longrightarrow _1^3H + _6^{12}C$$

$$_1^3H \xrightarrow[12.6 \, 年]{\beta^-} _2^3He + _{-1}^0e$$

大氣中生成的 ^3H 與水蒸氣中的 ^1H 交換並隨雨降落於海水、河水等。由宇宙線生成與衰變的 ^3H 及大氣與水不斷的交換，保持一定濃度的氚即氫原子 10^{18} 個中有一個氚原子。如果密封水（例如製造葡萄酒後密封於桶或瓶中）不與大氣接觸並交換時，其中的氚只以 12.6 年的半生期衰變。測量葡萄酒的含氚量可求得葡萄酒 5～60 年間的年代。

含氚量在原子爐或核爆炸等因素較以前增加，T/H 比從 10^{-18} 已增加到 10^{-12}。因此以當地地下水的含氚量與葡萄酒含氚量做比較可減少誤差。

Chapter 15

放 射 追 蹤

放射性同位素在科學研究主要應用之一爲將放射性同位素做示蹤劑(tracer)，追蹤(trace)穩定同位素在物質或生命過程的舉動。因爲放射性同位素與穩定同位素的原子序相同，化學性質相同，但放射性同位素可放出穿透力大的放射線，從反應系統外可使用偵測器有效測量，因此可做最佳的示蹤劑做追蹤實驗。

15-1 設計及執行放射追蹤

15-1.1 放射追蹤的優點

(1)偵測的靈敏度高

使用放射性同位素做示蹤劑的放射追蹤實驗，測定的靈敏度遠超其他物理或化學測定法。例如，無載劑的氚的放射性比度約 30Ci/m・mole。這數值表示將此氚稀釋 10^{12} 倍，仍可容許有效測量氚標識的有機化合物。放射性同位素在很低濃度時追蹤正常存在於人體組織的代謝物質，例如追蹤氚所標識的胸腺核苷(thymidine)被攝取於細胞核進入核酸的途徑。

(2)追蹤動力機構

使用放射性同位素爲示蹤劑做追蹤實驗最佳的優點爲，供給追蹤動力機構(trace dynamic mechanism)的機會。一些生物現象，如離子在細胞膜間的輸送、翻轉(turnover)、代謝媒介(intermediary metabolism)、輸導(translocation)都能夠追蹤。放射追蹤法以前這些都是以間接法測定的。

⑶同位素效應研究速率決定步驟

使用同位素效應(isotope effect)可求化學反應的速率決定步驟(rate-determining step)。

15-1.2 設計放射追蹤實驗的準備項目

提高放射追蹤實驗效度的基本假設有下列各項：

⑴無顯著的同位素效應

放射追蹤是假設放射性同位素與穩定同位素化學性質完全相同之下進行的。設放射性同位素與穩定同位素之間，因質量數之不同而有性質不同的，稱爲同位素效應。同位素效應在低原子量的元素較顯著。

例如，$^1_1$H 與 $^3_1$H 的質量數不同，其氣體擴散速率不同。

$$\frac{R_{^1H_2}}{R_{^3H_2}} = \frac{\sqrt{2 \times 3}}{\sqrt{2 \times 1}} = \sqrt{3} = 1.732$$

因此不能用 ^{3}H 來追蹤 ^{1}H 的反應速率及化學平衡等問題。化學鍵的安定度直接與參與的同位素質量平方根成正比。因此以 ^{14}C 標識的丙二酸的脫羧基反應：

$$HOO^{14}C—^{12}CH_2—^{12}COOH \longrightarrow {}^{12}CO_2 + {}^{12}CH_3^{14}COOH$$

因爲 ^{12}C—^{14}C 鍵較 ^{12}C—^{12}C 鍵強，脫羧基反應結果 CO_2 部分以 $^{12}CO_2$ 較多，乙酸部分以 $CH_3^{14}COOH$ 較多。

⑵無顯著的放射線損傷

在實驗系統（生物或無生物）不要有顯著的放射線損傷。使用的放射性同位素只容許合理可計測的最底限量。尤其生物組織易受放射線的損傷外生理機能亦會受影響。

(3)追蹤實驗時與正常生理狀態無偏差

使用放射性比度低的放射性同位素做示蹤劑時，雖然放射性同位素用量極少，但同時存在的穩定同位素含量多時影響生理機能。例如以 ^{76}As 做示蹤劑做生物的追蹤實驗，使用的放射性砷的放射性比度低(1000Bq/mgAs)，為能計測使用 10000Bq 時雖然放射性 ^{76}As 重不到 10^{-9} 克對生物不會有影響，但 10mg 的砷卻對生物的生理有影響，可能會致死。生物放射追蹤實驗，最好使用無載劑的放射性同位素或放射性比度高的以免於產生生理狀態的傷害。

(4)放射性同位素標識化合物與無標識化合物的物理狀態應相同

有些無載劑的示蹤劑在溶液中的行為為膠體溶液的行為，其作用完全與真溶液不同。放射膠體的存在使追蹤實驗產生很多困難。如有放射膠體產生，加錯合劑使其成為錯合物時可避免。

(5)放射性同位素標識化合物與無標識化合物的化學型態應相同

原子爐所製的放射性同位素常有旁反應生成物。以 ^{32}P 所標識的磷酸根離子追蹤磷在植物攝取過程的實驗，產生出於意料的結果，因為示蹤劑中含有相當多的 ^{32}P 標識的亞磷酸根離子的存在。如果發現兩者的化學型態不同時,使用輔助氧化劑或輔助還原劑來調整氧化態。

⑹追蹤的只是標識的原子

追蹤的是標識的原子而不能追蹤所給予的化合物。追蹤的是標識原子而不是整個化合物。代謝反應包括標識原子自原來化合物分裂,可能產生交換反應而從標識化合物移走不穩定原子。化學交換範圍根據分子種類,分子中標識原子位置及環境因素而改變。

15-1.3 放射追蹤實驗可行性的評估

⑴放射示蹤劑的可用度

首先檢討追蹤元素示蹤劑的一般特性(如半生期或放射線能量)。雖然在許多研究極需用氧及氮的放射性同位素,但兩者的半生期只有 2 分及 10 分。此短半生期的放射性同位素顯然在多數追蹤實驗無法使用。另一面一元素有兩種可用同位素時要針對追蹤期間及偵測器考慮使用那一同位素。

例如: $\begin{cases} ^{22}\text{Na} & \text{半生期} \quad 2.602 \text{ 年} \quad \text{放出 } \beta^+ \text{ 射線} \\ ^{24}\text{Na} & \text{半生期} \quad 15.02 \text{ 小時} \quad \text{放出 } \beta^- \text{ 射線} \end{cases}$

$\begin{cases} ^{58}\text{Co} & \text{半生期} \quad 70.8 \text{ 天} \quad \text{電子捕獲衰變} \\ ^{60}\text{Co} & \text{半生期} \quad 5.27 \text{ 年} \quad \beta^- \text{ 衰變及 } \gamma \text{ 衰變} \end{cases}$

^{36}Cl 因半生期長到 3.00×10^5 年不常使用,因為無法製得適合於示蹤劑的放射性比度。

此外要考慮如何取得放射性同位素及標識化合物。

(2)偵測的限度

購買的放射性同位素，通常在實驗室稀釋後做追蹤實驗的示蹤劑。稀釋不能太多，使計測的試樣在偵測的底限值下而無法計數。如果試樣的放射性比度低時，選用靈敏度高的偵測器。

(3)評估放射線損傷

首先要考慮放射線對實驗者損傷的可能性。多數的放射追蹤實驗，從外來放射線直接傷害並不嚴重。可是特別情況，例如使用毫居里的 γ 射線放射體要特別留意。10mci 的 ^{24}Na，離開 1 英呎處 1 小時的劑量約 204 毫侖琴之多。動物實驗時產生放射線損傷的限值為：

^{131}I   0.045μci/g 鼠體重

^{32}P   0.8μci/g 鼠體重

^{24}Na   47μci/g 鼠體重

^{89}Sr   0.5μci/g 鼠與兔體重

注意放射性廢棄物、排泄物、屍體等的處理要符合各國原子能法規的規定。

(4)評估所提的實驗方法及數值分析

實驗數值如不能正當解釋前是沒有用的。應明確敘述實驗的假設。仔細評估採樣過程。選擇正確分析數值的方法。明確建立再現性實驗。有機體具內在多變性，對需要高度再現性的實驗增加複雜。要注意到只有很小的實驗值差別時有高度的再現性。再現性不常與放射衰變的統計做比較。

15-1.4 設計放射追蹤實驗的基本要點

(1)實驗的本質

使用放射性示蹤劑並不是讓實驗者以能夠較普通不用示蹤劑的實驗較少準備或預籌。放射追蹤寧願實驗者更熟悉於使用的特定系統及一般問題的本質。在科學研究裡，沒有任何東西可取代各人自己領域的完整知識。放射性同位素只是一種工具而不是萬能藥。

放射性同位素使用於動態的生物系統時，最普遍的困難在於認識此系的動態觀點之不足。首要根據已知此系統的動態考慮標識化合物攝取入實驗生物體的可能途徑。此外必須考慮交替途徑存在時下列因素是否存在。內部產生的稀釋效應，降級產物再進入系統中的可能性，標識化合物起化學交換的程度，考慮此示蹤劑用於開放系或密閉系。假設考慮後此系的動態尚未完全知道，實驗者必須留意這些因素可能影響實驗結果。

(2)工作的尺度

設計一放射追蹤實驗的基本要求為計算所需用標識化合物之量。需要公斤或毫克？影響計算的因素為：

①標識化合物：假設標識化合物必合成時，開始的量必須容許物理或化學操作應給予期望生成物產率，充分容許

旁反應及化學操作時的損失。有時只考慮同位素的價格，如果太過份時亦不實在。例如 ^{14}C 標識的皮質固醇(hydrocortisone)價格貴到 $10\mu ci$ 一百元美金。如果設計一單純的追蹤實驗而需用mci的標識皮質固醇是不實在的。

②實驗系統：在實驗時標識化合物通常要稀釋使用。稀釋時必須根據所選擇系統的大小來決定。老鼠較狗在同一目的的追蹤實驗所需放射示蹤劑之量較少，種子植物較成熟植物亦少。用於微生物的追蹤實驗使用微量的放射性同位素。此外尚要考慮配合統計效度所需標本的數目，標識化合物加入實驗系統時的損失等。

③實驗目的：實驗目的亦為計算操作規模的決定因素。例如，化學處理呼吸的 $^{14}CO_2$，目的只是辨認一標識化合物。另一研究尋找標識化合物的位置。使用氚化胸43(thymidine)追蹤去氧核糖核酸(DNA)於染色體(chromosome)的位置等。

⑶測定效率

一主要因素為開始時使用多少示蹤劑劑量能為所使用計測系統檢出效率的需要。此一因素與所需要的計測靈敏度，決定計測試樣的所需放射性比度及總放射強度之最低水準。

偵測器的種類亦很重要，偵測 ^{131}I 的 γ 射線時，蓋革計數器需要放射強度較高的，閃爍計數器則不必放射強度高的試樣。

(4)放射性比度

一旦操作規模決定後，需要知道絕對量。以化學量來講，為毫克(mg)或毫莫耳(m-mol)。需要多大的放射性比度來得到總量。為了要避免未期望的稀釋因數及損失，設計實驗時通常使用2～10倍量為考慮安全因素(safety factor)的量。

15-2 放射追蹤實驗例

15-2.1 吸附現象的研究

硫酸根離子溶液中，加入鋇離子時產生硫酸鋇沈澱。溶液中有微量磷酸根離子存在時，PO_4^{3-} 將被硫酸鋇沈澱吸附。探究 PO_4^{3-} 被吸附的現象及吸附率，沈澱反應前，溶液中加一小量的 $^{32}PO_4^{3-}$ （已知放射強度）。$^{32}PO_4^{3-}$ 離子被 $BaSO_4$ 沈澱吸附的放射強度的比率為：

$$\frac{A(^{32}PO_4^{3-})_{前} - A(^{32}PO_4^{3-})_{後}}{A(^{32}PO_4^{3-})_{前}} \tag{15-1}$$

取同體積溶液試樣，沈澱前後測定各兩次就可得吸附率。

15-2.2 固體表面的研究

哈漢(O. Hahn)的射氣法(emanation method)對於固體表面現象的研究有很好的成果。將放射性同位素帶進某物質的結晶格子。這些放射性同位素衰變時產生放射性惰性氣體。
例如：

$$^{228}\text{Th} \longrightarrow {}^{224}\text{Rn}$$

$$^{226}\text{Ra} \longrightarrow {}^{222}\text{Rn}$$

$$^{135}\text{I} \longrightarrow {}^{135}\text{Xe}$$

因為結晶格子的變化，這些惰性氣體從固體表面逸出。其變化在轉移溫度氣流中，連續測定放射強度來定量。圖15-1為射氣法研究草酸鋇的階段性熱分解之溫度與熱分解的相關曲線。

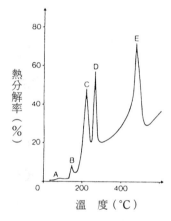

圖 15-1　射氣法求草酸鋇的熱分解

15-2.3　決定溶度積常數

　　合成以放射性 ^{131}I 所標識的 PbI_2 沈澱。已知 PbI_2 的放射性比度後，加入於一定量水中，攪拌並靜置，俟達到平衡後測定溶液中的放射強度或過濾後沈澱的放射性比度，可求得難溶性化合物 PbI_2 的溶度積常數。

15-2.4 合成反應機構的研究

利用放射性 ^{14}C 標識的化合物，能夠確認克萊森重排 (Claisen rearrangement)時烯丙基的末端碳原子重排而結合於苯環的機構。

$$O\text{—}CH_2\text{—}CH = {}^{14}CH \longrightarrow OH \text{—} {}^{14}CH_2\text{—}CH = CH_2$$

乙烯基—$CH = CH_2$ 的氧化而破裂結果，放射性 ^{14}C 附加於苯環。

15-2.5 醫學用動物放射追蹤實驗

使用放射性同位素標識的試藥於動物實驗時，可檢出該試藥或其轉移生成物被那些器官攝取的途徑。從測定尿中 ^{14}C 含量能夠確定藥劑的排泄速度。下一章得較詳細介紹。

Chapter 16

放射性同位素在工、農及醫學的應用

放射性同位素因能夠放出穿透力強的放射線，雖然是微量存在能夠有效偵測的優點，現代工業、農業及醫療方面有甚多特異的用途。原子能在和平用途方面有無限的貢獻。

16-1 放射性同位素在工業的應用

放射性同位素在工業方面常用於偵測、追蹤及試驗等方面。下列舉例介紹。

16-1.1 決定兩液介面

將兩種密度不同液體（例如汽油與柴油）以一支輸送管運輸到遠處時，如圖 16-1 所示，管底下放如 ^{60}Co 等放射性同位素。管上面放一偵測器測定 ^{60}Co 所放出的 γ 射線的放射強度。當汽油等密度較小的液體通過時，偵測器所測放射強度較強，柴油等密度較大的液體通過時放射強度較弱，因此可知兩液體的介面，可分離於兩支不同的管。此方法容許以最低損失方式分離密度不同的液體。不必取樣分析而迅速可決定其介面。

16-1.2 使用放射性同位素測量分離效率

兩種沸點不同的液體 A 與 B 混合在一起時，加入已知

放射強度的 A 或 B 的放射性同位素做示蹤劑。加熱使 A 部

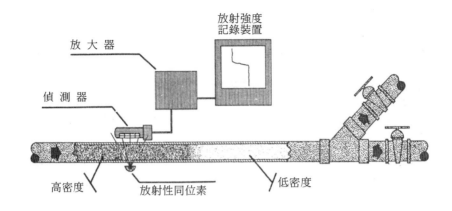

圖 16-1 輸送管兩液介面的決定

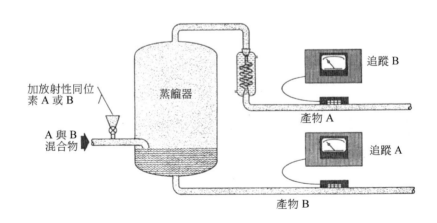

圖 16-2 使用放射性同位素測量分離效率

分蒸發為氣體，經冷凝的 A 液體中追蹤 B 的比率，或沒有蒸發的 B 液體中追蹤放射性同位素 A，可求得分離的效率。

16-1.3 放射線引發螢光

以鍶 90 的 β⁻ 射線打擊硫化鋅或硫化鎘等螢光體時能夠

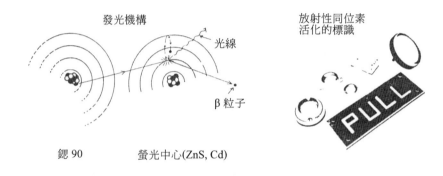

圖 16-3　放射線活化的螢光標識

發出螢光做暗處的標示。β⁻ 射線較α射線引起螢光退化少而且可用長久並對外輻射影響機會亦較少。

16-1.4 放射性同位素電壓器

鍶 90 所放出的 β⁻ 射線遇到莫乃耳合金(Monel metal)產生電壓可高達七千伏特，可製成如圖 16-4 所示小型而在極限狀況下可長期使用的電壓供應器。

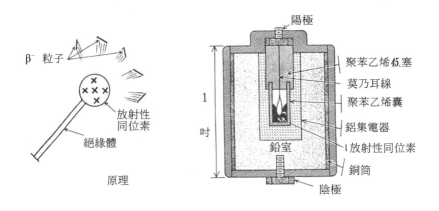

圖 16-4　放射性同位素電壓供應器

16-1.5　放射線攝影術檢驗鑄鐵筒的裂縫

　　放射性同位素放在檢驗鑄鐵製各種大型容器中央部分。能夠以不拆散方式檢驗鑄鐵內部的裂縫。裂縫處較易通過放

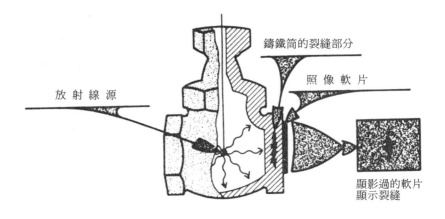

圖 16-5　檢驗鑄鐵器裂縫

射線，因此照像軟片上的感光亦較多。

放射線厚度計

造紙、玻璃、塑膠布及纖維布等，需要成品保持一定的厚度。如圖16-6所示，放射性同位素放在下端，上端置一放射線偵測器並連結於輻射計(radiation meter)。此輻射計亦控制滾筒旋轉速度。放射性同位素（如 ^{137}Cs ）所放出的放射線，由偵測器所測量的放射強度與紙、塑膠，或纖維的厚度及密度有關。因此在短時間內可檢測數百公尺長的紙、塑膠

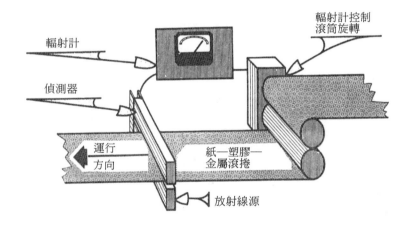

輻射計

輻射計控制滾筒旋轉

偵測器

運行方向

紙—塑膠—金屬滾捲

放射線源

圖16-6 放射線厚度計的運作

或纖維布的厚度與均勻性以做品質管制之用。

16-1.7
液面高度指示計

一密閉容器中所裝液體物質的高度，可由圖16-7所示，容器左方裝一放射線源(^{60}Co)，右方裝蓋革計數管，兩者在一定軌道上同時移動方式，由測定放射強度可知液面高度。

放射線通過液體時放射強度較弱，通過液面上方的空間時放射強度較強。此方法可自動記錄並控制液面高度以適當補充液體。液面高度指示計因在容器外面，不被腐蝕性液體或溫

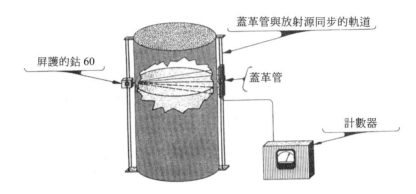

圖 16-7　液面高度指示計

度等影響。

16-1.8　尋找水管漏水處

　　房屋或工場等埋在地面下或牆壁內，因地震或其他因素而漏水時，尋找漏水處很困難。使用放射性碘 131 為示蹤劑時，如圖 16-8 所示，不必鍬開地面，從外頭可找到漏水處。

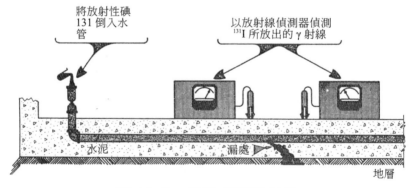

圖 16-8　尋找水管漏水處

碘 131 的半生期只有 8 天，因此不會有放射性殘留的問題。

16-1.9 鋪路時土壤密度及水分的調查

鋪路時需要土壤的密度及含水量。將鈷 60 等放出 γ 射線的放射性同位素在一定高度，照射地面並偵測反彈回來 γ 射線的強度可測定土壤的密度。因 γ 射線反彈回來的多表示土壤密度較大，反彈回來的少，密度較小。另一面以快中子源將快中子照射土壤。土壤中水分較多的將快中子減速為熱中子的機會多，因此從熱中子偵測器可知土壤含水分的多

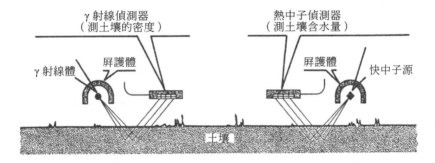

圖 16-9　偵測土壤密度及含水量

寡。如此可不必各處採土壤試樣做地質分析。

16-1.10 固體表面吸附作用的研究

使用放射性同位素鈉 24 可做固體表面吸附作用的研究。如圖 16-10 所示，將玻璃板以本生燈焰及四氯化碳清潔表面後，放入於裝 $^{24}Na_2CO_3$ 溶液的燒杯中約 2～3 小時。取出後用清水沖洗並乾燥後測其表面的放射強度。以自動放射攝影所得的軟片得知被吸附離子的分佈。由此方法可知在 90℃時的吸

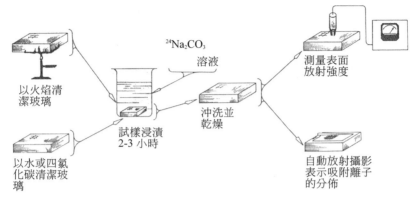

圖 16-10　固體表面吸附作用

附率較 25°C 時大 10 倍之多，吸附率受玻璃表面清潔程度有關。

16-2 放射性同位素在農業的應用

放射性同位素在農業的應用可分為兩大類。第一類是使用放射性同位素做示蹤劑，追蹤某一成分在動植物營養代謝反應的途徑。第二類是利用放射性同位素所放出的放射線。從事動植物的滅菌、貯藏及改良品種等。

16-2.1 植物光合作用的研究

利用放射性同位素 ^{14}C 標識的二氧化碳，研究光合作用機構及生成食物速率的研究。如圖 16-11 所示以鐘瓶蓋住植物栽培裝置。由瓶外導入放射性 ^{14}C 標識的二氧化碳氣體。在陽光照射下，二氧化碳與水進行光合作用。在成長過程中每隔一時期，將植物 1 小部分做放射化學分析，可得：

(1)成長過程的速率。

(2)生產食物的中間步驟。

圖 16-11　放射性 $^{14}CO_2$ 為示蹤劑的光合作用研究

(3)葉綠素所擔任的角色等重要的資料。

16-2.2　*磷肥被植物攝取的研究*

　　使用 ^{32}P 標識的磷酸肥料，加入於土壤中。從定期測定土壤及植物所含的放射性磷32，可得：

(1)土壤所固定的磷。

(2)植物所攝取的磷。

(3)肥料被吸收及移動的情形。

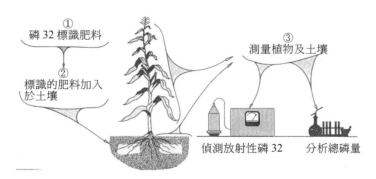

圖 16-12　磷肥被植物攝取的研究

(4)磷肥的效率。

16-2.3 植物吸收營養部位的調查

(1)根部與豆部

　　豆科植物吸收鈣肥的部位以放射性鈣 45 來追蹤。以放射
性鈣 45 標識的肥料放入於 A 成長的花生的燒杯，B 同樣
植物的根部。對於兩組的植物及花生部分做放射性 ^{45}Ca 的
偵測。從實驗可知，最大吸收的部位及根部供應鈣給植物

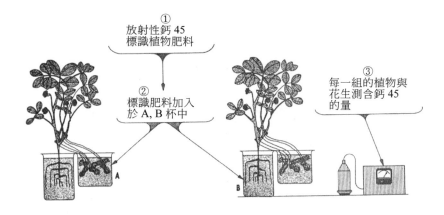

圖 16-13　調查植物吸收鈣肥的部位

不足夠的結果。

(2)根部與葉部

　　使用放射性磷 32 所標識的磷肥，撒在根部及葉部，測定
果實所含的放射性磷 32 以了解施肥的效率及施肥最有效
的時期。從實驗結果可知施肥於葉的效率較施肥於根部的
效率高的很多。

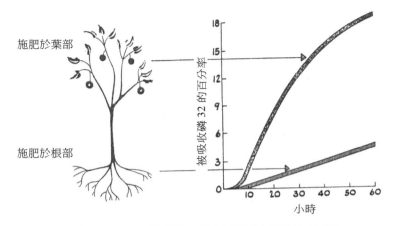

施肥於葉部

施肥於根部

被吸收磷 32 的百分率

小時

圖 16-14　施磷酸於根部及葉部的比較

16-2.4　硫分損傷柑橘植物的研究

　　溫泉地帶所生產的柑橘類常受空氣中的含硫分而損傷。以放射性硫 35 標識的硫塵埃噴撒於橘子。追蹤放射性硫 35 穿透果皮情況並測定有害的氣體（H_2S, SO_2 等）之生成等實驗可得下列結果：

(1)硫原子能穿透果皮。

(2)硫與果皮反應生成有害的含硫氣體。

(3)只在有陽光照射果物時才會產生損傷。

(4)溫度及濕度增加時損傷程度增加。

16-2.5　放射線食物保存的應用

　　放射線常用於食物保存及防止發芽等方面。過去的食物保存常用高溫滅菌及冷凍保存，惟需很大的經費並往往損害食物原有的風味。放射線照射食物時不但能夠滅菌，照射時

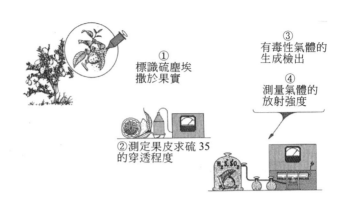

①標識硫塵埃撒於果實

②測定果皮求硫 35 的穿透程度

③有毒性氣體的生成檢出

④測量氣體的放射強度

圖 16-15　硫分損傷柑橘類的研究

幾乎不發生熱，因此不損失食物原來的風味。因此放射線滅菌法稱爲冷滅菌(cold sterization)。表 16-1 表示使生物致死或不活性化所需要的輻射劑量。

表 16-1　使生物致死或不活性化劑量

	輻射劑量（雷得單位）
人及高等動物	1,000
穀物中的害蟲	25,000
昆　蟲　類	100,000
細　菌　類	500,000
酵母及黴類	1,000,000
酵素及過濾性細菌	10,000,000

以食物保存爲目的，視其所含可能的害蟲或微生物來決定照射的輻射劑量。

如果是抑制馬鈴薯的發芽以保存馬鈴薯時，以照射 10,000 到 20,000 雷得較適當。在室溫可保存 8～10 個月，如果保持較低溫度(5～7℃)時可保存一年半之久。

16-3 放射性同位素在生物及醫學的應用

放射性同位素在生物及醫學的用途大都可分為放射追蹤、診斷及治療方面。

16-3.1 生體內碳化合物分解為二氧化碳的研究

在代謝容器中飼養一隻預先注射放射性碳 14 標識的胺甲酸乙酯($NH_2COOC_2H_5$)的小動物。將小動物呼吸所呼出的氣體導入一游離箱，在記錄器記錄放射性CO_2的放射強度。由實驗結果可知，胺甲酸乙酯不斷的分解為二氧化碳，在 24 小

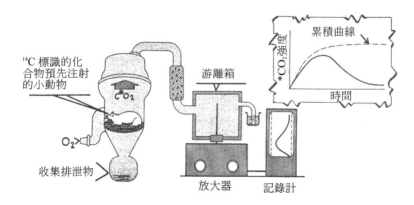

圖 16-16　生體內碳化合物分解為二氧化碳

時內有 90 ％的放射性碳以 $^{14}CO_2$ 方式自小動物體內排出。致癌或白血球過多的小動物在體內保留的 ^{14}C 較多。

16-3.2 檢查血液循環受阻部位

將放射性 ^{24}Na 標識的氯化鈉溶液，注射於大腿的靜脈血管裡。血液將 $^{24}NaCl$ 輸送到雙腳各部位。以放射性偵測器從

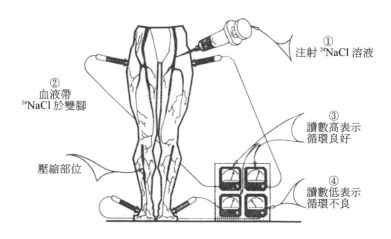

①
注射 $^{24}NaCl$ 溶液

②
血液帶
$^{24}NaCl$ 於雙腳

③
讀數高表示
循環良好

壓縮部位

④
讀數低表示
循環不良

圖 16-17　以放射性 $^{24}NaCl$ 檢查血液循環受阻部位

體外檢測放射強度，可知血液流動的樣式，動脈受壓縮或閉塞的正確部位，方便於治療。

16-3.3 放射心動描記法

放射性鈉 24 半生期只有 15 小時，放射β射線及γ射線，因此從身體外部做診斷心臟跳動品質之用。如圖 16-18 所示，從靜脈注射含放射性鈉 24 的溶液。使用蓋革計數管從體外偵測 ^{24}Na 所放出的 γ 射線。只要 1 到 2 分鐘就可診

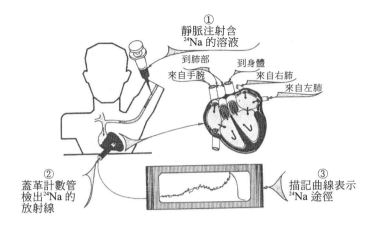

① 靜脈注射含
²⁴Na 的溶液

到肺部　　到身體
來自手腕　　來自右肺
　　　　　　來自左肺

② 蓋革計數管
檢出²⁴Na 的
放射線

③ 描記曲線表示
²⁴Na 途徑

圖 16-18　放射心動描記法

斷出心臟跳動的功能。此方法稱為放射心動描記法(radio-cardiography)。

16-3.4　放射性鐵 59 研究鐵生理學

放射性鐵 59 半生期 45 天，放出 β^- 射線及 γ 射線。在血漿中加入 $^{59}FeCl_3$ 後，注射人體並在每隔一段時間過後抽出一定量血液，以放射線偵測器測量每一血漿所含的全鐵量及 ^{59}Fe 之量。由血漿中的鐵之轉移實驗可知，需用約 1.5 倍量以更新血漿內之鐵。患紅血球增多症、白血球過多症及貧血

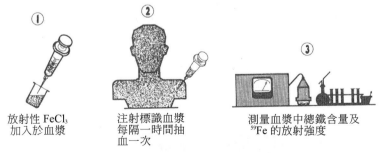

① 放射性 $FeCl_3$
加入於血漿

② 注射標識血漿
每隔一時間抽
血一次

③ 測量血漿中總鐵含量及
^{59}Fe 的放射強度

圖 16-19　放射性 ^{59}Fe 的血漿轉移實驗

症時鐵的轉移將增加。放射性同位素治療紅血球增多症時，鐵的轉移將減少。

16-3.5 甲狀腺病症的診斷及治療

放射性碘 131 常用於甲狀腺病症的診斷及治療。患者喝碘 131 的水溶液。診斷用時喝 1 到 50 微居里，治療用時一次喝 1 到 100 毫居里。碘 131 選擇性的被吸收於甲狀腺及癌症衍生物。從身體外面用蓋革管偵測被吸收的碘 131 的部位及強度。此方法可：

⑴診斷及治療甲狀腺機能亢進症。

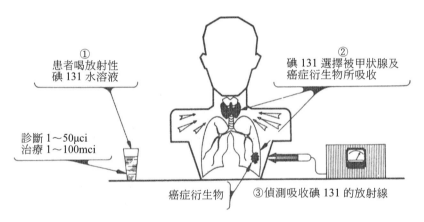

① 患者喝放射性碘 131 水溶液

② 碘 131 選擇被甲狀腺及癌症衍生物所吸收

診斷 1～50μci
治療 1～100mci

癌症衍生物

③偵測吸收碘 131 的放射線

圖 16-20　甲狀腺病症的診斷與治療

⑵指示甲狀腺癌症衍生物的位置。

⑶治療甲狀腺癌症及癌症衍生物。

16-3.6 放射性鐵的脾臟攝取

脾臟與造血相關。如紅血球增多症的患者，在脾臟生產紅血球的速率增加。難治貧血症患者則在脾臟以不平常速率破壞紅血球。正常人則生產與破壞速率平衡。使患者攝取放射性

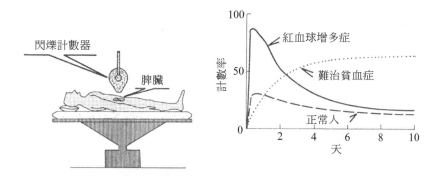

圖 16-21　放射性鐵的脾臟攝取

鐵後，隨時間的經過自體外用閃爍計數器計測由脾臟所放射的放射線強度，並劃出隨時間改變的計數相關曲線。如圖 16-21 右圖曲線之不同可診斷正常或紅血球增多症或貧血症。

16-3.7 旋轉遠隔射線療法

　　放射性鈷 60 能放出能量較大的 γ 射線，半生期 5.26 年，因此在醫院多做放射線治療之用。圖 16-22 為旋轉遠隔射線

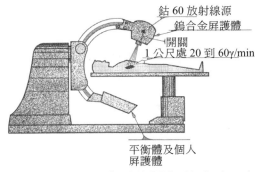

圖 16-22　旋轉遠隔射線治療

治療(rotational teletherapy)裝置。對體內深部的腫瘤能夠深入
供應有效的劑量，並以遙控旋轉及開關方式使病人能夠得到
有效的放射線治療效果。

16-3.8 放射性同位素全身掃描

　　圖 16-23 為甲狀腺切除過的患者所做全身掃描的裝置及
掃描圖。患者喝 5mci 的放射性碘 131 溶液後 4 天，以閃爍

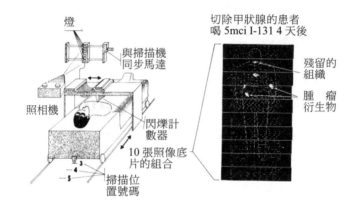

圖 16-23　放射性碘 131 的全身掃描

計數器從頭部到腳部並以照相機與計數器同步掃描攝影。從
照相底片可看出開刀後尚殘留組織的存在及未預期的腫瘤衍
生物的存在與其位置。

Chapter 17

放射線防護

放射線防護(radiological protection)為防護人體不受放射線的有害影響所做的工作。人類經常受宇宙線，電視及電腦及醫療檢查的 X 射線照射外，從事放射線有關的工作或飛機內工作人員等較一般人接受高劑量的輻射線。放射線防護的目的為防止身體接受放射線照射所產生不必要的障害，抑制癌、白血病的發生及遺傳到子孫的影響降低到可容忍的限度。

17-1 **天然放射線的影響**

生物從誕生以前開始不斷受天然放射線的照射仍能生存。天然放射線的來源為：

(1)從太陽及宇宙來的宇宙線。

(2)由宇宙線生成的放射性同位素（主要從大氣中的氮所生成的 ^{14}C 及 ^{3}H ）。

(3)從地球生成以來繼續存在於地殼的放射性同位素（如 $^{40}K, ^{87}Rb$ 及鈾系、錒系、釷系蛻變系列的各核種）。

從這些放射線來源所放出的放射線，對人有體外照射(external exposure)及由食物或呼吸而進入人體內所產生的體內照射(internal exposure)。人體從天然放射線所受的總輻射劑量中，體外照射約占四分之一，而體內照射約占四分之三。體外照射之 50 ％來自宇宙線，25 ％來自 ^{40}K ，剩下的來自鈾及釷的蛻變系列。攝取於人體內的放射性同位素等效劑量之 69 ％來自 ^{222}Rn 及其短壽命衰變生成物，11 ％來自 ^{40}K ，

8 ％來自 ^{210}Po 。表 17-1 爲聯合國科學委員會所發表，人體對天然放射線一年所受的等效劑量。圖 17-1 爲人體各器官一年接受天然放射線的平均等效劑量。

表 17-1　人體接受天然放射線的等效劑量（年）

放射線源	一年等效劑量(mSv)		
	體外照射	體內照射	計
宇宙線			
游離粒子	0.300		0.300
中子	0.055		0.055
宇宙線所生成的核種		0.015	0.015
原始放射性核種			
^{40}K	0.15	0.18	0.33
^{87}Rb		0.006	0.006
^{238}U 系列			1.340
$^{238}U \longrightarrow {}^{234}U$		0.005	
^{230}Th		0.007	
^{226}Ra	0.100	0.007	
$^{222}Rn \longrightarrow {}^{214}Po$		1.100	
$^{210}Pb \longrightarrow {}^{210}Po$		0.120	
^{232}Th 系列			0.340
^{232}Th		0.003	
$^{228}Ra \longrightarrow {}^{224}Ra$	0.160	0.013	
$^{220}Rn \longrightarrow {}^{208}Tl$		0.160	
總計	0.800	1.600	2.400

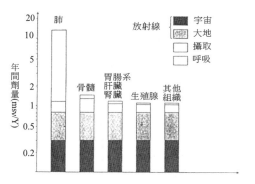

圖 17-1 　人體各器官天然輻射等效劑量

17-2 放射線的生物效應

生物接受放射線的照射，雖然所吸收的能量不是很多但將引起很大的效應。其影響與生物的種類，同一生物亦隨器官或細胞的種類不同效應亦不同。生物效應的不同仍因生物體吸收能量的過程複雜，各器官、細胞的恢復能力亦不同之故。

17-2.1 生物效應的過程

生物體複雜的能量吸收過程以圖 17-2 的三階段表示時較易了解。

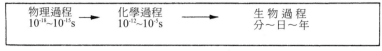

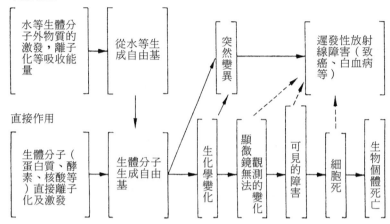

圖 17-2　放射線生物效應過程

(1)物理過程

　　放射線照射生物體時，由於游離作用生體內的分子或原子起離子化及生成激發態。此外，放射線與原子或分子彈性碰撞使原子反跳。此時生成的離子或二次電子帶數 eV 到數十 eV 的能量成為下一階段化學反應的活化能。此階段的時間很短約 10^{-18} 到 10^{-15} 秒的作用。

(2)化學過程

　　游離的離子對或激發分子等在分子內或分子間，進行能量的交換。在能量的重排時，分子放出氫或質子，與電子形成自由基。例如占生物體 70 ％的水，受放射線照射後生成多數分子、離子及自由基。

$$H_2O \quad \rightsquigarrow \quad H_2, H_2O_2, H_3O^+, e_{aq}^-, H\cdot, \cdot OH$$

有機物質(RH)遇到‧OH 自由基

$$RH + \cdot OH \longrightarrow R \cdot + H_2O$$

生成的 R‧遇到氧時生成過氧化自由基。

$$R \cdot + O_2 \longrightarrow RCOO \cdot$$

這些無機及有機自由基或過氧化自由基等,進一步與生物體作用起生化學反應,以影響生物體的正常機能。

(3)生物過程

生成的自由基,在生物代謝時,對構成細胞的去氧核糖核酸(DNA)、胺基酸、蛋白質等產生生化學損傷。此損傷包括抑制生化學合成過程,停止細胞分裂,細胞的死亡或異常繁殖,染色體的斷裂等。細胞不但死亡,可能修復。生殖細胞的染色體被放射線照射而斷裂時可能產生遺傳的障害。

17-2.2 放射線對人體的影響

放射線對人體的影響可分為,對被照射的本人的全身效應(somatic effect)及影響到子孫的遺傳效應(genetic effect)兩大類。圖 17-2 為放射線對人體影響的影響分類。

表 17-2 表示國際放射線防護委員會(International Commission on Radiological Protection 簡寫為 ICRP)所提出一西弗輻射劑量致癌及遺傳影響的機率。

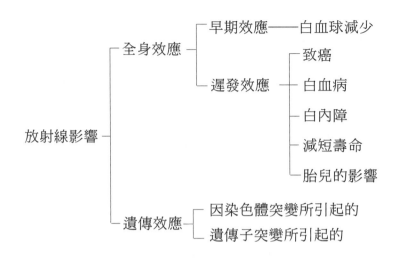

圖 17-2　放射線對人體的影響

表 17-2　致癌及遺傳效應的推測機率

器官	輻射劑量 1 西弗致癌機率（人／萬人）
胃	110
肺	85
結腸	85
紅色骨髓	50
膀胱	30
食道	30
乳房	20
肝臟	15
卵巢	10
甲狀腺	8
骨骼表面	5
皮層	2
其他	50
計	500

人體受放射線照射的效應亦可從被照射的時間分爲急性曝露(acute exposure)及慢性曝露(chronic exposure)。被放射線照射時間短的爲急性曝露，長時間繼續被照射的爲慢性曝露。通常同一輻射劑量時急性曝露較慢性曝露的影響大。表17-3爲急性曝露時人體所起的症狀。

以西弗等效劑量來講，1～5Sv 對造血器官的障害，5～10Sv 產生胃腸障礙，10Sv 以上時中樞神經系統受損傷。10Sv 以下因造血器官的骨髓損傷，白血球減少所引起的細胞感染，血小板減少所引起的出血，約 20 天致骨髓死。劑量在 10～100Sv，因腸胃的損傷起脫水，營養補給的困難及細菌入侵等現象發生，經過約 18 天致死。劑量在 100Sv 以上時，因中樞神經系統受損傷，起痙攣在數分至數小時內死亡。

表 17-3　全身急性曝露劑量與臨床症狀

劑量，格雷 Gy （雷得，rad）	臨床症狀	備　註
～0.25(25)	幾乎沒有症狀	染色體分析能檢出變化的最低劑量
0.5(50)	淋巴球的減少	
1(100)	想吐、疲倦、淋巴球急劇減少	
1.5(150)	50 ％人放射線宿醉	
2(200)	白血球的長期減少	
4(400)	30 天以內有 50 ％死亡	50 ％致死劑量
7(700)	100 ％致死	致死劑量

17-3 放射性事故及處理法

放射性事故的發生原因很多，最近日本 東海村工人以水筒裝核燃料溶液混合結果產生臨界事故等多是人為疏忽所引起的。放射性事故必須有效防止並做適當的處理。

17-3.1 放射性事故的原因

放射線事故發生之原因有很多，通常是由於人為的疏忽而起的。

(1)實驗或操作時，放射性物質之飛散。

(2)大量放射線源之收藏不全以致放射線外洩。

(3)化學及原子核爆炸。

(4)原子爐、同位素工廠或使用放射性物質場所的火災。

(5)火災或爆炸而引起之放射性物質飛散。

(6)放射性物質的不妥當處理。

17-3.2 放射性事故對人體的傷害

放射性事故而對於人體之傷害為：

(1)火傷或炸傷。

(2) γ 線、X 線或中子線的體外照射。

(3)由於 β 線的體外照射。

(4)由於放射性物質污染身體表面。

⑸放射性物質之體內攝取等等。

17-3.3 放射性事故的處理

　　放射性事故的處理必須考慮到上述因素來對應。第一對於火傷或炸傷等之救急處理及第二對於放射線曝射之問題。前者之火傷或炸傷大部分一目瞭然而易發現出，但後者之放射線曝射則雖其已越過最大容許量甚多，但沒有自覺症狀，有時甚至不知事故發生。因此從事放射線工作的，必須常帶膠片佩章或劑量筆，時時監視有沒有被曝射過量，並設法避免其發生。

　　放射性事故發生時的處理原則為：

⑴從劑量筆或監視器知被曝射之劑量。

⑵懷疑事故發生時，以退避為第一。但如有除去發生原因之可能時，努力除其原因後退避。（例如：收藏線源、切電源、滅火、遮蔽等等）

⑶感覺非常危險時，先退避而策安全對策後來處理。（如：帶防毒面具、或利用遮蔽等）

⑷如受體外照射時要知其被曝劑量。

⑸設放射性同位素附著於身體表面時，立刻洗濯努力去除，並保留污染物以檢出放射性同位素種類，及確認污染原因。

⑹誤飲放射性同位素時需立刻吐出，並充分含漱來洗口。

⑺吸入放射性同位素時，立刻從污染之空氣處退出，呼吸新鮮之空氣。如需再入該處工作時要先確認有無完全換氣，

或帶特殊防毒面具才可進入。

(8)產生外傷時，先讓傷口出些血以避免放射性同位素之進入體內後才做止血，盡量洗滌周圍來除去放射性同位素。

(9)當放射性同位素飛散時，不但身體表面，其他衣服、室內之桌椅具物等皆有污染的可能。因此要探知其污染範圍並努力使其不再擴大。將污染場所以粉筆劃出界限禁止出入。

(10)時間上許可時盡量正確測定事故發生時之劑量。對於外部曝射即求其劑量率與被曝時間；身體表面、器物即以塗擦法移至濾紙上做放射性測定並保存這些試樣。

(11)即時通知保健物理人員並送急救室。

17-3.4 體外大量照射事故的處理

過量被曝射時之自覺症狀為全身疲倦，不願飲食、不眠症或欲睡症、發抖等等，但此等現象常為被曝後經過相當時間才出現的。

放射線傷害發生後到現在為止尚未有特別之治療法。主要為受曝射後設法防止二次感染與出血，並要大量補給營養。具體方法列舉如下：

(1)保持清潔

將皮膚、口腔、咽喉等粘膜做適度之洗滌、及漱口、吸入等保持清潔，飯後飲多量茶等飲料以保持食道之清潔。

(2)安靜

盡量不走動保持沒有疲勞感程度之安靜。

(3) 止血

利用種種之止血劑，並使用維生素 K 等防止出血。

(4) 使用抗生物質

適當使用抗生物質以防止二次感染，但以醫生處方使用而不可亂用。

(5) 補給水分及營養

受大量曝射後，身體內水分失去平衡而引起下痢症，因缺乏水分而有致死之危險，所以要由打針等來補充水分及營養。此時消化器管本身亦受損害，所以消化能力、吸收能力也減低，所以補給營養特別重要。

(6) 輸血

通常採用一次少量之多次輸血。輸血可提高抵抗力，並有止血作用。但亦要瞭解輸血將引起肝炎、黃疸等之副作用。

(7) 放射性貧血之治療

被放射線曝射過多之初期，白血球之變動很顯著而至末期所有血液之成分皆減少，尤其紅血球減少甚多。由醫師設法治療以增加白血球及紅血球。最近被注目的為骨髓移植，可醫治一半的致死劑量者。

17-3.5 除去身體污染法

手指或皮膚等被污染時通常使用溫水以肥皂或氧化鈣用柔軟刷來刷洗。將污染處刷洗 3～5 分，以流水沖洗經乾燥後，以監測器檢查之。如仍不能除去時考慮污染之原因，請保健物理人員協助處理。

17-4 操作放射性同位素的危害因素及最大許可劑量

17-4.1 操作放射性同位素的危害因素

　　無論是實驗、研究或工商農醫的應用，操作放射性同位素的機會愈來愈多。使用放射性同位素時往往對人體有危害因素(hazard factor)存在。

(1)放射性同位素的半生期

　　同樣重量的放射性同位素，半生期長的，放射強度較弱，半生期短的放射強度較強。

(2)放射線的種類及能量

　　能量大的射程遠，能量小的射程短。α 射線在體外幾乎不會影響，但攝取進入體內時將引起局部的大傷害。

(3)生物半生期

　　一放射性同位素進入人體的量，減少到一半（包括物理半生期及汗、尿、呼吸及糞等排泄）所經過的時間稱為生物半生期(biological half-life)。有的放射性同位素物理半生期很長（例如氚的 12.6 年），但因呼吸、汗及排泄物經常自身體排放水分，因此生物半生期甚短（氚為 19 天）。有的放射性同位素進入到身體內與身體組織起同位素交換，物理半生期與生物半生期很接近（例如 ^{32}P ,物理半生期為 14.3 天，生物半生期為 14 天）。

(4)選擇性堆積於體內或局部化於體內

例如碘 131 能夠堆積於癌症衍生物並局部化於甲狀腺。放射性鐵能夠局部化於紅血球。放射性磷於骨骼及牙齒等。操作放射性同位素時仔細檢討上列四種危害因素，設法使危害降低到可容許的範圍內。

17-4.2 最大許可劑量

國際放射線防護委員會提出操作放射線有關人員的最大許可劑量(maximum permissible dose)為：

D = 5(N — 18)rem

N 為年齡。18 歲以下的人，不便操作放射線。可容許的最大許可劑量隨年齡而增加，惟每年以不超過 5 侖目為限。侖目為比較生物效應（relative biological effectiveness 簡寫 RBE）乘雷得。因為生物體吸收同一雷得的劑量時，身體內所起的效應隨放射線的不同而不同。不同射線的比較生物效應值請參考表 3-2。

侖目＝ RBE 值×雷得

rem ＝ RBE×rad   (17-1)

由(17-1)式可計算不同年齡放射線工作人員對不同放射線的最大許可劑量。

我國於民國 57 年公布原子能法，59 年發布民國 80 年修

正發布的游離輻射防護安全標準，均刊列於附錄4及附錄5，
請參考使用以維護操作及使用放射性同位素的安全。

附錄 1　國際原子量表

本表為 1997 年國際純粹及應用化學聯合會化學教育委員會公布之原子量表加中文譯名的。

原子序	英文名稱	中文譯名	音	讀	符號	原子量
1	Hydrogen	氫	ㄑㄥ	輕	H	1.008
2	Helium	氦	ㄏㄞ	亥	He	4.003
3	Lithium	鋰	ㄌㄧ	里	Li	6.941
4	Beryllium	鈹	ㄆㄧ	皮	Be	9.012
5	Boron	硼	ㄆㄥ	朋	B	10.81
6	Carbon	碳	ㄊㄢ	炭	C	12.01
7	Nitrogen	氮	ㄉㄢ	淡	N	14.01
8	Oxygen	氧	ㄧㄤ	養	O	16.00
9	Fluorine	氟	ㄈㄨ	弗	F	19.00
10	Neon	氖	ㄋㄞ	乃	Ne	20.18
11	Sodium	鈉	ㄋㄚ	納	Na	22.99
12	Magnesium	鎂	ㄇㄟ	美	Mg	24.31
13	Aluminum	鋁	ㄌㄩ	呂	Al	26.98
14	Silicon	矽	ㄒㄧ	夕	Si	28.09
15	Phosphorus	磷	ㄌㄧㄣ	鄰	P	30.97
16	Sulfur	硫	ㄌㄧㄡ	流	S	32.07
17	Chlorine	氯	ㄌㄩ	綠	Cl	35.45
18	Argon	氬	ㄧㄚ	亞	Ar	39.95
19	Potassium	鉀	ㄐㄧㄚ	甲	K	39.10
20	Calcium	鈣	ㄍㄞ	丐	Ca	40.08
21	Scandium	鈧	ㄎㄤ	亢	Sc	44.96
22	Titanium	鈦	ㄊㄞ	太	Ti	47.88
23	Vanadium	釩	ㄈㄢ	凡	V	50.94
24	Chromium	鉻	ㄍㄜ	各	Cr	52.00

原子序	英文名稱	中文譯名	音	讀	符號	原子量
25	Manganese	錳	ㄇㄥˇ	猛	Mn	54.94
26	Iron	鐵	ㄊㄧㄝˇ	帖	Fe	55.85
27	Cobalt	鈷	ㄍㄨ	姑	Co	58.93
28	Nickel	鎳	ㄋㄧㄝˋ	臬	Ni	58.69
29	Copper	銅	ㄊㄨㄥˊ	同	Cu	63.55
30	Zinc	鋅	ㄒㄧㄣ	辛	Zn	65.39
31	Gallium	鎵	ㄐㄧㄚ	家	Ga	69.72
32	Germanium	鍺	ㄓㄜˇ	者	Ge	72.61
33	Arsenic	砷	ㄕㄣ	申	As	74.92
34	Selenium	硒	ㄒㄧ	西	Se	78.96
35	Bromine	溴	ㄒㄧㄡˋ	嗅	Br	79.90
36	Krypton	氪	ㄎㄜˋ	克	Kr	83.80
37	Rubidium	銣	ㄖㄨˊ	如	Rb	85.47
38	Strontium	鍶	ㄙ	思	Sr	87.62
39	Yttrium	釔	ㄧˇ	乙	Y	88.91
40	Zirconium	鋯	ㄍㄠˋ	告	Zr	91.22
41	Niobium	鈮	ㄋㄧˊ	尼	Nb	92.91
42	Molybdenium	鉬	ㄇㄨˋ	目	Mo	95.94
43	Technetium	鎝	ㄊㄚ	塔	Tc	(98)
44	Ruthenium	釕	ㄌㄧㄠˇ	了	Ru	101.1
45	Rhodium	銠	ㄌㄠˇ	老	Rh	102.9
46	Palladium	鈀	ㄅㄚ	巴	Pd	106.4
47	Silver	銀	ㄧㄣˊ	吟	Ag	107.6
48	Cadmium	鎘	ㄍㄜˊ	隔	Cd	112.4
49	Indium	銦	ㄧㄣ	因	In	114.8
50	Tin	錫	ㄒㄧˊ	席	Sn	118.7
51	Antimony	銻	ㄊㄧˋ	替	Sb	121.8
52	Tellurium	碲	ㄉㄧˋ	帝	Te	127.6
53	Iodine	碘	ㄉㄧㄢˇ	典	I	126.9
54	Xenon	氙	ㄒㄧㄢ	仙	Xe	131.3
55	Cesium	銫	ㄙㄜˋ	色	Cs	132.9

原子序	英文名稱	中文譯名	音	讀	符號	原子量
56	Barium	鋇	ㄅㄟˋ	貝	Ba	137.3
57	Lanthanum	鑭	ㄌㄢˊ	蘭	La	138.9
58	Cerium	鈰	ㄕˋ	市	Ce	140.1
59	Praseodymium	鐠	ㄆㄨˇ	普	Pr	140.9
60	Neodymium	釹	ㄋㄩˇ	女	Nd	144.2
61	Promethium	鉕	ㄆㄛˇ	叵	Pm	(145)
62	Samarium	釤	ㄕㄢ	衫	Sm	150.4
63	Europium	銪	ㄧㄡˇ	有	Eu	152.0
64	Gadolinium	釓	ㄍㄚˊ	軋	Gd	157.36
65	Terbium	鋱	ㄊㄜˋ	特	Tb	158.9
66	Dysprosium	鏑	ㄉㄧ	滴	Dy	162.5
67	Holmium	鈥	ㄏㄨㄛˇ	火	Ho	164.9
68	Erbium	鉺	ㄦˇ	耳	Er	167.3
69	Thulium	銩	ㄉㄧㄡ	丟	Tm	168.9
70	Ytterbium	鐿	ㄧˋ	意	Yb	173.0
71	Lutetium	鎦	ㄌㄧㄡˊ	留	Lu	175.0
72	Hafnium	鉿	ㄏㄚ	哈	Hf	178.5
73	Tantalum	鉭	ㄉㄢˋ	且	Ta	180.9
74	Tungsten	鎢	ㄨ	烏	W	183.8
75	Rhenium	錸	ㄌㄞˊ	來	Re	186.2
76	Osmium	鋨	ㄜˊ	娥	Os	190.2
77	Iridium	銥	ㄧ	衣	Ir	192.2
78	Platinum	鉑	ㄅㄛˊ	伯	Pt	195.1
79	Gold	金	ㄐㄧㄣ	今	Au	197.0
80	Mercury	汞	ㄍㄨㄥˇ	拱	Hg	200.6
81	Thallium	鉈	ㄊㄚ	他	Tl	204.4
82	Lead	鉛	ㄑㄧㄢ	千	Pb	207.2
83	Bismuth	鉍	ㄅㄧˋ	必	Bi	209.0
84	Polonium	釙	ㄆㄛˋ	破	Po	(209)
85	Astatine	砈	ㄜˋ	厄	At	(210)
86	Radon	氡	ㄉㄨㄥ	冬	Rn	(222)

原子序	英文名稱	中文譯名	音	讀	符號	原子量
87	Francium	鍅 *36、*	ㄈㄚ	法	Fr	(223)
88	Radium	鐳	ㄌㄟ	雷	Ra	(226)
89	Actinium	錒	ㄚ	阿	Ac	(227)
90	Thorium	釷	ㄊㄨ	土	Th	232.0
91	Protactinium	鏷	ㄆㄨ	僕	Pa	231.0
92	Uranium	鈾	ㄧㄡ	又	U	238.0
93	Neptunium	錼	ㄋㄞ	奈	Np	(237)
94	Plutonium	鈽	ㄅㄨ	布	Pu	(244)
95	Americium	鎇	ㄇㄟ	梅	Am	(243)
96	Curium	鋦	ㄐㄩ	局	Cm	(247)
97	Berkelium	鉳 *23、*	ㄅㄟ	北	Bk	(247)
98	Californium	鉲	ㄎㄚ	卡	Cf	(251)
99	Einsteinium	鑀	ㄞ	愛	Es	(252)
100	Fermium	鐨	ㄈㄟ	費	Fm	(257)
101	Mendelevium	鍆	ㄇㄣ	門	Md	(258)
102	Nobelium	鍩 *24、*	ㄋㄨㄛ	諾	No	(259)
103	Lawrencium	鐒	ㄌㄠ	勞	Lr	(260)
104	Rutherfordium	鑪	ㄌㄨ	盧	Rf	(261)
105	Dubnium	鎝 *25、*	ㄉㄨ	杜	Db	(262)
106	Seaborgium	鎀 *26、*	ㄒㄧ	喜	Sg	(263)
107	Bohrium	鏰 *27、*	ㄅㄛ	波	Bh	(262)
108	Hassium	鏰 *28、*	ㄏㄟ	黑	Hs	(265)
109	Meitnerium	鏺 *29、*	ㄇㄞ	麥	Mt	(266)

附錄 2　熱中子放射活化分析的靈敏度

熱中子通量 10^{12} n/cm^2 • sec，時間 5 天

目的 元素	活化的 核種	存在量 〔%〕	生成核種 半生期	衰變型式及能量 [MeV]	活化截面 （邦）	飽和 係數	靈敏度 [μg]
Na	^{23}Na	100	15.0hr	β^-1.39; γ2.75, 1.368	0.56	0.996	0.0014
Mg	^{26}Mg	11.29	9.5min	β^-1.75, 1.57; γ0.84, 1.02	0.0056	1	0.15
So	^{30}Si	3.05	2.62hr	β^-1.48; (γ)	0.0034	1	0.3
P	^{31}P	100	14.5day	β^-1.71	0.23	0.215	0.02
S	^{34}S	4.215	87day	β^-0.167	0.011	0.0387	2.7
Cl	^{37}Cl	24.6	37.5min	β^-4.8, 1.1; γ2.1, 1.6	0.14	1	0.01
K	^{41}K	6.91	12.4hr	β^-3.5, 2.0; γ1.5, 0.32	0.069	0.999	0.02
Ca	^{44}Ca	2.06	152day	β^-0.25	0.013	0.0226	5.1
Sc	^{45}Sc	100	85day	β^-0.36; γ1.12, 0.88	12	0.0400	0.0032
Cr	^{50}Cr	4.31	27.8day	K; γ0.32	0.47	0.117	0.03
Mn	^{55}Mn	100	2.58hr	β^-2.8, 1.0; γ0.85, 1.8	13.4	1	0.00015
Co	^{59}Co	100	5.28yr	β^-0.31; γ1.33, 1.17	20	0.0021	0.05
Ni	^{64}Ni	1.16	2.57hr	β^-2.10, 0.6; γ1.5, 1.12	0.03	1	0.05
Cu	^{63}Cu	69.1	12.8hr	K; β^-0.57; β^+0.66; γ1.34	2.69	0.998	0.0008
Zn	^{68}Zn	18.56	52min	β^-0.90	0.19	1	0.01
Ga	^{71}Ga	39.8	14.2hr	β^-0.6, 0.9; γ0.84, 2.508	1.35	0.997	0.002
Ge	^{74}Ge	36.74	82min	β^-1.19, 0.92; γ0.27	0.17	1	0.015
As	^{75}As	100	27hr	β^-2.96, 2.41; γ0.55, 1.19	4.2	0.954	0.00063
Se	^{80}Se	49.82	17min	β^-1.38	0.25	1	0.01
Br	^{79}Br	50.52	4.6hr	β^-2.0; β^+0.86; γ0.62	1.47	1	0.002
Br	^{81}Br	49.48	35.9hr	β^-0.46; γ0.55	1.73	0.901	0.0017
Rb	^{85}Rb	72.15	19.5day	β^-1.77; γ1.08	0.53	0.162	0.3
Sr	^{86}Sr	9.86	2.80hr	IT 0.39	0.13	1	0.02
Y	^{89}Y	100	63hr	β^-2.27	1.2	0.732	0.0034
Zr	^{94}Zr	17.4	65day	β^-0.36, 0.39; γ0.75, 0.72	0.017	0.0520	3.5

目的元素	活化的核種	存在量〔%〕	生成核種半生期	衰變型式及能量 [MeV]	活化截面（邦）	飽和係數	靈敏度 [μg]
Zr	^{96}Zr	2.8	17.0hr	β⁻1.91; (γ)	0.0056	0.993	0.6
Nb	^{93}Nb	100	6.62min	IT 0.041; β⁻1.3; γ0.9	1.0	1	0.003
Mo	^{98}Mo	23.75	67hr	β⁻1.23, 0.45; γ0.74	0.031	0.711	0.15
Ru	^{102}Ru	31.3	41day	β⁻0.20, 0.13; γ0.50	0.38	0.081	0.11
Ru	^{104}Ru	18.3	4.5hr	β⁻1.15; γ0.73	0.13	1	0.025
Pd	^{108}Pd	26.7	13.6hr	β⁻1.0	3.2	0.998	0.0011
Ag	^{109}Ag	48.65	270day	β⁻0.53, 0.1; γ0.66, 0.89	1.4	0.0125	0.21
Cd	^{114}Cd	28.86	53hr	β⁻1.11; γ0.52	0.32	0.792	0.015
In	^{115}In	95.77	54.1min	β⁻1.00; γ1.27, 1.09	139	1	0.000025
Sn	^{120}Sn	32.97	27.5hr	β⁻0.38	0.046	0.951	0.09
Sb	^{121}Sb	57.25	2.8day	β⁻1.4, 1.98; γ0.56	3.89	0.728	0.0015
Te	^{126}Te	18.71	9.3hr	β⁻0.68	0.15	1	0.03
I	^{127}I	100	25.0min	β⁻2.12, 1.67; γ0.45, 0.54-0.98	5.5	1	0.001
Cs	^{133}Cs	100	3.2hr	IT 0.13, 0.14; β⁻0.55; γ0.01	0.017	1	0.25
Cs	^{133}Cs	100	2.3yr	β⁻0.65; γ0.60, 0.80	26	0.0041	0.04
Ba	^{138}Ba	71.66	85min	β⁻2.22, 0.8; γ0.165	0.36	1	0.015
La	^{139}La	99.911	40hr	β⁻1.34, 0.8-2.15; γ1.60, 0.11-2.9	8.4	0.875	0.0006
Ce	^{140}Ce	88.48	32day	β⁻0.43, 0.57; γ0.145	0.27	0.103	0.2
Ce	^{142}Ce	11.07	34hr	β⁻1.09, 0.3-1.38; γ0.29, 0.06-1.10	0.11	0.913	0.05
Pr	^{141}Pr	100	19.2hr	β⁻2.16, 0.6; γ1.59	10	0.987	0.0005
Nd	^{146}Nd	17.18	11.3day	β⁻0.81, 0.37; γ0.092, 0.53	0.31	0.264	0.06
Nd	^{148}Nd	5.72	1.8hr	β⁻1.5; γ0.11, 0.03-0.65	0.21	1	0.025
Sm	^{152}Sm	26.63	47hr	β⁻0.71, 0.64; γ0.102, 0.069	37.3	0.83	0.0002
Eu	^{151}Eu	47.77	9.2hr	β⁻1.88; K; γ0.34	669	1	0.000005
Gd	^{158}Gd	24.87	18.0hr	β⁻0.95, 0.60; γ0.36, 0.05	0.99	0.99	0.0054
Tb	^{159}Tb	100	73day	β⁻0.56, 0.85; γ0.96	22	0.0467	0.005
Dy	^{164}Dy	28.18	139min	β⁻1.25; γ0.09-1.0	282	1	0.00002

目的元素	活化的核種	存在量〔%〕	生成核種半生期	衰變型式及能量[MeV]	活化截面（邦）	飽和係數	靈敏度[μg]
Ho	165Ho	100	27.3hr	β-1.85; γ0.81	60	0.953	0.0001
Er	170Er	14.9	7.5hr	β-1.06, 0.67; γ0.113	1.3	1	0.0045
Tm	169Tm	100	129day	β-0.97, 0.89; γ0.084	130	0.0267	0.002
Yb	174Yb	31.84	101hr	β-0.47, 0.07; γ0.40, 0.28	19	0.561	0.00054
Lu	176Lu	2.6	6.8day	β-0.50, 0.18; γ0.113, 0.208	104	0.399	0.00014
Hf	180Hf	35.44	46day	β-0.41; γ0.13-0.61	3.5	0.0728	0.023
Ta	181Ta	100	111day	β-0.51; γ1.1, 1.2	19	0.0308	0.01
W	186W	28.4	24hr	β-0.62, 1.31; γ0.072-0.87	9.7	0.969	0.00066
Re	187Re	62.93	18hr	β-2.12; γ0.155	47.2	0.99	0.00013
Os	190Os	26.4	16day	β-0.14; γ0.042	2.1	0.195	0.015
Ir	193Ir	61.5	19.0hr	β-2.24, 1.91; γ0.33, 0.64	80	0.988	0
Pt	196Pt	25.4	18hr	β-0.67, 0.48, 0.47; (γ)	0.28	0.99	.000081
Au	197Au	100	2.7day	β-0.96, 0.28; γ0.4118	96	0.723	0.022
Hg	202Hg	29.8	47day	β-0.21; γ0.279	1.13	0.071	0.00009
Tl	203Tl	29.5	2.7yr	β-0.76	2.4	0.0035	0.08
Bi	209Bi	100	5.0day	β-1.17	0.019	0.50	0.8
U	238U	99.3	239Np 2.33day	β-0.33	2.8	0.774	0.7 0.004

附錄 3　放射性同位素表

Z	元素	質量數	半生期	放射線(MeV)
1	氫	3	12.3Y	$\beta^-(0.018)$, no γ
	Hydrogen			
4	鈹	7	53.3D	K, $\gamma(0.478)$
	Beryllium	10	2.7×10^6Y	$\beta^-(0.56)$, no γ
6	碳	11	20.5M	$\beta^+(0.97)$, no γ
	Carbon	14	5600Y	$\beta^-(0.156)$, no γ
7	氮	13	10.0M	$\beta^+(1.22)$, no γ
	Nitrogen			
9	氟	18	112M	$\beta^+(0.64)$, K, no γ
	Fluorine			
11	鈉	22	2.6Y	$\beta^+(0.54)$, K, $\gamma(1.28)$
	Sodium	24	15.0H	$\beta^-(1.39)$, $\gamma(2.76, 1.37)$
12	鎂	28	21H	$\beta^-(0.42)$, $\gamma(1.35, 0.95, 0.40,$
	Magnesium			$0.032)$
13	鋁	26	8×10^5Y	$\beta^+(1.15)$, K, $\gamma(1.83, 1.11)$
	Aluminum			
14	矽	31	2.6H	$\beta^-(1.48)$, $\gamma(1.26)$
	Silicon	32	$\simeq$710Y	$\beta^-(\simeq 0.1)$
15	磷	32	14.3D	$\beta^-(1.71)$, no γ
	Phosphorus	33	25D	$\beta^-(0.25)$, no γ
16	硫	35	87D	$\beta^-(0.167)$
	Sulphur	38	2.87H	$\beta^-(1.1, 3.0)$, $\gamma(1.88)$
17	氯	36	$\simeq 3 \times 10^5$Y	$\beta^-(0.71)$, K, S-x, no γ
	Chlorine	38	37.3M	$\beta^-(4.81, 1.11, 2.77)$, $\gamma(2.15,$
				$1.60)$
		39	55M	$\beta^-(1.91, 2.18, 3.45)$, $\gamma(0.25,$
				$1.27, 1.52)$

Z	元 素	質量數	半生期	放射線（MeV）
18	氬 Argon	37	34D	β^-Cl-x, no γ
		41	110M	β^-(1.25), γ(1.3)
		42	$\geqq$3.5Y	β^-
19	鉀 Potassium	*40	1.2×10^9Y	β^-(1.34), K, γ(1.47)
		42	12.5H	β^-(3.56, 2.0), γ(1.52, 0.31)
		43	22.2H	β^-(0.83, 0.24, 0.46, 1.22), γ(0.617, 0.373, 0.39, 0.59, 0.22,1.02)
20	鈣 Calcium	41	1.1×10^5Y	K, K-x
		45	156D	β^-(0.26), no γ
		47	4.8D	β^-(1.97, 0.68), γ(1.30, 0.81, 0.49)
21	鈧 Scandium	43	3.92H	β^-(1.2, 0.8, 0.39), γ(0.37, 0.63, 0.25)
		44	2.4D	IT, e$^-$, γ(0.27)
		44	3.96H	β^-(1.47), K, γ(1.16)
		46	84D	β^-(0.36), γ(1.12, 0.89)
		47	3.4D	β^-(0.44, 0.61), γ(0.16)
		48	1.83D	β^-(0.65), γ(1.32, 1.04, 0.99)
22	鈦 Titanium	44	$\simeq 10^3$Y	K, γ
		45	3.1H	β^-(1.01), K
23	釩 Vanadium	48	16.0D	β^-(0.695), K, γ(1.31, 0.99)
		49	330D	K, no β^+, no γ
24	鉻 Chromium	48	23H	K, γ(0.117, 0.31), no β^+
		51	28D	K, γ(0.32), no β^+
25	錳 Manganese	52	5.7D	K, β^+(0.58), γ(0.73, 0.94, 1.46)
		53	2×10^6Y	K, x, no γ
		54	300D	K, γ(0.84), Cr-x, no β^+, no β^-
		56	2.6H	β^-(2.81, 1.04, 0.65), γ(0.822, 1.77, 2.06)
26	鐵 Iron	52	8H	β^+(0.80), K, γ(0.163)
		55	2.6Y	K, Mn-x, no β^+, no γ
		59	45D	β^-(0.26, 0.46), γ(1.10, 1.29, 0.19)
		60	3×10^5Y	β^-

Z	元　素	質量數	半生期	放射線(MeV)
27	鈷 Cobalt	55	18.2H	β^+(1.04, 1.50), γ0.935, 0.477, 1.4), K
		56	77D	K, β^+(1.50, 1.00), γ(0.845, 1.03, 1.26, 1.74, 2.55, 3.25, 2.01)
		57	270D	K, γ(0.136, 0.122, 0.014), e⁻, no β^+
		58m	9.0H	IT, γ(0.023), no β^+
		58	71D	K, β^+(0.47), γ(0.81)
		60	5.2Y	β^-(0.31), γ(1.173, 1.333)
		61	105M	β^-(1.22), γ(0.071)
28	鎳 Nickel	56	6.2D	K, γ(0.17, 0.28, 0.48, 0.81, 0.96, 1.58), no β^+
		57	36H	β^+(0.85, 0.72), γ(1.90, 1.38, 0.128)
		59	$\simeq 1 \times 10^5$Y	K, Co-x, no β^+, no γ
		63	125Y	β^-(0.067), no γ
		65	2.6H	β^-(2.10, 0.60, 1.01), γ(1.49, 0.37, 1.12)
		66	55H	β^-(0.20), no γ
29	銅 Copper	61	3.3H	β^+(1.22), K, γ(0.28, 0.66)
		64	12.8H	K, β^-(0.571), β^+(0.657), γ(1.35)
		67	59H	β^-(0.395, 0.484, 0.577), γ(0.182, 0.092)
30	鋅 Zinc	62	9.3H	K, β^+(0.66), γ(0.042, 0.25, 0.51, 0.59)
		65	245D	K, β^+(0.32), γ(1.11), Cu-x
		69	13.8H	IT, γ(0.44), e⁻
		69	52M	β^-(0.90), no γ
		72	49H	β^-(0.3, 1.6), γ
31	鎵 Gallium	66	9.4H	β^+(4.15), γ(1.04, 2.75), K
		67	78H	K, e⁻, γ(0.092, 0.182, 0.30, 0.39), Zn-x, no β^+

Z	元 素	質量數	半生期	放射線(MeV)
		68	68M	$\beta^+(1.9)$
		72	14.1H	$\beta^-(0.64, 0.96, 1.51, 2.53, 3.17)$, γ (0.83, 0.63, 2.20, 2.49, 2.508)
		73	5.0H	$\beta^-(1.4)$, $\gamma(0.054, 0.0135)$, e^-
32	鍺	66	150M	K, $\gamma(0.045, 0.070, 0.114)$, $\beta^+(?)$
	Germanium	68	250D	K
		69	40H	K, $\beta^+(1.22, 0.61)$, $\gamma(1.12, 0.576, 0.88)$
		71	11D	K, Ga-x, no particles, no γ
		73	0.53S	IT, $\gamma(0.054, 0.0135)$, e^-
		75	81M	$\beta^-(1.19, 0.98, 0.92, 0.614)$, $\gamma(0.264, 0.199)$
		77	11.3H	$\beta^-(2.20, 1.38, 0.71)$, $\gamma(0.042-2.3)$
		78	86(130)M	$\beta^-(0.9)$
33	砷	71	62H	K, $\beta^+(0.81)$, $\gamma(0.175, 0.230)$, e^-
	Arsenic	72	26H	K, $\beta^+(2.50, 3.34, 1.84)$, $\gamma(0.84, 0.63)$
		73	90(76)D	K, $\gamma(0.054, 0.0135)$, Ge-x, e^-
		74	16-19D	K, $\beta^-(1.4, 0.7)$, $\beta^+(1.53, 0.96)$, γ (0.60, 0.63)
		76	26.4H	$\beta^-(2.97, 2.42, 1.77)$, $\gamma(0.56, 1.21, 0.64)$
		77	39H	$\beta^-(0.7)$, $\gamma(0.086, 0.245, 0.525)$
		78	90M	$\beta^-(4.1, 1.4)$, $\gamma(0.615, 0.700, 1.32)$
34	硒	72	8.5D	K, $\gamma(0.046)$, e^-, no β^+
	Selenium	73	7H	K, $\beta^+(1.29)$, $\gamma(0.36, 0.066)$
		75	122D	K, $\gamma(0.269, 0.405, 0.137, 0.121)$, As-x, no β^+
		79	$\leqq 6.5 \times 10^4$	$\beta^-(0.16)$
35	溴	75	Y	K, $\beta^+(1.70, 0.8, 0.6, 0.3)$, $\gamma(0.29)$
	Bromine	76	1.6H	$\beta^+(3.15, 1.7, 1.1, 0.8, 0.6)$, γ
			17H	(0.25-1.2)

Z	元　素	質量數	半生期	放射線(MeV)
		77		K, β^+(0.36), γ(0.52, 0.81, 0.24)
		80m	57H	IT, γ(0.037, 0.049), e⁻
		80	4.4H 18M	β^-(1.98, 1.38), β^+(0.87), γ(0.02), K
		82	36H	β^-(0.45), γ(0.55, 0.61, 0.69, 0.77, 0.82, 1.03, 1.31, 1.47), no K, no β^+
		83		β^-(0.94), γ(0.045, 0.033, 0.009)
36	氪 Krypton	76	2.3H	γ(0.028-0.40), no β^+, K(?)
		77	$\simeq$11H	K, β^+(1.86, 1.67, 0.85), γ(0.024-0.87)
		79	1.1H	K, β^+(0.6, 0.3), γ(0.044-0.0833)
		81m	34H	IT, γ(0.19), no β^+
		81	$\simeq$10S	K, γ(0.012), Br-x
		83	2.1×10^5Y	IT, γ(0.033, 0.009)
		85m	113M	IT, γ(0.305), β^-(0.824), γ(0.15)
		85	4.5H	β^-(0.67)
		87	$\simeq$10Y	β^-(3.8, 1.3), γ(0.403, 2.57, 0.85)
		88	76M 2.8H	β^-(0.52, 2.8, 0.9), γ(0.191, 2.40, 0.85, 1.55, 0.166)
37	銣 Rubidium	81	4.7H	K, β^+(1.05, 0.33), γ(0.25, 0.45, 1.10, 0.19), e⁻
		82m		K, β^+(0.78, 0.175), γ(0.55-1.46)
		82	6.3H	β^+(3.15), no γ
		83	1.2M	K, γ(0.525, 0.033, 0.009)
		84	(83-107)D	K, β^+(0.81, 1.64), γ(0.89), β^-(0.91)
		86	33D	β^-(1.78, 0.71), γ(1.08)
		*87	18.7D	β^-(0.27), no γ
		88	5×10^{10}Y	β^-(5.2, 3.6, 2.5), γ(1.85, 0.91, 2.68)
38	鍶 Strontium	82	17.8M	K, γ(0.95, 0.40, 0.15)
		83	26D	K, γ(0.04-0.165), β^+(1.15)
		85m	34H	IT, γ(0.008, 0.225, 0.150), e⁻
		85	70M	K, γ(0.513), no β^+

Z	元　素	質量數	半生期	放射線(MeV)
		87	65D	IT, γ(0.39), e⁻
		89m	2.8H	IT, γ
		89	$\simeq$10D	β^-(1.46), no γ
		90	51D	β^-(0.54), no γ
		91	28Y	β^-(2.7, 1.4, 0.8), γ(1.03, 0.75, 0.65)
		92	9.7H	β^-(0.55, 1.5), γ(1.37)
39	釔	84	2.7H	β^+(2.0), γ, K
	Yttrium	86	3.7H 14.6H	β^+(1.80, 1.50), γ(0.180, 0.635, 1.08, 1.93)
		87m		IT, γ(0.385), no β^+
		87	14H	K, γ(0.483, 0.39)
		88	80H	K, γ(0.91, 1.85)
		90	105D	β^-(2.26)
		91m	64H	IT, γ(0.551)
		91	50M	β^-(1.54)
		92	59D 3.6H	β^-(3.6, 2.7, 1.3), γ(0.21, 0.48, 0.94, 1.45)
		93	 10.7H	β^-(3.1), γ(0.265, 0.68, 0.94, 1.40, 1.88)
40	鋯	86		K, γ(0.24), no β^+
	Zirconium	87	17H	β^+(2.0), γ(0.35, 0.65), K
		88	94M	K, γ(0.394)
		89	85D	K, γ(0.91), β^+(0.91)
		90	79H	IT, γ(2.30)
		93	0.83S	β^-(0.056), γ(0.030)
		95	1.1×10^6Y	β^-(0.36, 0.40), γ(0.72, 0.75, 0.235)
		97	65D	β^-(1.90), γ(1.02, 1.15, 0.75)
41	鈮	89	17.0H	β^+(2.9), no γ
	Niobium	90m	1.9H	IT, γ(0.120)
		90	24S	β^+(1.50, 0.66), γ(0.13-2.32)
		91m	14.6H	IT, γ(0.1045, 1.2), K(?)
		91	60(64)D	K, Zr-x

Z	元 素	質量數	半生期	放射線(Me V)
		92m	Long	K, γ(2.35)
		92	13H	K, γ(0.930, 0.90)
		93	10D	IT, γ(0.30)
		94	4-12Y	β^-(0.5-0.6), γ(0.70, 0.87, 1.6)
		95m	2×10^4Y	IT, γ(0.234), Nb-x, e$^-$
		95	84(90)H	β^-(0.158), γ(0.765)
		96	36D	β^-(0.69, 0.37), γ(0.216-1.187)
		97m	23H	IT, γ(0.747)
		97	60S	β^-(1.2), γ(0.665)
42	鉬	90	73M	β^+(1.2), K, γ(0.120, 0.25)
	Molybdenum	93m	6H	IT, γ(0.262, 0.684, 1.479), e$^-$
		93	6.9H	K, Nb-x
		99	> 2Y	β^-(1.18. 0.41), γ(0.041-0.850)
43	鎝	93	67H	K, γ(1.35, 1.50, 2.0), β^+(0.82, 0.64)
	Technetium	95m	2.7H 60D	K, γ(0.204, 0.584, 0.768, 0.835, 1.04), IT, γ(0.039)
		95		K, γ(0.76, 1.07), no β^+
		96	20H 4.2D	K, γ(0.842, 0.806, 0.771, 1.119), no β^+
		97m		IT, γ(0.097)
		97	91D	K, Mo-x
		98	2.6×10^6Y	β^-(0.30), γ(0.65, 0.74)
		99m	1.5×10^6Y	IT, γ(0.140, 0.002), e$^-$
		99	6.0H	β^-(0.295), no γ
44	釕	95	2.1×10^5Y	β^+(1.1), γ(0.145, 0.34, 0.64, 1.11)
	Ruthenium	97	1.65H	K, γ(0.109, 0.22, 0.325, 0.57)
		103	2.9D 40D	β^-(0.12, 0.22), γ(0.055, 0.297, 0.498, 0.610)
		105		β^-(1.15), γ(0.727, 0.265-0.96)
		106	4.5H	β^-(0.0392), no γ
45	銠	99	1.0Y	β^+, γ(0.087, 0.35)
	Rhodium	99	16D	K, γ(0.286-1.41), β^+(0.74)

Z	元　素	質量數	半生期	放射線(MeV)
		100	4.6H 21H	K, γ(0.301-2.38), β⁺(2.62, 2.07, 1.26)
		101		K, γ(0.31)
		102	4.5D 215D	K, γ(0.474-1.58), β(1.12), β⁺(1.24, 0.76)
		103		IT, γ(0.040), e⁻
		105	57M	IT, γ(0.130), e⁻
		105	45S	β⁻(0.56, 0.25), γ(0.32)
		106	37H	β⁻(0.7), γ(0.22-1.56)
		106	128M	β⁻(3.53, 3.1, 2.44), γ(0.513-2.66)
46	鈀 Palladium	100	30S	K, γ(0.08)
		101	4.1D	K, γ(0.288-1.28), β⁺(0.58, 2.3)
		103	8.5H	K, γ(0.040, 0.055)
		107	17.0D	IT, γ(0.21)
		109	7×10^6Y	β⁻(1.02, 0.95), γ(0.087), e⁻
		111m	14H	IT, γ(0.17), β⁻
		111	5.5H	β⁻(2.15)
		112	22M	β⁻(0.28), γ(0.0185)
47	銀 Silver	103	21H	β⁺(0.13), K, γ(0.55, 0.76)
		104	59(66)M	β⁺, K
		105	1.2H 40(45)D	K, γ(0.064, 0.281, 0.345, 0.443, 0.654)
		106		K, γ(0.22-2.63), no β⁺
		107	8D	IT, γ(0.093), e⁻
		109	44S	IT, γ(0.0875), e⁻
		110m	40S 253(270)D	β⁻(0.086, 0.536), γ(0.116-1.51), IT, no K, no β⁺
		110		β⁻(2.16, 2.84), γ(0.66), no K
		111m	24S	IT(0.087), no β⁻
		111	74S	β⁻(1.04, 0.69), γ(0.243, 0.340)
		112	7.5D 3.2H	β⁻(4.1, 3.5, 2.7, ≃1), γ(0.618, 1.10, 1.39, 1.62, 2.11)

Z	元 素	質量數	半生期	放射線(MeV)
		113		$\beta^-(2.2)$, $\gamma(?)$
48	鎘 Cadmium	107	5.3H	K, $\gamma(0.093)$
		109	6.7H	K, $\gamma(0.088)$, no β^+
		113	470(330)D	$\beta^-(0.59)$
		115m	5.1Y	$\beta^-(1.61)$, $\gamma(0.94, 1.30, 0.49)$
		115	44(43)D 54H	$\beta^-(1.11, 0.58)$, $\gamma(0.52, 0.49, 0.260, 0.230)$
		117m		IT, γ
		117	3H	β^-, γ
49	銦 Indium	109	50M 5H	K, $\gamma(0.058, 0.205, 0.632)$, $\beta^+(0.80)$, e^-
		110m		K, $\gamma(0.12, 0.936, 0.885, 0.66)$
		110	5H	$\beta^+(2.25)$, K, $\gamma(0.656)$
		111	65M	K, $\gamma(0.172, 0.247)$, no β^+
		113	2.8D	IT, $\gamma(0.39)$, e^-
		114m	104M	IT, K, $\gamma(0.19, 0.55, 0.72)$
		114	50D	$\beta^-(1.98, 0.68)$, K
		115	72S	IT, $\gamma(0.335)$, $\beta^-(0.83)$, e^-
		*115	4.5H	$\beta^-(0.63)$, $\gamma(0.51)$
		117m	6×10^{14}Y 1.9H	$\beta^-(1.77, 1.62)$, $\gamma(0.160, 0.55, 0.72)$, IT, $\gamma(0.311)$
		117		$\beta^-(0.74)$, $\gamma(0.161, 0.565)$
50	錫 Tin	110	1.1H	K, $\gamma((0.283)$
		112	4.0H	K, $\gamma(0.39)$, no β^+
		117	122D	IT, $\gamma(0.159, 0.162, 0.32)$, e^-
		119	14D	IT, $\gamma(0.065, 0.024)$, e^-
		121	$\simeq$250D	$\beta^-(0.38)$, no γ
		123	27.5H	$\beta^-(1.42)$, no γ
		125	125-136D 9.7D	$\beta^-(2.35, 0.40)$, $\gamma(1.07, 0.81, 0.90, 1.96, 0.47)$
		127	2.1H	β^-

Z	元　素	質量數	半生期	放射線(MeV)
51	銻	115		$\beta^+(0.75, 1.10)$, $\gamma(0.06, 0.09)$
	Antimony	116	60M	$\beta^+(1.45)$, $\gamma(0.41, 0.95, 1.31)$, K
		117	60M	K, $\gamma(0.16)$, β^+
		118m	2.8H	$\beta^+(3.10)$, IT(?), $\gamma(1.22)$
		118	3.5M	K, $\gamma(0.040, 0.26, 1.03, 1.22)$, β^+
			5.1H	(?)
		119		K, $\gamma(0.024)$, e⁻, Sn-x
		120	38H	K, $\gamma(0.089, 0.199, 1.04, 1.18)$,
			5.9D	no β^+, no IT
		122		$\beta^-(1.41, 1.97, 0.73)$, $\gamma(0.566, 0.69)$,
			2.8D	K
		124		$\beta^-(0.62, 2.32, 0.25, 1.60)$, $\gamma(0.603$,
			60D	$1.69, 0.723)$, no β^+
		125		$\beta^-(0.300, 0.128, 0.616, 0.444)$, γ
			2.0Y	$(0.43, 0.60, 0.46, 0.64, 0.175)$
		126		$\beta^-(\simeq1)$, $\gamma(0.90, \simeq0.4)$
		127	9H	$\beta^-(0.86, 1.57, 1.11)$, $\gamma(0.46, 0.77$,
			$\simeq90$H	$0.25, 0.31)$
		128		$\beta^-(0.32, 0.75)$
		129	9.9H	$\beta^-(1.87)$, $\gamma(0.165, 0.79)$
52	碲	118	4.2H	K
	Tellurium	119	6.0D	K, γ
		121m	4.5D	IT, $\gamma(0.082, 0.21)$
		121	125-154D	K, $\gamma(0.573, 0.506)$
		123	17D	IT, $\gamma(0.089, 0.159)$, e⁻
		125	104(121)D	IT, $\gamma(0.110, 0.035)$, e⁻
		127m	58D	IT, $\gamma(0.089)$, β^-
		127	110D	$\beta^-(0.70)$
		129m	9.4H	IT, $\gamma(0.106)$, e⁻, $\beta^-(?)$
		129	33D	$\beta^-(1.46, 1.00, 0.29)$, $\gamma(0.027-1.14)$
		131	70M	$\beta^-(0.42, 0.57)$, IT, $\gamma(0.099-1.63)$
		131	30H	$\beta^-(2.14, 1.69, 1.35)$, $\gamma(0.15, 0.45)$

Z	元　素	質量數	半生期	放射線(MeV)
		132	25M	$\beta^-(\approx0.3)$, $\gamma(0.23)$
53	碘	120	77H	K
	Iodine	121	1.4H	$\beta^+(1.2)$, $\gamma(0.21)$
		122	1.8H	$\beta^+(3.1)$, no γ
		123	3.5M	K, $\gamma(0.16)$
		124	13H 4D	K, $\gamma(0.603,\ 0.73\text{-}2.7)$, $\beta^+(2.20,\ 1.50)$
		125		K, $\gamma(0.035)$, no β^+
		126	60D 13.1D	K, $\gamma(0.38,\ 0.65)$, $\beta^+(0.39,\ 0.86,\ 1.26)$
		129		$\beta^-(0.15)$, $\gamma(0.038)$
		130	$1.7(3)\times10^7$ Y	$\beta^-(0.60,\ 1.02)$, $\gamma(0.528,\ 0.660,\ 0.744,\ 1.15,\ 0.409)$
		131	12.5H	$\beta^-(0.608, 0.335)$, $\gamma(0.364, 0.638)$
		132	8.1D	$\beta^-(1.53, 1.16, 0.9, 2.12)$, $\gamma(0.67,\ 0.78, 0.53, 0.96, 1.40)$
		133	2.3H	$\beta^-(1.3, 0.4)$, $\gamma(0.53, 0.85)$
		135		$\beta^-(1.0, 0.5, 1.4)$, $\gamma(0.42\text{-}1.8)$
54	氙	122	21H	K, $\gamma(0.18, 0.24)$
	Xenon	123	6.7H	K, $\gamma(0.15)$, $\beta^+(1.7)$
		125	19.5H	K, $\gamma(0.056\text{-}0.46)$, no β^+
		127m	2H	IT, $\gamma(0.125)$
		127	19H	K, $\gamma(0.057\text{-}0.37)$, no β^+
		129m	75S	IT, $\gamma(0.040, 0.196)$, e^-
		131m	25-36.4D	IT, $\gamma(0.164)$
		133m	8.0D	IT, $\gamma(0.234)$, e^-
		133	12.0D	$\beta^-(0.35)$, $\gamma(0.081)$
		135m	2.2D	IT, $\gamma(0.53)$
		135	5.3D	$\beta^-(0.91)$, $\gamma(0.25)$
55	銫	126	13-15.6M	$\beta^+(3.8)$, K, $\gamma(0.385)$
	Cesium	127	9.1H	K, $\gamma(0.41, 0.125)$, $\beta^+(0.68)$
		128	1.6M	$\beta^+(3.0, 2.5)$, $\gamma(0.46, 0.135)$, K

Z	元　素	質量數	半生期	放射線(MeV)
		129	6H	K, γ(0.04-0.59), no β⁺
		131	3.7M	K, Xe-x, no γ, no β⁺
		132	31H	K, γ(0.67)
		134m	10D	IT, γ(0.0105, 0.127), β⁻(0.55)
		134	6.2D 3.1H	β⁻(0.66, 0.68, 0.083), γ(0.605, 0.796, 0.801, 0.569, 0.563)
		135	≃2Y	β⁻(0.21), no γ
		136		β⁻(0.341, 0.657), γ(0.067-1.41)
		137	2.1(3.0)×10⁶Y	β⁻(0.514, 1.17), γ(0.662)
56	鋇 Barium	126	13D	K, γ(0.23, 0.70)
		128	27-33Y	K, γ(0.27)
		129	97M	β⁺(1.6)
		131	2.4D	K, γ(0.055-1.04), no β⁺
		133m	1.8-2.45H	IT, γ(0.276, 0.012), e⁻
		133	≃12D 38.9H	K, γ(0.360, 0.292, 0.081, 0.070), e⁻, , no β⁺
		135m	7.2Y	IT, γ(0.268)
		137m		IT, γ(0.662)
		139	28.7H	β⁻(2.23, 0.82, 2.38), γ(0.163)
		140	2.6M	β⁻(1.02, 0.48), γ(0.03-0.54)
57	鑭 Lanthanum	132	85M	β⁺(3.8), γ(1.0)
		133	12.8D	K, β⁺(1.2), γ(0.8)
		134	4.5H	K, β⁺(2.7), no γ
		135	4.0H	K, γ(0.095-1.59), no β⁺
		136	6.5M	K, β⁺(2.1)
		137	19H	K, Ba-x, no γ
		*138	9-10M	K, β⁻(0.21), γ(1.44, 0.81)
		140	6×10⁴Y ≃10¹¹Y	β⁻(1.36, 1.15, 0.86, 0.42, 1.62, 2.20), γ(1.60, 0.490, 0.815, 0.328, 0.90)
		141	40.2H	β⁻(2.43, 0.9), γ(1.3)
		142	3.7H	β⁻(2.5), γ(0.63, 2.4, 0.87, 2.0, 1.0, 1.8, 2.9)

Z	元 素	質量數	半生期	放射線（MeV）
58	鈰	132	74.81H	β^+
	Cerium	133		K, γ(1.8), β^+(1.3)
		134	4.2H	K, x
		135	6.3H	K
		137m	72H	IT, γ(0.255), e^-
		137	22H	K, γ(0.010, 0.455), e^-
		139	34H	K, γ(0.166)
		141	9H	β^-(0.44, 0.58), γ(0.142)
		*142	140D	α
		143	33D $\simeq 10^{15}$Y	β^-(1.40, 1.13, 0.50), γ(0.057-1.10), e^-
		144	33H	β^-(0.32, 0.18, 0.25), γ(0.033-0.134)
59	鐠	136		β^-(2.0), γ(0.17)
	Praseodymi-	137	285D	K, β^+(1.8), no γ
	um	138	70M	K, β^+(1.4), γ(0.30, 0.80, 1.05)
		139	1.4H	K, β^+(1.0), γ(1.3, 1.6)
		140	2.0H	β^+(2.23), K, no γ
		142	4.4H	β^-(2.17, 0.6), γ((1.57)
		143	3.4M	β^-(0.92), no γ
		144	19.2H	β^-(2.98, 2.3), γ(0.70, 2.2, 1.5)
		145	13.7D	β^-(1.7), no γ
		146	17.3M	β^-(3.7, 2.3), γ(0.46, 1.49, 0.75)
60	釹	139	5.9H	K, β^+(3.1), γ(1.3)
	Neodymium	140	24M	K, Pr-x
		141	5.5H	K, β^+(0.7)
		*144	3.3D	α(1.9)
		147	2.4H	β^-(0.81, 0.38), γ(0.09-0.69), e^-
		149	$\simeq 10^{15}$Y	β^-(1.5), γ(0.03-0.650)
61	鉕	142	11D	K, β^+(3.8)
	Promethium	143	1.7-2.0H	K, γ(0.95)
		144	30S	K, γ(0.65, 0.44, 0.17)
		145	280D	K, γ(0.067, 0.072), e^-

Z	元　素	質量數	半生期	放射線(MeV)
		146	300(330)D	β⁻(0.75)
		147	18Y	β⁻(0.22), γ(0.12?)
		148	1-2Y	β⁻(2.5), γ(0.8)
		148	2.6Y	β⁻(0.7), γ
		149	5.3D	β⁻(1.0), γ(0.285)
		150	42-48D	β⁻(2.01, 3.05), γ(0.34, 0.82)
		151	47-54H	β⁻(1.1), γ(0.064-1.50)
62	釤	142	2.7H	β⁺, K
	Samarium	145	27.5H	K, γ(0.061), e⁻
		146	72M	α(2.6)
		*147	340(410)D	α(2.1)
		151	5×10⁷Y	β⁻(0.076), γ(0.02), e⁻
		153	1.3×10¹¹Y	β⁻(0.65, 0.72, 0.82), γ(0.103, 0.070),
			73-102Y	e⁻
		156	47H	β⁻(0.9)
63	銪	145		K, γ(0.63-0.89)
	Europium	146	9.0H	K, γ
		147	5D	K, γ(0.08, 0.12, 0.20)
		148	38H	K, γ(0.58), no β⁺
		150	24D	β⁻(1.07), no γ
		152	52D	β⁻(1.88), K, γ(0.122-1.42)
		152	≃15H	K, β⁻(0.68, 1.46, 0.36, 0.22), γ
			9.3H	(0.122-1.42)
		154	13Y	β⁻(0.55, 0.25, 0.83, 0.15), γ
				(0.123-1.28)
		155	16(5.4)Y	β⁻(0.15, 0.24), γ(0.019-0.105)
		156		β⁻(0.45, 2.46), γ(0.089, 0.199)
		157	1.8Y	β⁻(1.0, 1.7), γ(0.6, 0.2)
		158	15D	β⁻(2.6), γ
64	釓	147	15.4H	K, γ(0.136-1.08), no β⁺
	Gadolinium	148	60M	α(3.2)
		149	29(36)H	K, γ(0.107-0.94)

Z	元　素	質量數	半生期	放射線(MeV)
		150	≃130Y	α(2.7)
		151	9.3D	K, γ(0.022-0.31), e⁻, no β⁺
		153	>10⁵Y	K, γ(0.069, 0.098, 0.103)
		159	150D	β⁻(0.95, 0.60), γ(0.056-0.36)
65	鉞 Terbium	149	230D	K, α(3.95), no β⁺
		151	18H	K, γ(0.108-0.288)
		153	4.1H	K, γ(0.042-0.25)
		154	20H	K, γ, β⁺(?)
		154	62H	K, γ, β⁺(2.7)
		155	8H	K, γ(0.0188-0.368)
		156m	17.5H	IT, γ(0.0884)
		156	5.6D	K, γ(0.089-0.62)
		160	5.5H	β⁻(0.56, 0.861, 0.37), γ(0.086-1.27)
		161	4.7-5.6D	β⁻(0.53, 0.45, 0.41), γ(0.0256-0.106)
66	鏑 Dysprosium	152	71-76D	α(3.66)
		153	6.9D	α(3.48)
		154	2.3H	α(3.37)
		155	5.0H	K, γ(0.0654-0.271)
		157	13H	K, γ(0.0608-0.327), no β⁺
		159	10(20)H	K, γ(0.058), Tb-x
		165	8.2H	β⁻(1.25, 0.88, 0.42), γ(0.094-1.02),
			134(140)D	e⁻
		166	140M	β⁻(0.2, 0.4)
67	鈥 Holmium	160m		IT(0.060)
		160	82H	K, γ(0.09-0.97)
		161	5H	K, γ(0.0257-0.175)
		162	28M	K, γ(0.0382-0.283)
		166	2.5H	β⁻(1.84, 1.76, 0.87), γ(0.080-1.62),
			67M	e⁻
		166	27H	β⁻(0.28, 0.18, 0.11), γ(0.080-0.820)
		167		β⁻(0.28, 0.96), γ(0.35, 0.70)
			>30Y	

Z	元 素	質量數	半生期	放射線（MeV）
68	鉺	160	3.0H	K, no γ, no β⁺
	Erbium	161		K, γ(0.065, 0.82, 1.12), β⁺(?)
		163	29H	K, γ(0.43, 1.10), no β⁺
		165	3.1(3.6)H	K, γ(1.1?)
		167m	75M	IT, γ(0.21)
		169	10H	β⁻(0.34), γ(0.0084)
		171	2.5S	β⁻(1.11, 1.52)
69	銩	165	9D	K, γ(0.047-1.38), no β⁺
	Thulium	166	7.8H	K, γ(0.0807-0.78)
		167	27H	K, γ(0.049-0.72)
		168	7.7H	K, γ(0.08-0.82)
		170	9.6D	β⁻(0.97, 0.884), γ(0.084), e⁻
		171	86D	β⁻(0.097), γ(0.067?)
		172	120-129D	β⁻(1.5), γ(0.076, 1.09, 1.49, 1.79)
70	鐿	166	680D	K, γ(0.112, 0.140)
	Ytterbium	169	63.6H	K, γ(0.0084-0.308)
		171m	54(62)H	IT, γ(0.0758)
		175	31D	β⁻(0.468, 0.07), γ(0.114, 0.282,
			Short	0.396), e⁻
		177	101H	β⁻(1.30), γ(0.118-1.23)
71	鎦	169		K
	Lutecium	170	1.9H	K, γ(-.084-0.194)
		171	≃D	K, γ(0.0556, 0.0667, 0.0758)
		171	1.7D	K, γ(≃1)
		172	8.3D	K, γ(0.0787-0.373)
		172	≃600D	β⁺(1.2), K(?)
		173	6.70D	K, γ(0.0788-0.273)
		174	4.0H	K, β⁻(0.6), γ(0.0766, 0.133, 0.265)
		176m	1.4Y	β⁻(1.1, 1.2), γ(0.089), e⁻
		*176	165D	β⁻(0.43), γ(0.09, 0.20, 0.31)
		177	3.7H	β⁻(0.497, 0.18, 0.37), γ(0.072-0.321)
			≃3 × 10¹⁰	

Z	元 素	質量數	半生期	放射線(MeV)
72	鉿	170	Y	β^+(2.4), no γ
	Hafnium	171	6.8D	K, γ(0.18, 1.4)
		172		K, γ(0.28, 0.8)
		173	112M	K, γ(0.124-0.358)
		175	12(16.0)H	K, γ(0.089-0.433), e^-
		180	$\simeq$5Y	IT, γ(0.0576-0.501)
		181	23.6-44H	β^-(0.408), γ(0.0039-0.616)
		183	70D	β^-(1.4), γ
73	鉭	176	5.5H	K, γ(0.0883, 0.202), no β^+
	Tantalum	177	46D	K, γ(0.113-1.07)
		178	64M	K, β^+($\simeq$1), γ(0.089-0.427)
		178	8.0H	K, γ(0.931, 1.35), β^+(?)
		179	53H	K, no γ
		180	2.1H	K, β^-(0.71, 0.61), γ(0.093, 0.102),
			9.35M	e^-
		182	$\simeq$600D	β^-(0.514, 0.44, 0.36), γ(0.0334-1.29)
		183	8.1H	β^-(0.62), γ(0.041-0.407)
		184		β^-(1.26, 0.15), γ(0.110-1.18)
74	鎢	176	111-117D	K, γ(1.3)
	Tangsten	177	5-6D	K, γ(0.5, 1.2)
		178	8.7H	K, γ(?)
		181	80M	K, γ(0.136, 0.152), no β^+
		185	130M	β^-(0.430), γ(?)
		187	22D	β^-(0.63, 1.33, 0.34), γ(0.072-0.866),
			145(140)D	e^-
		188	70-75.8D	β^-
75	錸	180	24H	β^+(1.9)
	Rhenium	181		K, γ(0.0474-0.954)
		182	69.5(65)D	K, γ(0.0657-1.23)
		182	20H	K, γ(0.0199-1.23)
		183	19(20)H	K, γ(0.0410-0.407)
		184	12.7(14)H	K, γ(0.0973-0.904)

Z	元 素	質量數	半生期	放射線(MeV)
		184	60-67H	K or IT, γ(0.043, 0.159)
		186	68-155D	β⁻(1.07, 0.93), K, γ(0.137, 0.123),
			50D	no β⁺
		*187	2.2D	β⁻(?)
		188	91H	β⁻(2.15, 2.00), γ(0.155-1.96)
		189		β⁻(0.2), γ(1.0)
76	鋨	182	5×10¹⁰-10¹⁶	IT, K, γ(0.171, 0.0673-1.11)
	Osmium	183	Y	K, γ(0.114-0.382)
		185	16.7-18.9H	K, γ(0.0716-0.879), no β⁺
		189m	150-300D	IT, γ(0.0300), e⁻
		190m	10H	IT, γ(0.039-0.614), e⁻
		191m	12-15.4H	IT, γ(0.0742), no β⁺
		191	93.6-97D	β⁻(0.143), γ(0.042, 0.129), e⁻
		193	5.7-7H	β⁻(1.14, 1.06, 0.86, 0.68),
			10M	γ(0.073-0.558)
77	銥	185	14H	K, γ(0.0374-0.254)
	Iridium	186	16D	K, γ(0.137-0.923), β⁺
		187	31H	K, γ(0.0255-0.979)
		188		K, γ(0.155-2.18)
		189	15H	K, γ(0.0308-0.276)
		190	15H	K, γ(0.186, 0.36, 0.56, 0.62), β⁺
			13H	(2.0)
		190m	41H	K, γ(0.186-1.33)
		191	11D	IT, γ(0.0417, 0.129), e⁻
			3.2H	
		192		β⁻(0.67), K, γ(0.136-1.157), no
		193	11D	β⁺
		194	4.9-7S	IT, γ(0.0802)
				β⁻(2.24, 1.91, 0.98, 0.43),
		195	74.5D	γ(0.293-2.05)
		196	11.9D	β⁻(2.1, 1.3), γ(0.42, 0.66, 0.88)
			19H	β⁻(0.08), γ(0.58, 0.76, ≃1)

Z	元　素	質量數	半生期	放射線(MeV)
78	鉑 Platinum	186		K
		188	2.3(2.7)H	K, γ(0.20, 0.28, 0.40)
		189	9.7D	K, γ(0.14)
		*190		α(3.3)
		191	2.5H	K, γ(0.042-0.53)
		192	10D	α(2.6)
		193m	11H	IT, γ(0.1355, 0.0127)
		195m	$5.9\text{-}9.6\times10^{11}$	IT, γ(0.031, 0.099, 0.130), e⁻
		197m	Y	IT, γ(0.346)
		197	3.0D	β⁻(0.670, 0.479, 0.468), γ(0.077,
			10^{15}Y	0.191, 0.279)
		200	3.5-4.5D	β⁻
79	金 Gold	191	3.3-4.4D	K, γ(0.0482-0.60)
		192	(78-88)M	K, γ(0.045-1.158), β⁺(1.9)
		193m	17.4(18)H	IT, γ(0.258, 0.032)
		193		K, γ(0.0127-0.490), no β⁺
		194	11.5H	K, γ(0.291-2.30), β⁺(1.21, 1.55)
		195m	3-4H	IT, γ(0.0565, 0.2615), e⁻
		195	4.1-4.8H	K, γ(0.031, 0.099, 0.129), e⁻
		196m	3.9S	K or IT
		196	15.3-17.5H	K, β⁺(0.27), γ(0.331, 0.354, 0.426)
		197	39H	IT, γ(0.130, 0.279), e⁻
		198	30.6S	β⁻(0.960), γ(0.412, 0.677, 1.089),
			180(185)D	no β⁺, no K
		199	14.0(13)H	β⁻(0.302, 0.251, 0.460), γ(0.158,
			5.6D	0.208, 0.050), e⁻
80	汞 Mercury	191	7.4S	K, γ(0.253, 0.274)
		192	2.7D	K, γ(0.0313, 0.275), β⁺(1.18)
		193m		K, IT, γ(0.032-1.63)
		193	3.2D	K, γ(0.038-0.920)
		194		K, no γ
		195	56M	K, IT, γ(0.037-1.255)

Z	元 素	質量數	半生期	放射線(MeV)
		195	6.3(5.7)H	K, γ(0.061-1.15), e⁻
		197m	11(10)H	IT, γ(0.133, 0.164), K, e⁻
		197	≃6H	K, γ(0.0776, 0.1918)
81	鉈	195	130D	K, γ(0.037)
	Thallium	196	41H	K, γ(0.426)
		197	9.5H	K, γ(0.1335, 0.1517, 0.1731)
		198	24H	K, IT, γ(0.0478-0.635)
		198	65H	K, γ(0.194-1.44)
		199	1.2H	K, γ(0.050, 0.491), no β⁺
		200	1.8H	K, γ(0.1163-2.10), β⁺(?)
		201	2.7H	K, γ(0.0306, 0.0321, 0.135, 0.1672)
		202	1.9H	K, γ(0.439), no β⁺, no β⁻
		204	5.3H	β⁻(0.764), K, Hg-x, γ(?)
		*206 (RaE")	7.4H 26H	β⁻(1.51), no γ
		*207 (AcC")	72H 12D	β⁻(1.46), γ(0.87)
		*208 (ThC")	2.5-4.1Y 4.23M	β⁻(1.80), γ(2.62, 0.582, 0.510, 0.86, 0.277, 0.233)
		209		β⁻(1.99), γ(0.12, 0.45, 1.56)
		*210 (RaC")	4.79M	β⁻(1.96), γ(0.297, 0.78, 2.36)
82	鉛	198	3.1M	K, γ(0.117-0.398)
	Lead	199m		IT, γ(0.353, 0.367, 0.721)
		200	2.2M	K, γ(0.033-0.450)
		201	1.5M	IT, γ(0.629)
		201		K, γ(0.1291-1.099)
		202m	2.4H	IT,K, γ(0.129-0.961)
		202	90(80)M	K, x
		203m	21.5(18)H	IT, γ(0.825)
		203	50-61S	K, γ(0.279, 0.401, 0.678)
		204m	9H	IT, γ(0.289-0.912)

Z	元 素	質量數	半生期	放射線(MeV)
		205	3.6H	x, K(?)
		207m	$\simeq 3 \times 10^5$Y	IT, γ(0.57, 1.06)
		209	6.5S	β⁻(0.635)
		*210	52H	β⁻(0.017), γ(0.047)
		(RaD)	67M	
		*211	5×10^7Y	β⁻(1.39, 0.5), γ(0.065-0.83)
		(AcB)	0.8S	
		*212	3.1H	β⁻(0.35, 0.58), γ(0.115-0.415)
		(ThB)	19.4(22)Y	
		*214		β⁻(0.59, 0.65, 1.03), γ(0.0532-0.777)
		(RaB)	36M	
83	鉍	201		K
	Bismuth	201	10.6M	K, γ(0.629)
		202		K, γ(0.42, 0.96)
		203	26.8M	K, γ(0.06-1.9), β⁺(1.35, 0.74)
		204		K, γ(0.079-1.21), no β⁺
		205	62M	K, γ(0.115-1.91), β⁺(0.93)
		206	$\simeq$2H	K, γ(0.107-1.72), e⁻, no β⁺
		207	95M	K, γ(0.57-1.77)
		208	12H	K, γ(0.51, 0.92), no β⁺
		*210	12H	β⁻(1.16), no γ
		(RaE)	15D	
		210	6.3D	α(4.94)
		*211	8(27)Y	α(6.617, 6.273), γ(0.351)
		(AcC)	3×10^4Y	
		*212	5.0D	β⁻(2.27, 1.55, 0.93), α(6.08, 6.047),
		(ThC)		γ(0.040-1.62)
		213	2.6×10^6Y	β⁻(1.39, 0.96), α(5.9)
			2.15M	
		*214		β⁻(0.4-3.18), γ(0.609-2.432)
		(RaC)	60.5M	
		215		β⁻

Z	元　素	質量數	半生期	放射線(MeV)
84	釙	204	47M	K, α(5.37)
	Polonium	205		K
		206	19.9M	K, γ(0.060-1.32), α(5.22)
		207		K, γ(0.060-2.06)
		208	8M	α(5.11), K
		209	3.5(3.8)H	α(4.88)
		*210	68H	α(5.30)
		(RaF)	8.1-10D	
		*211	5.7(6.2)H	α(7.44)
		(AcC')	2.93Y	
		*212	103Y	α(8.78)
		(ThC')	138.4D	
		213		α(8.35)
		*214	0.52S	α(7.68)
		(RaC')		
		*215	3×10^{-7}S	α(7.36)
		(AcA)		
		*216	4.2×10^{-6}S	α(6.775)
		(ThA)	1.6×10^{-4}S	
		*218		α(5.996)
		(RaA)	1.83×10^{-3}	
85	砈	208	S	K
	Astatine	208		K
		209	0.158S	K, γ(0.084-0.784), α(5.64)
		210		K, γ(0.0465-1.598), α(5.52, 5.44,
			3.05S	5.36)
		211		K, γ(0.67), α(5.80)
		215	6.2H	α(8.00)
		216	1.6H	α(7.79)
		217	5.5H	α(7.05)
		218	8.3H	α(6.63)
		219		α(6.27)

Z	元　素	質量數	半生期	放射線(MeV)
86	氡	210	7.2H	α(6.037), K
	Radon	211	10⁻⁴S	K, α(5.847, 5.779, 5.613),
			3×10⁻⁴S	γ(0.032-1.37)
		218	0.018S	α(7.13)
		*219	1.5-2.0S	α(6.81, 6.55, 6.42), γ(0.272, 0.401)
		(An)	0.9M	
		*220	2.7H	α(6.28)
		(Tn)	16H	
		*222		α(5.482), no β⁻
		(Rn)	0.019S	
87	鈁	212	3.92S	K, α(6.34, 6.39, 6.41)
	Francium	220		α(6.69)
		221	51.5S	α(6.33, 6.12), γ(0.22)
		222		β⁻
		*223	3.825D	β⁻(1.15)
		(AcK)		
88	鐳	222	19.3M	α(6.55)
	Radium	*223	27.5S	α(5.71, 5.60, 5.53, 5.74),
		(AcX)	4.8M	γ(0.031-0.340)
		*224	14.8M	α(5.68, 5.45), γ(0.24-0.65)
		(ThX)	22M	β⁻(0.32, 0.36), γ(0.040)
		225		
		*226	38S	α(4.777), γ(0.187)
		(Ra)	11.7D	
		*228		β⁻(0.053), no α
		(MsTh₁)	3.64D	
89	錒	224	14.8D	K, γ(0.133, 0.217), α(6.17)
	Actinium	225		α(5.82, 5.78, 5.72), γ(0.0366-0.187)
		226	1617Y	β⁻(1.2)K, γ(0.0676-0.253)
		*227		β⁻0.046), α(4.94)
		(Ac)	6.7Y	
		*228		β⁻(1.11, 0.45, 2.18, 1.85, 0.64, 1.7),

Z	元　素	質量數	半生期	放射線(MeV)
		(MsTh₂)	2.9H	γ(0.0568-1.64)
		229	10.0D	β⁻
90	釷	226	29H	α(6.33, 6.22), γ(0.112-0.242)
	Thorium	*227	21.6Y	α(6.04, 5.98, 5.76, 5.71),
		(RaAc)		γ(0.030-0.334)
		*228	6.13H	α(5.42, 5.34), γ(0.084-0.216), e⁻
		(RaTh)		
		229	66M	α(4.85, 4.94, 5.02), γ(0.148, 0.200)
		*230	30.9M	α(4.68, 4.62), γ(0.068-0.253)
		(Io)	18.2D	
		*231		β⁻(0.299, 0.218, 0.134, 0.090), γ
		(UY)	1.91Y	(0.017-0.223), e⁻
		*232		α(4.01, 4.07), γ(0.059), e⁻
		(Th)	7340Y	
		*234	8×10^4Y	β⁻(0.191, 0.100), γ(0.029, 0.063,
		(UY₁)		0.091)
91	鏷	228	25.6H	K, α(6.09, 5.85), γ(0.0575-1.572)
	Protactinium	229		α(5.69)
		230	1.39×10^{10}	K, β⁻(0.41), γ(0.053-1.013)
		*231	Y	α(5.00, 5.02, 4.72, 5.05),
		(Pa)		γ(0.0275-0.356)
		233	24.1D	β⁻(0.257, 0.15, 0.568),
				γ(0.016-0.417)
		*234	22H	β⁻(2.31, 1.50), γ(0.043-1.83)
		(UX₂)	1.5D	
		*234	17.7D	β⁻(0.32, 0.16, 0.53, 1.13),
		(UZ)	3.43×10^4	γ(0.043-1.68)
92	鈾	230	Y	α(5.88, 5.81), γ(0.072-0.232)
	Uranium	231		α(5.45), γ(0.018-0.22)
		232	27.0D	α(5.32, 5.26), γ(0.058-0.330)
		233		α(4.82, 4.77), γ(0.040, 0.052, 0.092)
		*234	1.18M	α(4.77, 4.72), γ(0.053, 0.118), e⁻

Z	元　素	質量數	半生期	放射線(MeV)
		(U$_{II}$)		
		235	6.7H	IT, γ(0.0002?)
		*235	20.8D	α(4.35, 4.37, 4.33, 4.32, 4.56), γ
		(AcU)	4.3D	(0.074-0.38)
		236	74Y	α(4.50), γ(0.050), e⁻
		237	1.62×10^5	β⁻(0.249, 0.084), γ(0.026-0.371)
		*238	Y	α(4.19), γ(0.048), e⁻
		(U$_I$)	2.48×10^5	
		239	Y	β⁻(1.20)
		240		β⁻(0.36)
93	錼	231	26.5M	α(6.28)
	Neptunium	232		K, γ
		233	7×10^8Y	K
		234		K, γ(0.043-1.57)
		235	2.4×10^7Y	K
		236	6.75D	K, β⁻(0.52, 0.36), γ(0.045)
		237	4.5×10^9Y	α(4.787, 4.767, 4.644), γ(0.0297, 0.087)
		238	23.5M	β⁻(1.24, 0.25, 0.28), γ(0.044-1.03)
		239	14.1H 50M	β⁻(0.327, 0.382, 0.439), γ(0.045-0.335)
		240	13M	β⁻(2.16, 1.59, 1.26), γ(0.043-1.40)
		240	35M	β⁻(0.89), γ(0.085-1.16)
94	鈽	232	4.4D	α(6.58)
	Plutonium	233	410D	α(6.30)
		234	22H	K, α(6.2), no γ
		236	2.2×10^6Y	α(5.763, 5.716), γ(0.047)
		237		K, γ(0.0332~0.096)
		239	2.1D	α(5.147, 5.134, 5.096), γ(0.052)
		241	2.35D	β⁻(0.0208), (α), (γ)
		242		α(4.898, 4.854)

Z	元　素	質量數	半生期	放射線(Me V)
		243	7.3M	$\beta^-(0.579), \gamma(0.084)$

＊放射線符號：α：α粒子；β^-：β^-粒子；β^+：β^+粒子；γ：γ射線；

　S.F.：自發核分裂；K：電子捕獲；IT：同質異構過渡；e^-：內轉變

　電子；X：X射線。

＊時間符號：S：秒；H：小時；D：日；M：目；Y：年。

　　　　　　　　60M

　　　　　　　　35M

　　　　　　　　20M

　　　　　　　　9H

　　　　　　　　2.85Y

　　　　　　　　45.6D

　　　　　　　　24360Y

　　　　　　　　13.0Y

　　　　　　　　$3.79 \, 94.10^5Y$

　　　　　　　　4.98H

附錄4 原子能法

中華民國五十七年五月九日　統統令公布

中華民國六十年十二月二十四日　統統令修正公布

第一章　總則

第　一　條　為促進原子能科學與技術之研究發展，資源之開發與和平使用，特制定本法。

第　二　條　本法中之專用名詞，其意義如左：

一、原子能：謂原子核發生變化所放出之一切能量。

二、核子原料：謂鈾礦物、釷礦物，及其他經行政院指定為核子原料之物料。

三、核子燃料：謂能由原子核分裂之自續連鎖反應而產生能量之物料，及其他經行政院指定為核子原料之物料。

四、游離輻射：謂直接或間接使物質產生游離作用之電磁輻射或粒子輻射。

五、核子反應器：謂具有適當安排之核子燃料，而能發生原子核分裂之自續連鎖反應之任何裝置。

六、放射性物質：謂產生自發性核變化，而放出一種或數種游離輻射之物質。

第二章　原子能主管機關

第　三　條　原子能主管機關為原子能委員會，隸屬行政
　　　　　　院，其組織以法律定之。

第　四　條　原子能委員會為推進原子能科學與技術之研究
　　　　　　發展，開發原子能資源，擴大原子能在農業、
　　　　　　工業、醫療上之應用，得設立研究機構。

第　五　條　原子能委員會為推廣原子能和平用途，得報請
　　　　　　行政院令有關部會設立原子能事業機構。

第　六　條　原子能委員會對外得代表政府，從事國際合作
　　　　　　事宜。

第三章　原子能科學與技術之研究發展

第　七　條　關於原子能科學與技術之研究發展，應由原子
　　　　　　能委員會籌撥專款，延聘專家，訂定計劃，統
　　　　　　籌進行。

第　八　條　原子能委員會應輔導國內各大學與研究所，增
　　　　　　設有關原子科學學系，充實設備，發展原子科
　　　　　　學教育。

第　九　條　原子能委員會應同教育行政主管機關及國內各
　　　　　　科學研究機構，統籌選送科學人才，出國進修
　　　　　　原子科學。

第 十 條　國內各科學研究機構，對於原子能科學及其塵用之研究，應依據本法第七條所定計劃，互助合作，使研究人員及設備有效之運用。

第 十一 條　原子能委員會得報請行政院，於有關科學研究機構，設立原子能科學與技術研究發展部門。

第 十二 條　國內各大學及有關原子能科學機構，與友邦及國際有關組織訂立研究合作協定時，應申報原子能委員會核准。

第 十三 條　原子能科學研究機構，應充實放射性偵測、分析、化驗之設備，並加強游離輻射防護之研究。

原子能科學得指定前項研究機構，辦理游離輻射防護訓練。

第 十四 條　各科學研究機構得申報原子能委員會，籌撥專款，延聘專家，協助原子能科學與技術之研究發展。

第四章　原子能資源之開發與利用

第 十五 條　關於核子原料之礦業權、租礦權，依礦業法之規定，對於探採、儲存、收購、監督等，應作嚴密之規定；其辦法由行政院定之。

第 十六 條　關於核子原料及燃料之生產，得由原子能委員會呈進行政院，專設機構辦理。

第 十七 條　爲研究原子能科學並生產放射性物質，以供和平使用，除充實已建之核子反應器外，原子能委員會得視實際需要，呈准行政院核撥專款，增建核子反應器及其他設備。

第 十八 條　核子反應器所生產之可分裂物質，應列報原子能委員會核備。

第 十九 條　關於原子能之農、工、醫應用，應由原子能委員會督導各有關機構合作進行。

第 二十 條　關於必須進口之原子能研究、發展、生產、防護設備，及原子能發電有關設備，應減免關稅；其辦法由行政院定之。

第五章　核子原料、燃料及反應器之管制

第二十一條　核子原料之管制，依下列規定：

一、申請生產核子原料者，應填具申請書，申報原子能委員會核准，發給執照。

二、核子原料生產之開始、變更、停止或再開始，均應申報原子能委員會核准。

三、核子原料之生產，應有完整紀錄，定期報送原子能委員會，原子能委員會並得隨時派員稽核之。

四、核子原料之輸入、輸出，非經原子能委員會核准，並依照有關法令之規定，不得爲

之。

五、核子原料之運送及儲存，應依原子能委員
　　會之規定，原子能委員會並得派員稽查
　　之。

六、核子原料生產設施建造完成時，應申報原
　　子能委員會會同主管部檢查。變更時亦
　　同。

七、核子原料之使用、廢棄及轉讓，應申報原
　　子能委員會核准，原子能委員會並得派員
　　稽查之。

第二十二條　核子燃料之管制，依左列規定：

一、申請生產核子燃料者，應填具申請書，申
　　報原子能委員會核准，發給執照。

二、核子燃料之生產，如所提出申請事項有變
　　更時，應重新申報核准。

三、核子燃料生產之開始，停止或再開始時，
　　均應申報原子能委員會核准。

四、核子燃料之生產，應有完整紀錄，定期報
　　送原子能委員會，原子能委員會並應隨時
　　派員稽核之。

五、核子燃料之輸入、輸出，非經原子能委員
　　會核准，並依照有關法令之規定，不得為
　　之。

六、核子燃料之運送及儲存，應依原子能委員
　　會之規定，原子能委員會並得派員稽查
　　之。

七、核子燃料生產設施建造完成時，應申報原
　　子能委員會檢查。變更時亦同。

八、核子燃料之使用、廢棄及轉讓，應申報原
　　子能委員會核准，原子能委員會並得派員
　　稽查之。

第二十三條　核子反應器之管制，依左列規定：

一、申請設置核子反應器者，應填具申請書，
　　申報原子能委員會核准，發給建廠執照。

二、核子反應器之建造工程於完成時，應申報
　　原子能委員會派員查驗。

三、核子反應器之運轉，應於事前提出反應器
　　設施之安全性綜合報告，報經原子能委員
　　會審查核准，發給使用執照。

四、核子反應器之運轉，應依原子能委員會之
　　規定，原子能委員會得隨時派員檢查之。

五、核子反應器在建造期間，如變更設計時，
　　或在運轉或因設計修改涉及設備變更時，
　　均應於事前申報原子能委員會核准。

六、核子反應器持照人，非經原子能委員會核
　　准，不得將所用之執照，或執照所賦予之

權利，轉讓或交付他人。

七、核子反應器之轉讓或遷移，非經原子能委員會之核准，不得爲之。

八、核子反應器之運轉，核子燃料之使用及放射性物質之生產，應有完整之紀錄，定期報送原子能委員會，原子能委員會並得隨時派員稽查之。

第六章　游離輻射之防護

第二十四條　爲防止游離輻射之危害，以確保人民健康與安全，原子能委員會應訂定離輻射之安全標準，報請行政院公布施行。

第二十五條　關於放射性落塵之偵測，應由原子能委員會會同內政部、國防部訂定計畫，並購置設備，配發有關單位使用；其偵檢紀錄，由原子能委員統一審定公布。

第二十六條　游離輻射之防護，依左列規定：

一、放射性物質及可發生游離輻射設備之所有人，應向原子能委員會申請執照。

二、可發生游離輻射設備之安裝、改裝，在工程完竣後，應申報原子能委員會作安全檢查及游離輻射測量。

三、放射性物質及可發生游離輻射設備之操作人，應受有關游離輻射防護之訓練，並應領有原子能委員會發給之執照。

四、可發生游離輻射之設備，在使用前，應作游離輻射防護之安全檢查，檢查紀錄應存備考查。

五、原子能委員會對可能發生游離輻射之設備，應制定安全規則，並隨時派員檢查之。

六、放射性物質及可發生游離輻射設備之生產，其開始、停止或再開始，應申報原子能委員會核准。

七、放射性物質及可發生游離輻射設備生產紀錄，應定期報送原子能委員會，原子能委員會並應隨時派員稽核之。

八、放射性物質及可發生游離輻射設備之輸入及輸出，非經原子能委員會核准發給證明書，並依照有關法令之規定，不得為之。

九、放射性物質之運送及儲存，應依原子能委員會之規定，原子能委員會並得派員稽查之。

十、放射性物質及可發生游離輻射設備之轉讓、廢棄及放射性廢料之處理，均應申報原子能委員會核准，原子能委員會並應派員稽核之。

十一、一定限量以內之放射性物質得免予管
制，其限量由原子能委員會訂定之。

第七章　獎勵、專利與賠償

第二十七條　對原子科學與技術之研究及發明，應予獎勵；
其獎勵辦法由行政院定之。

第二十八條　原子能科學與技術之新發明，適用專利法之規
定。但專利權之讓與，或與外國人訂立有關原
子能科學與技術合作之契約，應報經原子能委
員會核准。

第二十九條　由於核子事故之發生，致人民之財產權益遭受
損失，或身體健康遭受損害，應予適當賠償；
賠償法另定之。

第八章　罰則

第 三十 條　違反本法第二十三條之規定，而設置、讓與、
受讓或遷移核子反應器者，處三年以下有期徒
刑、拘役或科或併科十萬元以下罰金。

第三十一條　違反本法第二十八條之規定，未經核准將專利
權讓與他人，或與外國人訂立有關原子能科學
與技術合作之契約者，處三年以下有期徒刑、
拘役或科或併科五萬元以下罰金。

第三十二條　有下列各款之一者，處一年以下有期徒刑、拘役或科或併科三萬元以下罰金，並沒收其核子原料、核子燃料或放射性物質。

一、違反本法第二十一條之規定，而生產、輸入、運送、儲存、使用、廢棄、轉讓核子原料者。

二、違反本法第二十二條之規定，而生產、輸入、運送、儲存、使用、廢棄、轉讓核子燃料者。

三、違反本法第二十三條之規定，而運轉核子反應器者。

四、違反本法第二十六條之規定者。

第九章　附則

第三十三條　本法施行細則，由行政院定之。

原子能委員會為實施本法規定之管制，得徵收必要之費用，其收費標準，於施行細則中定之。

第三十四條　本法自公布日施行。

附錄 5　游離輻射防護安全標準

中華民國五十九年七月二十九日行政院台五十九教字第六七三六號
令核定發布全文五十六條

中華民國八十年七月十日行政院台八十科字第二二七〇七號令修正
發布全文六十七條

第一編　總則

第　一　條　本標準依原子能法第二十四條之規定訂定。

第　二　條　游離輻射之防護，依本標準之規定，本標準未
　　　　　　規定者，依其他法令之規定。

第　三　條　本標準用詞，定義如左：

　　　　　　一、核種：指原子之種類，由核內之中子數、
　　　　　　　　質子數及核之能態區分之。

　　　　　　二、放射性：指核種自發衰變時釋出游離輻射
　　　　　　　　之現象。

　　　　　　三、游離輻射（簡稱輻射）：指直接或間接使
　　　　　　　　物質產生游離作用之電磁輻射（如 x 射
　　　　　　　　線、加馬射線）或粒子輻射（如阿伐、貝
　　　　　　　　他、中子、高速電子、高速電子及其他粒
　　　　　　　　子）。

　　　　　　四、體外輻射：指由體外照射於身體之輻射。

五、體內輻射：指由侵入體內之放射性物質所產生之輻射。

六、輻射源（簡稱射源）：指產生或可產生輻射之物質或機具。

七、活度：指一定量之放射性核種在某一時間內發生之自發衰變數目。活度之單位為貝克。每秒自發衰變一次為一貝克（一貝克等於 2.7×10^{-11} 居里）。

八、中子通量率：指一秒鐘內通過球截面積一平方公分之中子數目。

九、曝露：指輻射之照射。

㈠體外曝露：指來自體外輻射之照射。

㈡體內曝露：指來自體內輻射之照射。

十、天然輻射曝露：指左列各種輻射之照射：

㈠宇宙線及天然存在於地殼與大氣中放射性核種所產生之體外輻射。

㈡一般人體組織中所含微量放射性核種及由天然環境侵入體內之其他核種與其衰變產物所產生之體內輻射。

十一、醫用曝露：指接受輻射診斷或治療之曝露。

十二、職業曝露：指工作人員於工作期間所接受之曝露。

十三、計畫特別曝露：指在正常運作中，因特殊狀況而又無其他較低曝露方法可替代時，經計畫後所作超過劑量限度之曝露。

十四、緊急曝露：指於急迫情況下作有計畫之例外曝露。

十五、意外曝露：指於不可預料情況下接受超過劑量限度之曝露。

十六、劑量：指被物質吸收之輻射能量。

（一）吸收劑量：指單位質量物質接受輻射之平均能量。吸收劑量之單位為戈雷。一公斤質量接受一焦耳能量為一戈雷（一戈雷等於一百雷得）。

（二）等效劑量：指人體組織之吸收劑量與射質因數之乘積。用於輻射防護之射質因數由原子能委員會公告之。等效劑量之單位為西弗（一西弗等於一百侖目）。千分之一西弗為毫西弗，百萬分之一西弗為微西弗。

（三）深部等效劑量：適用於全身之體外曝露，指身體一公分深處之等效劑量。全身指包括頭部、身體軀幹、手肘以上之手臂、膝蓋以上之腿部等部位。

㈣淺部等效劑量：適用於皮膚或四肢之體外曝露，指〇‧〇〇七公分深處組織之等效劑量。

㈤眼球等效劑量：適用於眼球水晶體之體外曝露，指〇‧三公分深處組織之等效劑量。

㈥有效等效劑量：指人體中受照射之各器官或組織之平均等效劑量與其加權因數乘積之和，加權因數由原子能委員會公告之。

㈦約定等效劑量：指單次攝入放射性物質於體內後對某一器官或組織在五十年內將累積之等效劑量。

㈧約定有效等效劑量：指體內受曝露器官或組織之約定等效劑量與加權因數乘積之和。

㈨集體劑量：指特定人口曝露於某輻射源，群體所受劑量之總和，單位為人西弗（人侖目）。

十七、年攝入限度：為職業性體內曝露之推定限度，指參考人在一年內攝入某一放射性核種而導致五〇毫西弗（五侖目）之約定有效等效劑量，或任一器官組織

五〇〇毫西弗（五〇侖目）之約定等效
劑量之保守值。

十八、推定空氣濃度：為某一放射性核種之推
定值，指該放射性核種在每一立方公尺
空氣中之濃度。參考人在輕微體力之活
動下，於一年中呼吸此濃度之空氣二〇
〇〇小時，將導致年攝入限度。

十九、輻射之健康效應區分如下：

㈠機率效應：指其發生機率與所受劑量
成比例增加大小，而與嚴重程度無
關，此種效應之發生無劑量之低限
值。

㈡非機率效應：指其嚴重程度與所受劑
量大小成比例增加。此種效應之劑量
低限值可能存在。

二十、年：指連續之十二個月，自一月一日起
算。

二十一、合理抑低：指儘一切合理之努力，以
維持輻射曝露在實際上遠低於本標準
之劑量限度。其要點為：

㈠須與原許可之活動相符合。

㈡須考慮技術現狀、改善公共衛生及安
全之經濟效益，以及社會與社會經濟

因素。

　　㈢須為公共之利益而利用輻射。

二十二、關鍵群體：指公眾中具代表性之人群，對一已知射源或一群射源，其曝露相當均勻，且此群體之個人劑量為最高者。

二十三、輻射防護人員：指具有專業學識與訓練並經原子能委員會認可之人員。

二十四、管制地區：指以管制人員輻射安全為目的而劃定之地區，此地區應在輻射防護人員監督下，實施適當之輻射防護。

二十五、下水道系統：指為處理雨水、家庭污水及事業廢水而設之收集、抽送、傳運管線、處理及最後處置之各種設施。

二十六、輻射作業場所：供輻射源作業或貯存，依本標準應予管制之場所。

二十七、場所主管：事業主或事業經營負責人。

第　四　條　本標準所稱個人劑量，指個人所接受之體外曝露與體內曝露所造成劑量之總和，不包括由天然輻射曝露及醫用曝露所產生之劑量。

體外曝露與體內曝露合併計算之公式，由原子
能委員會公告之。

第　五　條　輻射示警標誌如下圖所示，圖底爲黃色，三葉
形爲紫紅色。

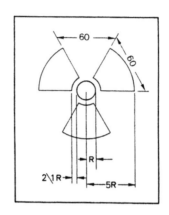

輻射示警標誌圖（圖內 R 爲內圈半徑）

第二編　輻射劑量之限制

第一章　通則

第　六　條　爲防止非機率效應損害之發生，及抑低機率效
應之發生率，以達成輻射劑量限制之目的，輻
射作業應符合左列各款之規定：

一、採行措施之利益須超過其代價。

二、在考慮到經濟與社會因素之後，一切曝露
應合理抑低。

三、個人劑量不得超過本標準之規定值。

為管制機率效應，劑量限度係以有效等效劑量表示。為防止非機率效應，劑量限度係以等效劑量表示。

第 七 條 輻射作業應訂明輻射防護計畫，使工作人員及一般人之劑量合理抑低，並確保不超過本標準所訂之個人劑量限度。

第 八 條 輻射作業依工作人員可能接受曝露之程度區分為：

一、甲種狀況：工作人員一年之曝露可能超過年個人劑量限度十分之三者。

二、乙種狀況：工作人員一年之曝露不可能超過年個人劑量限度十分之三者。

第二章　職業曝露之劑量限制

第一節　一般曝露

第 九 條 工作人員職業曝露之年個人劑量限度，依左列之規定：

一、（全身）之有效等效劑量於一年內不得超過五○毫西弗（五侖目）。

二、（眼球）水晶體之等效劑量於一年內不得超過一五○毫西弗（十五侖目）。

三、（其他）個別器官或組織之等效劑量於一年內不得超過五○○毫西弗（五○侖目）。

第　十　條　工作人員職業曝露之年劑量經度量符合下列規
定者，視爲不超過年個人劑量限度。

一、（深部）等效劑量與五〇毫西弗（五侖
目）之比值及各攝入放射性核種活度與其
年攝入限度比值之總和不大於一。

二、（眼球）等效劑量不大於一五〇毫西弗
（十五侖目）。

三、（淺部）等效劑量不大於五〇〇毫西弗
（五〇侖目）。

前項第一款之深部等效劑量少於年限度之
百分之十，或攝入之放射性核種少於年攝
入限度之百分之三十時，體外劑量與體內
劑量得不必相加計算。

供管制體內曝露用之年攝入限度與參考用
推定空氣濃度，由原子能委員會公告之。

第　十一　條　婦女經認定受孕後，僅限於乙種狀況下工作。
胎兒因母親之職業曝露所受之累積有效等效劑
量，自認定受孕之日起至出生止，不得超過五
毫西弗（〇‧五侖目）。

第二節　計畫特別曝露

第　十二　條　工作人員參與計畫特別曝露，得接受超過第九
條所定劑量限度。

工作人員一年內由計畫特別曝露所接受之個人劑量，不得超過年個人劑量限度。其一生中因參與計畫特別曝露所累積之體外有效等效劑量，不得超過年個人劑量限度之五倍。

第 十三 條　工作人員具有左列情形之一者，不得參與計畫特別曝露：

一、曾因緊急曝露、意外曝露或計畫特別曝露接受超過年劑量限度五倍者。

二、具有生育能力之婦女。

第三節　緊急曝露

第 十四 條　緊急曝露，於搶救人員或防止更多人員受曝露時，始得為之。

工作人員參與緊急曝露所接受之個人劑量，不受第九條及第十二條之限制。

緊急曝露所接受之劑量，應載入個人之劑量紀錄，並應與一般曝露及計畫特別曝露之劑量分別紀錄。

第 十五 條　工作人員一次曝露所接受之劑量超過第九條之年個人劑量限度兩倍時，應由有關主管之醫務專家就工作人員之曝露歷史，健康狀況，年齡與特殊技能，檢討該工作人員是否適於繼續從事輻射有關工作。

第 十六 條　因計畫特別曝露或緊急曝露而超過本標準之劑

量限度者，不得據爲解除職務之理由。但因工作人員故意或重大過失者不在此限。

第三章　一般人之劑量限制

第 十七 條　一般人之年有效等效劑量限度爲五毫西弗（〇·五侖目），個別器官或組織之年等效劑量度爲五〇毫西弗（五侖目）。

前項劑量限度適用於人口中之關鍵群體。

第 十八 條　爲使一般人之劑量合於第十七條所訂之劑量限度，場所主管應確保其輻射作業，對一般人造成之年有效等效劑量，不超過一毫西弗（〇·一侖目）之參考值。

第 十九 條　規劃、設計及使用各種產生輻射設施時，應符合前條一般人之劑量限度。前項劑量限度，係就模式計算與環境偵測之抽樣鑑定加以評估，並對於產生輻射曝露之來源予以管制。

第 二十 條　輻射作業場所外圍空氣中與水中之放射性核種不超過原子能委員會公告之參考濃度，且一小時內之劑量不超過（〇·〇二毫西弗）（〇·〇〇二侖目），一年內之劑量不超過〇·五毫西弗（〇·〇五侖目）者，該場所之作業視爲符合本標準對一般人之劑量限度。

第三編　輻射防護作業基準

第一章　申請登記及核發執照

第二十一條　輻射作業除第二十二條規定外，應向原子能委員會申請登記及核發執照。

第二十二條　輻射作業符合左列情形之一，並經原子能委員會核定者，得免申請登記及核發執照。

一、放射性物質之活度不超過原子能委員會公告之豁免管制量者。

二、放射性物質每公克所含之活度不超過七四貝克（〇‧〇〇二微居里），或固體天然放射性物質每公克所含之活度不超過 3.7×10^2 貝克（〇‧〇一微居里）者。

三、密封放射性物質之活度不超過原子能委員會公告之豁免管制量之十倍，且該射源之密封性經原子能委員會核定確能有效防止洩漏者。

四、電視接收機及產生輻射之儀器在正常使用情況下，表面五公分處之有效等效劑量率不超過每小時五微西弗（〇‧〇〇〇五侖目）者。

第二十三條　前條第一條、第二款之作業有左列情形之一者，應依規定向原子能委員會申請登記及核發執照：

一、以放射性核種用於醫療目的者。

二、以放射性核種加入於食物、飼料、肥料、藥劑、化妝品、裝飾品、日用品、建築材料或玩具中者。

第二章　輻射防護作業

第一節　通則

第二十四條　輻射作業場所及其場所外圍之輻射安全由該場所主管負責。

第二十五條　場所主管應依其設施類型，作業特性及曝露危險程度，訂定輻射防護計畫，報請原子能委員會核定後實施。

前項輻射防護計畫包括輻射防護管理組織、人員防護、醫務監護、地區管制、射源管制、放射性物質廢棄、意外事故處理、合理抑低措施、紀錄保存及其他指定事項。

第二十六條　對涉及輻射曝露之作業，應訂定其安全作業程序。

工作人員應遵守場所之輻射防護計畫及安全作業程序之規定，以確保個人及公眾之輻射安全。

第二節　輻射防護管理組織

第二十七條　輻射作業場所，應設立輻射防護管理組織，統籌規劃、督導、推行及定期檢討輻射防護計畫。

第二十八條　輻射防護管理組織應置輻射防護人員負責督導輻射防護計畫之實施。輻射防護人員之認可，依原子能委員會之規定。

場所主管對於有關輻射防護事項，應與輻射防護人員諮商。

第二十九條　輻射防護人員於發現有違反輻射防護規定或危害工作人員之作業時，應即採取必要措施，並報告場所主管。

第三節　人員防護

第 三十 條　未滿十八歲之人員，不得從事輻射工作。

十六歲以上未滿十八歲者，在經原子能委員會核可之機構內，得於乙種狀況下接受輻射工作訓練。

第三十一條　對工作人員之劑量偵測，依左列規定實施之：

一、於甲種狀況下之工作人員，應實施個別人員偵測。

二、於乙種狀況下之工作人員，得以工作環境監測代替個別人員偵測。

第三十二條　工作人員所接受之劑量應定期評定，並經場所主管審查後公告之。

第三十三條　場所主管應查明新進工作人員之劑量紀錄，並於工作人員離職時提供證明。

第三十四條　經原子能委員會審查核可之機關或機構，始得從事人員劑量評定工作。

第三十五條　場所主管應負責工作人員之輻射防護講習。

經輻射防護講習合格之人員，始得從事輻射工作。

工作人員於受僱用期間，應定期接受有關輻射防護及其他必須注意事項之講習。

第四節　醫務監護

第三十六條　經體格檢查合格之人員，始得從事輻射工作。

前項體格檢查包括一般體檢及病歷、家庭、醫療與職業背景之調查及其他特定項目之檢查。

第三十七條　輻射作業場所應設立醫務單位或特約醫療機構，以供工作人員之醫務監護及傷患急救診療。

第三十八條　工作人員於受僱用期間，應定期接受健康檢查。在特殊情況下，應實施特別健康檢查。

第三十九條　工作人員所接受之輻射曝露，超過或可能超過第二編第二章之劑量限度時，應儘速處理並報告場所主管。

第　四十　條　工作人員因一次意外或緊急曝露所受劑量超過

年有效等效劑量限度兩倍時，應予以特別醫務
監護，包括特別健康檢查、劑量評估、放射性
污染之清除及治療。

第四十一條　受輻射曝露之人員經健康檢查判定不適於輻射
工作者，應予停止從事輻射工作。

第五節　地區管制

第四十二條　輻射作業場所應實施環境輻射監測，場所主管
應視其作業性質及曝露危險程度，訂定該場所
之環境輻射監測計畫。

第四十三條　輻射監測應包括測定曝露程度、評定放射性污
染、鑑定輻射及核種。

第四十四條　工作人員所接受之劑量可能超過年劑量限度十
分之三之地區，應劃定為管制地區。
管制地區應訂有管制措施，其入口處及區內適
當地點，應設置輻射示警標誌及必要之警語。

第六節　射源管制

第四十五條　盛裝放射性物質之容器表面，應有明顯耐久之
輻射示警標誌，並附註有關核種名稱、活度及
必要之說明。

第四十六條　射源應予管制，以防止失竊及不當之使用。

第七節　放射性物質之廢棄

第四十七條　放射性物質之廢棄，應就放射性物質之性質、
種類、數量、活度、場所外圍情況、防止環境

污染之監測設備與處理程序及設計等實施安全評估，並報請原子能委員會核准後爲之。

第四十八條　放射性物質造成個人之年有效等效劑量不超過〇‧〇一毫西弗（〇‧〇〇一侖目），年集體有效等效劑量不超過一人西弗（一〇〇人侖目）者爲可忽略微量，其廢棄經報請原子能委員會核准者，得免適用第四十七條及第四十九條之規定。

第四十九條　除符合第五十二條或第五十三條規定者外，放射性物質應依左列方法之一廢棄之：

一、移交原子能委員會核可之機構處理。

二、存放原子能委員會核可之設施內，俟其衰變至可忽略微量。

三、依本標準之規定排放。

第 五十 條　放射性物質應符合左列各款之規定，始得排入下水道系統：

一、放射性物質須爲可溶於水中者。

二、每月排入下水道系統之放射性物質總活度與排入下水道系統之月平均排水量所得濃度之比值，不得超過原子能委員會公告之排放限度。

三、每年排入下水道系統之氚之總活度不得超過 1.85×10^{11} 貝克（五居里），碳十四之

總活度不得超過 3.7×10^{10} 貝克（一居里），其他放射性物質之活度總和不得超過 3.7×10^{10} 貝克（一居里）。

第五十一條　放射性物質不得直接排入飲用水源。放射性物質之排放可能間接污染飲用水源或灌溉用水系統時，其排放濃度不得超過原子能委員會公告之排放限度之十分之一。

第五十二條　液態閃爍計數器之閃爍液每公克所含氚或碳十四之活度少於 1.85×10^{3} 貝克（〇‧〇五微居里）者，不適用本標準之規定。

第五十三條　動物組織或屍體每公克所含氚或碳十四之活度小於 1.85×10^{3} 貝克（〇‧〇五微居里）者，不適用本標準之規定。

第八節　意外事故處理

第五十四條　輻射作業場所應訂有意外事故處理程序。

第五十五條　工作人員於意外事故期間，應儘速採取適當應變措施，並報告場所主管。

第九節　合理抑低措施

第五十六條　輻射作業之規劃與管制，除應考慮工作人員個人之劑量外，集體劑量亦應合理抑低。

第五十七條　對輻射防護計畫內所規劃之各項偵測及監測，場所主管應制定紀錄基準、調查基準及干預基準。

其偵測及監測之結果超過紀錄基準者，應予紀錄並保存之；其結果超過調查基準者，應調查其原因；其結果超過干預基準時，應立即採取必要之應變措施。

第十節　紀錄保存

第五十八條　輻射作業場所與外圍環境監測、放射性物質管理、放射性物質廢棄及輻射偵檢（儀器校正結果），應予紀錄並至少保存兩年。

第五十九條　計畫特別曝露之作業應予紀錄並至少保存五年。

第　六十　條　工作人員之左列資料，應至少保存十年。

一、輻射防護訓練紀錄。

二、體格檢查、健康檢查及特別醫務監護報告。

三、輻射工作性質紀錄。

第六十一條　工作人員之劑量紀錄，自其停止參與輻射工作之日起，至少應保存三十年。

第三章　報告事項

第六十二條　輻射作業場所於發生左列事項，場所主管應依照規定報告原子能委員會。

一、工作人員及一般人所接受之劑量超過本標準之劑量限度。

二、所管制之射源遺失或失竊。

三、排出場所外圍之放射性物質濃度超過本標準之規定。

四、採行計畫特別曝露。

五、發生意外事故。

六、其他經原子能委員會指定之事項。

第六十三條　人員劑量評定機關或機構，應依規定向原子能委員會報告異常劑量紀錄及計測統計報告。

第六十四條　違反本標準情事者，原子能委員會得視情節之輕重，予以吊銷執照、停止使用、或糾正等必要措施。

第四編　附則

第六十五條　本標準修正施行前已設立之輻射作業，其不符合本標準者，應自修正施行之日起兩年內完成改善，以符合本標準之規定。

第六十六條　為確保本標準之施行，原子能委員會應訂定相關技術規範。

第六十七條　本標準自發布日施行。

參考書目

寫這本書時，參考下列各書籍，在此向著者致謝。

1. 鄭振華主編（民國63年）　保健物理手冊　行政院原子能委員會印行

2. 魏明通（民國67年）原子的和平用途　國民教育科學教學資料叢書　幼獅文化事業公司印行

3. 魏維新（民國78年）　輻射安全學　國立編譯館出版

4. 魏明通（民國82年）　核化學概論　科學教學資料叢書　國立台灣師範大學科學教育中心編印

5. 日本化學會編(1957)　トレーサ技術　實驗化學講座　丸善株式會社

6. 齊藤信房(1961)　放射化學實驗技術　地人書館

7. 日本化學會編(1966)　核化學と放射化學　實驗化學講座（續）丸善株式會社

8. 阿部俊彥(1967)　放射線化學入門　產業圖書株式會社

9. 九里善一郎(1970)　放射線化學　共立出版株式會社

10. 成田正邦(1989)　原子工學の基礎　現代工學社

11. 岸川俊明(1994)　放射化學の基礎　現代工學社

12. J. J. Katz & G. T. Seaborg (1962)　The Chemistry of the Actinide Elements, Methuren & Co. LTD.

13. Glenn T. Seaborg (1963)　Man-made Transuranium Elements, Foundation of Modern Chemistry Series

14. Hayssinsky (1964)　Nuclear Chemistry and its Applications, Addison-Wesley Publishing Company

15. Bernard G. Harvey.(1965)　Nuclear Chemistry, Foundation of Modern Chemistry Series

16. Henry Faul.(1967)　Nuclear Clocks, one of a series on understanding, the Atom, US AEC

17. John F. Hogerton.(1967)　Nuclear Reactors, one of a series on under-standing the Atom, US AEC

18. William N. Miner.(1967)　Plutonium, one of a series on understanding the Atom, US AEC

19. Earl K. Hyde.(1967)　Synthetic Transuranium Elements, one of a seri-es on understanding the Atom

20. Grafton D. Chase.(1967)　Principles of Radioisotope Methodology (Third Edition) Burgess Publishing Company

21. Grafton D. Chase et. al. (1971)　Experiments in Nuclear Science (2nd edition), Burgess Publishing Company

22. C. H. Wang. et. al. (1975)　Radiotracer Methodology in the Biolog-ical, Environmental and Physical Sciences, Prentice-Hall Inc.

23. Gerhart Friedlander et. al. (1981)　Nuclear and Radiochemistry (3rd edition)John-wiley and sons Ltd.

索 引

D

E

I

M

N

nuclear fission energy 核分裂能 P.149

國家圖書館出版品預行編目資料

核化學／魏明通著. ーー三版. ーー臺北市：
五南，2018.06
　　面；　公分
ISBN 978-957-11-9434-9（平裝）

1.核子化學

348.8　　　　　　　　　　106017263

5B66

核化學

作　　者 ― 魏明通（408.2）

發 行 人 ― 楊榮川

總 經 理 ― 楊士清

主　　編 ― 王正華

責任編輯 ― 金明芬

封面設計 ― 姚孝慈

出 版 者 ― 五南圖書出版股份有限公司

地　　址：106台北市大安區和平東路二段339號4樓

電　　話：(02)2705-5066　　傳　　真：(02)2706-6100

網　　址：http://www.wunan.com.tw

電子郵件：wunan@wunan.com.tw

劃撥帳號：01068953

戶　　名：五南圖書出版股份有限公司

法律顧問　林勝安律師事務所　林勝安律師

出版日期　2000年4月一版一刷
　　　　　2005年5月二版一刷
　　　　　2018年6月三版一刷

定　　價　新臺幣550元